FEDERATED LEARNING
TECHNOLOGIES AND APPLICATIONS

FEDERATED LEARNING
TECHNOLOGIES AND APPLICATIONS

联邦 学习
技术及应用

章辉　祝好　陈宏铭◎编著

化学工业出版社
·北京·

内容简介

本书系统阐释联邦学习这一新兴技术的理论与应用。开篇详解联邦学习的背景、发展阶段、模型架构及分类，深入剖析其隐私保护技术与安全挑战。继而探讨联邦学习在移动边缘网络优化、通信成本降低、资源分配策略及激励机制设计等方面的创新应用，揭示其与物联网、区块链、大模型等技术的融合路径。最后，结合通信、金融、医疗、交通等多行业场景，展现联邦学习在网络性能优化、用户行为分析、安全通信等领域的实践价值。

全书兼具理论深度与实践指导，为读者提供从基础原理到行业解决方案的全面参考，助力解决数据隐私、通信效率等核心问题。

本书适合通信行业从业者，人工智能、大数据、云计算领域的研究人员及工程师学习使用，也可用作高等院校相关专业的师生教学用书。

图书在版编目（CIP）数据

联邦学习技术及应用 / 章辉，祝好，陈宏铭编著.
北京 ： 化学工业出版社，2025. 10. -- ISBN 978-7-122-48670-7

Ⅰ. TP181

中国国家版本馆 CIP 数据核字第 20252YV757 号

责任编辑：耍利娜
文字编辑：李亚楠
责任校对：边　涛
装帧设计：王晓宇

出版发行：化学工业出版社
　　　　　（北京市东城区青年湖南街 13 号　邮政编码 100011）
印　　装：河北延风印务有限公司
710mm×1000mm　1/16　印张 14¹/₂　字数 269 千字
2025 年 10 月北京第 1 版第 1 次印刷

购书咨询：010-64518888　　　　　　售后服务：010-64518899
网　　址：http://www.cip.com.cn
凡购买本书，如有缺损质量问题，本社销售中心负责调换。

定　　价：79.00 元　　　　　　　　　版权所有　违者必究

近年来，人工智能技术发展迅速，基于海量数据的算法模型被广泛应用于各行业之中。但随着模型训练所要求的数据种类日益丰富，数据体量和增长速度不断提高，传统的集中式学习框架的局限性愈发明显。

联邦学习是谷歌在2016年提出的一项技术，起初被用于解决安卓手机终端用户在本地更新模型的问题。从原理上讲，联邦学习是一种新兴的分布式机器学习技术，与传统的集中式学习技术不同，其允许数据在本地进行计算和训练，仅共享模型的更新，而非原始数据。由于数据不必再发送给中央服务器，而是可以分布在各个设备或地点对本地模型进行训练，因此降低了数据中心化所带来的计算强度，也大大降低了计算成本。联邦学习技术经历了从理论到实际的飞速发展，至今已实现了大规模的商业应用，这些商业价值无不得益于该项技术解决了数据中心化和数据孤岛等问题。

同时，在信息技术迅猛发展的今天，数据隐私和数据安全已经成为企业越来越关注的问题。由于隐私、安全或法规等要求，企业之间无法进行数据共享，这在很大程度上限制了行业的发展与进步。而联邦学习技术的出现，使得多个企业在无须共享原始数据的前提下，也能达到与传统的集中式学习相媲美的效果，有效保护了数据的隐私性和安全性。

联邦学习技术对于企业和个人用户都有很高的价值。对企业而言，由于可以使用更多的数据进行模型训练，并保证用户的隐私不被泄露，因此可为用户提供更优质的应用服务，同时为企业带来更好的收益。对用户而言，不必担心自己的隐私信息被恶意下载或传播，同时可以享受更加个性化的服务。这可谓是"一举双得"。

本书介绍了联邦学习技术的相关内容。我相信未来联邦学习的应用将在各行业枝繁叶茂。希望本书能够为从事联邦学习研究及应用的广大技术人员带来更多的知识，为推动国内联邦学习的研究与发展贡献一份力量。

钱德沛

中国科学院院士
北京航空航天大学计算机学院教授

FEDERATED LEARNING

解决数据孤岛问题是联邦学习技术的重要优势，也是其快速发展的关键所在。联邦学习技术不仅在学术研究中吸引了大量关注，也为互联网行业带来了巨大的使用价值，在金融、医疗、智慧城市、交通等多个领域展现了巨大的应用潜力。但由于联邦学习是一门新兴技术，学术界对其研究还不够全面，仍然面临着诸多挑战，包括通信效率、模型性能、数据异质性、安全隐私等问题，这些问题推动了研究者们从算法设计到实际部署的全方位探索。本书正是在这一背景下应运而生，旨在帮助读者系统地梳理联邦学习的理论基础、关键技术、典型应用及未来发展方向，帮助读者快速了解及掌握该项前沿技术。

本书共分为12章，系统地阐述了联邦学习的相关概念，内容由浅入深，理论知识与实际案例相结合，全面覆盖了联邦学习的基础知识、技术发展与应用场景，适合对联邦学习感兴趣的读者阅读使用。

第1章详细介绍与联邦学习相关的基础知识，包括联邦学习的基本概念、技术发展背景、主要特点及分类情况，同时阐述联邦学习的核心架构、演进阶段、问题与挑战。通过本章的介绍，读者可以快速了解联邦学习的基础概念，为后续的学习打下坚实的基础。

第2章探讨联邦学习与移动边缘网络的结合应用，重点介绍去中心化联邦学习和自适应联邦学习在边缘网络中的应用，阐释联邦学习应用于移动边缘网络的模型架构及优势与挑战。

第3章聚焦联邦学习对通信成本的优化问题，从边缘计算的相关概念出发，探讨减少通信开销的主要方法，同时结合实验对比不同算法的性能分析。

第4章分析联邦学习中的激励机制设计，由于联邦学习需要多个参与者的协同，因此激励机制设计成为实现公平性和高效率的重要手段。本章还分析同步与异步激励机制的不同特点，同时提出一个基于在线激励机制的设计案例，并详细阐述其建模、设计与性能优化过程。

第5章深入探讨贯穿于联邦学习整个生命周期的资源分配问题，提出单目标和多目标的优化策略，并通过性能分析说明其实际效果。

第6章进一步探讨联邦学习与物联网、区块链和大模型技术的深度融合，在分析技术优势的同时提出结合过程中可能面临的挑战和解决思路。

第7至11章分别展示联邦学习在通信、金融、智慧医药、智慧交通、智慧城市等多个行业中的典型应用。通过实际案例的剖析，揭示联邦学习在行业转型与数字化发展中的价值和潜力，同时展望未来发展趋势，为其他领域提供行业发展新思路。

第12章对本书内容进行全面总结，并对推动技术标准化进程及未来研究方向提出了展望。

特别感谢中移数智科技有限公司韩在吉总经理对本书撰写的殷切指导，中移数智科技有限公司的谭振龙、刘伟、李意如、朱鸿睿等同事为本书的编写付出了巨大的努力。另外，李怡同学参编了第1、2章，张龙青副教授参编了第3章，李刚研究员参编了第4章。张杰煊、胡思敏、孟庆蕊、于红德、韩旭、李美锟、鲍恩平、陆籽华、连梓彤、马浩轩、王观涛等同学也参与了部分章节的编写工作，邢晨欣、王晶晶等同学参与了本书的编辑和校对工作。

在编写过程中，我们借鉴了大量学术论文、技术文献以及行业报告，特别感谢国内外在联邦学习领域的学术先锋和行业实践者，他们的研究成果为本书提供了丰富的素材和理论依据。同时，我们还要感谢编辑团队的辛勤付出，他们从书稿组织到细节打磨都提供了宝贵的建议，使本书得以高质量完成。

如果本书能够为读者带来启发，促进联邦学习技术的研究与应用，便是我们最大的荣幸。在此，我们也期待读者的批评指正，以推动联邦学习领域的持续发展。

编著者

目录 —— Contents

FEDERATED
LEARNING

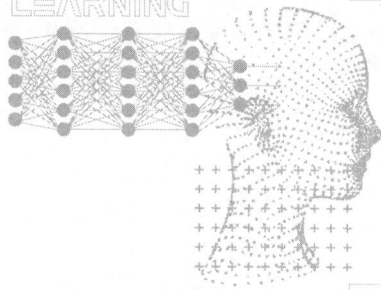

第 1 章

联邦学习简介

001 ~ 039

第 2 章

联邦学习应用于移动边缘网络

040 ~ 064

第 **3** 章

联邦学习对通信成本的优化

联邦学习简介

1.1

联邦学习的背景

近年来，随着人工智能的飞速发展，越来越多数据驱动的人工智能大模型在各行各业得到广泛应用，如在人脸识别、自动驾驶、医疗检测等领域，基于大量数据训练的算法模型的性能在过去几年里得到不断提升，逐步渗透到人们生活中的每个角落。

2012年，人工智能的复苏使机器学习成为一项强大的技术。从那时起，使用集中式学习框架开发机器学习模型在挖掘海量数据的规则方面表现出了令人难以置信的效果。2016年，AlphaGo的巨大成功让人们看到了人工智能迸发出来的巨大能力，也更加憧憬人工智能技术在自动驾驶、医疗、金融等更多、更复杂、更前沿的领域施展拳脚。人们希望大数据驱动的人工智能会在各行各业得以实现。

集中式学习框架依赖于大量的数据存储系统，这一需求往往与用于模型训练的计算能力并置在一起。当这些数据存储系统彼此靠近时，通常会有强大的网络连接，这使得地理距离因素变得无关紧要。然而，集中式学习框架有其局限性，不能成功地应用于所有地方。在严峻的环境中，受到网络带宽和连接性不足以支持传输数据的设备限制，训练网络的数据无法传输到中央服务器，导致传统机器学习无法通过集中式学习框架训练模型。数据本身的高度分布也会为传统机器学习的集中式学习架构带来限制。比如，当数据跨越多个设备上传到中央服务器时，中央服务器的通信很容易超过有限的带宽，这给传统机器学习方法在计算和通信方面造成了巨大压力。另外，大量数据从多个设备上传到中央服务器的过程很容易产生高延时，增加了传统机器学习的处理时间。虽然传统机器学习允许预处理数据来减小延时，但是传输原始数据本身成本就很高，预处理数据会增加额外的成本。对物联网而言，由于能源需求，依赖电池供电的小型设备可能无法传输原始数据。此外，由于政策或法规等，数据可能无法共享。例如，在医疗保健领域，有关患者数据的隐私保护法律和政策阻止了跨组织的信息共享；在商业行业中，由于商业数据具有极大的潜在价值，各个企业乃至各个部门之间由于利益关系冲突而难以实现数据的集中共享，进而产生"数据孤岛"效应，无法让数据发挥其最大价值。且集中式数据的存储和训练对企业计算资源与存储能力也带来了巨大的挑战。这些约束均限制了使用集中式学习框架的传统机器学习。

再者，除了有限的几个行业，更多领域仍存在数据有限且质量较差的问题，不足以支撑人工智能技术的应用，勉强应用会导致严重的商业后果。例如，IBM的智能问答系统"沃森"，将问题转化成高维的表达方式，再在答案库中找出概率更高的答案。这一系统的原理简单，而关键在于要有健全的答案库。"沃森"在电视大赛中取得成功之后，IBM即将其应用于医疗垂直领域，辅助医生诊断，但这一应用效果非常不理想：医疗领域需要非常多的标注数据，而其极高的专业性要求导致数据标注工作必须由医生完成；但医生的时间非常宝贵，没有足够的数据处理时间，因此数据来源远远不够，导致系统应用效果很差，最终项目失败。

数据源之间大多数情况下存在难以打破的壁垒。一般而言，人工智能所需要的数据涉及多个领域；而在大多数行业中，数据是以"孤岛"的形式存在的。由于行业竞争、隐私安全、行政手段复杂等问题，即使是同一个公司的不同部门之间，实现数据整合也面临着重重阻力。因此，在现实中想要将分散在各地、各个机构的数据进行整合几乎是不可能的。

在以上种种矛盾之下，联邦学习（Federated Learning，简称FL）技术应运而生。联邦学习是一种新兴的人工智能基础技术，2016年由谷歌最先提出，最初用于解决安卓手机终端用户在本地更新模型的问题。传统的机器学习方法需要将数据集中到一个中心位置进行训练，这不仅带来了数据传输和存储的问题，还增大了数据泄露的风险。

联邦学习技术在设备或数据源本地进行模型训练，并将更新后的本地模型参数上传至中央服务器；中央服务器将本地模型参数聚合到一起并用其更新中心模型的参数；中心模型更新完毕后，中央服务器将中心模型的参数再下发回各个本地模型继续训练。这样就可以在不必将海量原始数据上传到中央服务器的情况下训练模型，实现了不泄露隐私信息、满足数据合规需求条件下的数据使用与建模，使各类机器学习框架的部署和应用成为可能。相比于传统机器学习，联邦学习解决了以下主要问题。

（1）隐私保护。传统机器学习要求将数据集中在一处进行训练，导致用户的隐私存在泄露的风险。联邦学习在本地设备上进行模型训练，只将本地模型参数的更新信息传输到中央服务器，避免了直接共享原始数据，提高了数据隐私性。

（2）解决数据中心化问题。传统机器学习要求将数据都集中到中央服务器进行训练，这导致数据中心化，即数据集中在少数几个地点，而其他地区的数据无法充分利用。联邦学习使数据可以分布在各个设备或地点对本地模型进行训练，解决了数据中心化的问题。

（3）降低通信带宽需求。传统机器学习需要在中央服务器和本地设备之间频繁地传输大量数据，会增加通信带宽和成本。联邦学习仅传输模型参数的更新信息，大大降低了通信的带宽需求，提高了通信效率。

1.2
联邦学习技术的发展阶段

1.2.1　早期探索阶段

在联邦学习概念提出之初，研究者们主要关注的是如何在保护隐私的同时有效地进行分布式训练。这一阶段，各种基本的联邦学习算法被提出，如联邦平均（Federated Averaging）算法，它允许各个参与方在本地进行模型训练，然后将模型更新上传到中央服务器进行平均，再分发给各个参与方进行下一轮的训练。

1.2.2　技术成熟阶段

随着技术的不断发展，联邦学习开始关注更多的实际问题，如通信效率、模型收敛速度、数据不平衡等。为了解决这些问题，研究者们提出了一系列的优化方法，如压缩模型更新以减少通信开销，采用异步更新策略以提高训练速度，以及使用加权平均来处理数据不平衡问题。

1.2.3　应用拓展阶段

近年来，联邦学习开始在各个领域得到应用，如医疗健康、金融科技、智能推荐等。特别是在医疗健康领域，由于数据隐私的敏感性，联邦学习提供了一种有效的解决方案，使得多个医疗机构可以在不共享原始数据的情况下，共同训练出更准确的医疗预测模型。

1.3
联邦学习的定义

在进行机器学习的过程中，各参与方可借助其他方数据进行联合建模。各方无须共享数据资源，即在数据不出本地的情况下，进行数据联合训练，建立共享的机器学习模型。

假设有两个不同的企业A和B，它们拥有不同的数据。例如，A有用户特征数据，B有产品特征数据与标注数据。但按照数据交换相关法规政策，两家企业不能粗暴地把双方数据加以合并，因为数据的原始提供者，即它们各自的用户，并没有机会来同意这样做。

现在的问题是如何在A和B各端建立高质量的模型。由于数据不完整（缺乏一些特征数据）或者数据不充分（数据量不足以建立好的模型），那么在各端的模型有可能无法建立或者效果不佳。

联邦学习希望解决这个问题：它希望做到各个企业的自有数据不出本地，而联邦系统可以通过加密机制下的参数交换方式，在不违反数据隐私法规的情况下，建立一个虚拟的共有模型。这个虚拟模型就像大家把数据聚合在一起建立的最优模型一样。但是在建立虚拟模型的时候，数据本身不移动，也不泄露隐私和影响数据合规。这样，建好的模型在各自的区域仅为本地的目标服务。在这样一个联邦机制下，各个参与者的身份和地位相同，而联邦系统帮助大家建立了"共同富裕"的策略。这就是为什么这个体系叫作"联邦学习"。

1.4
联邦学习的特点

联邦学习的特点主要体现在以下几个方面。

首先，联邦学习强调数据的本地性保护。在联邦学习的过程中，各方的数据都严格保留在本地，不进行跨域传输或集中存储。这种设计不仅避免了数据的直接泄露，确保了个人隐私的绝对安全，同时也完全符合各类数据保护法规的要求。换句话说，数据始终在用户的控制之下，既不会因共享而泄露，也不会违反任何与数据保护相关的法律规定。

其次，联邦学习构建了一个多方参与的虚拟模型共享体系。在这个体系中，多个参与者能够联合各自的数据资源，共同建立一个强大的机器学习模型。这种合作方式不仅提升了模型的准确性和泛化能力，还确保了每个参与者都能从中获益，实现了资源的优化配置和互利共赢。

再者，联邦学习体系下的各个参与者享有平等的身份和地位，这意味着，在模型训练和更新的过程中，每个参与者的意见和贡献都被平等对待，没有任何一方能够主导或控制整个学习过程。这种平等性不仅有助于激发各方的参与热情，还保证了学习结果的公正性和可信度。

此外，联邦学习在保护数据隐私的同时，也追求高效的建模效果。通过先进的算法和技术手段，联邦学习能够在分布式环境下实现与集中式建模相媲美的性能。这意味着，即使数据没有集中在一起，通过联邦学习建立的模型也能达到或接近将整个数据集放在一处建模的效果，从而确保了学习的高效性和实用性。

最后，联邦学习为解决数据孤岛问题提供了有效的途径。在现实世界中，由于隐私、安全或法规等要求，许多数据无法被集中起来进行统一的机器学习训练。而联邦学习正是针对这一问题而提出的解决方案，它使多个参与方能够在不共享原始数据的情况下进行协作学习，从而打破了数据孤岛的限制，推动了机器学习和人工智能技术的广泛应用和发展。

1.5
联邦学习的模型架构及训练过程

联邦学习作为一种保护数据隐私的分布式机器学习方法，其模型架构是实现这一目标的关键。在联邦学习中，模型架构需要满足多方参与、数据隐私保护、模型聚合和更新等多个方面的要求。

1.5.1　联邦学习模型架构概述

联邦学习的模型架构主要包括以下几个部分：本地模型、中央服务器、通信网络和模型聚合算法。在这个架构中，多个参与方（如手机、电脑或其他设备）在本地进行模型训练，然后将训练结果通过通信网络上传到中央服务器。中央服务器负责聚合各参与方的模型更新，并下发更新后的全局模型。

1.5.2　本地模型

在联邦学习中，每个参与方都拥有一个本地模型，这是训练过程的核心部分。本地模型通常采用与全局模型相同的结构，但也可以在特定场景下根据数据分布和特点进行调整。每个参与方利用自己的本地数据进行模型训练，通过优化算法（如梯度下降）来更新模型参数。

1.5.3　中央服务器

中央服务器在联邦学习架构中扮演着关键角色。它负责收集各参与方的模型更新，并进行聚合以生成全局模型。为了保护数据隐私，中央服务器通常不直接访问参与方的原始数据，而是处理加密或匿名化后的模型更新。此外，中央服务器还负责管理和调度整个联邦学习过程，包括参与方的选择、模型聚合的频率等。

根据有无中心服务器（中央服务器）的参与，可分为"中心化联邦架构"和"去中心化联邦架构"两种。

1.5.4　通信网络

通信网络是联邦学习架构中不可或缺的一部分，它负责在参与方和中央服务器之间传输模型更新和全局模型。为了保证数据传输的安全性和效率，通信网络通常采用加密技术和压缩算法。此外，为了适应不同的网络环境和设备性能，通信网络还需要具备一定的灵活性和可扩展性。

1.5.5　模型聚合算法

模型聚合算法是联邦学习架构中的关键环节，它决定了如何将各参与方的模型更新聚合成一个全局模型。最常见的聚合方法是联邦平均算法，它通过对各参与方的模型更新进行加权平均来得到全局模型。然而，在实际应用中，由于数据分布和模型性能的差异，可能需要采用更复杂的聚合算法，如加权平均的变体、中位数聚合等。

1.5.6　训练过程

针对中心化联邦学习架构（图1-1），在该基本模型的每次迭代训练过程中，中央服务器初始化全局模型，并将模型参数发送给参与方；参与方使用持有的数据集对本地模型进行训练，期间不会将数据发送给中央服务器；参与方完成本地训练后，将更新的模型参数发送给中央服务器；中央服务器接收到所有参与方更新的模型参数后，进行模型聚合（通常采用加权平均等方式）更新全局模型；各参与方将会评估更新后的全局模型在本地模型上的性能。重复进行本地训练、模型更新和模型聚合的过程，直到达到一定的准确率或迭代次数。在整个训练过程中，参与方之间不会直接交换原始数据，只是交换模型参数或梯度等信息，从而保证了数据的隐私性和安全性。

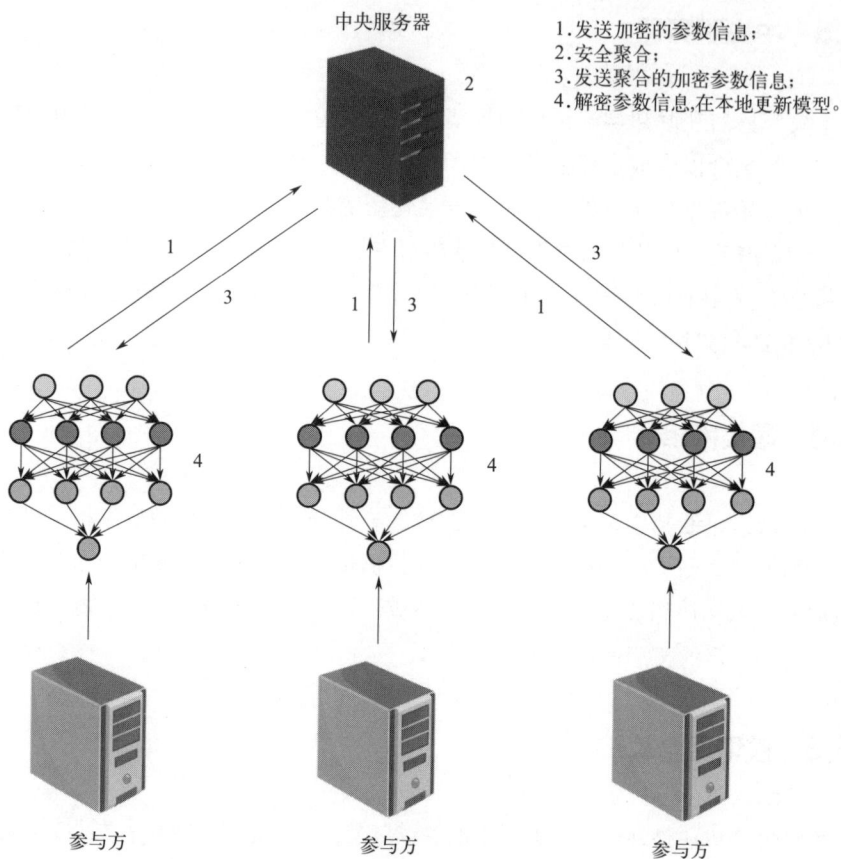

中央服务器

1.发送加密的参数信息;
2.安全聚合;
3.发送聚合的加密参数信息;
4.解密参数信息,在本地更新模型。

参与方　　　　　参与方　　　　　参与方

图1-1　中心化联邦学习架构

针对去中心化联邦学习架构,系统在模型训练过程中不需要主服务器的参与,其基本架构如图1-2所示。

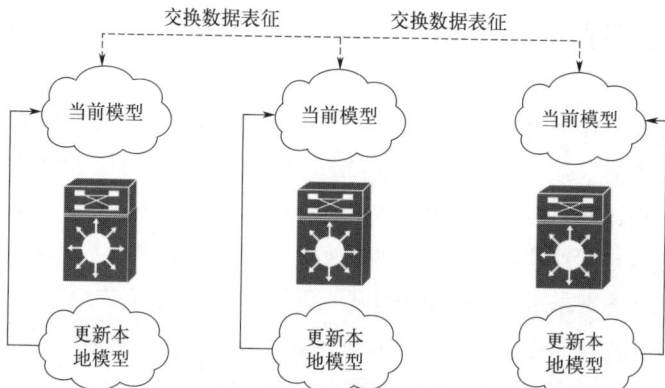

图1-2　去中心化的联邦学习架构

　　联邦学习技术及应用

去中心化的联邦学习架构使用迁移学习算法构建互助模型。架构中某参与方使用在当前迭代中训练好的模型参数，迁移到另外一个参与方上，协助其进行新一轮模型的训练。主要包含以下四个步骤：

（1）参与方根据自身数据集构建本地模型，进行初始化。

（2）参与方分别运行各自的本地模型，获得数据表征及中间结果，加密后发送给对方。

（3）对方利用中间结果计算模型的加密梯度与损失值，加入掩码后发送给原参与方。

（4）各方将收到的信息解密后发回给对方，并利用解密后的信息更新各自的模型，重复上述步骤直到损失收敛为止。

在去中心化的联邦学习架构中，各参与方均利用对方当前模型与数据潜在表征，更新各自的本地模型。相比于中心化的联邦学习架构，其不需要中央服务器来协调各方设备之间的通信，因此极大地降低了通信开销和单点故障风险。

总体而言，联邦学习技术通过保护数据隐私和提高数据安全性，实现了跨组织的数据共享和协同训练。无论是中心化还是去中心化的联邦学习架构，都展示了其在分布式机器学习中的巨大潜力。中心化联邦学习架构通过中央服务器的协调，确保了模型的高效聚合和更新；而去中心化联邦学习架构则通过各参与方的互助合作，降低了通信开销和单点故障风险。未来，随着技术的不断发展和优化，联邦学习有望在更多的实际应用中发挥其重要作用，进一步推动人工智能和大数据领域的创新与进步。

1.5.7 其他模型架构

1.5.7.1 FEDF架构

FEDF架构是面向隐私保护和并行训练的模型架构，该架构允许在多个地点分布的训练数据模型上学习模型。如图1-3所示，FEDF架构由一个主人和多个工人组成。主人负责处理训练过程，包括初始化训练算法、获取工人的训练结果、修改全局模型实例、在修改好全局模型实例并为下一个训练做好准备后通知工人。同时，工人们在一台服务器上使用自己的数据训练模型。从主人那里下载模型实例后，每个工人运行训练方法，然后通过协议将训练结果发送给主人。在发送之前，训练结果是每个工人的私有信息，对主人和其他的工人来说都是未知的，这样能有效阻止其他人获取训练数据的信息。工人的数据集大小不均匀，训练时间会因工人而异。FEDF架构能够在不牺牲准确性的前提下大大提高训练速度。

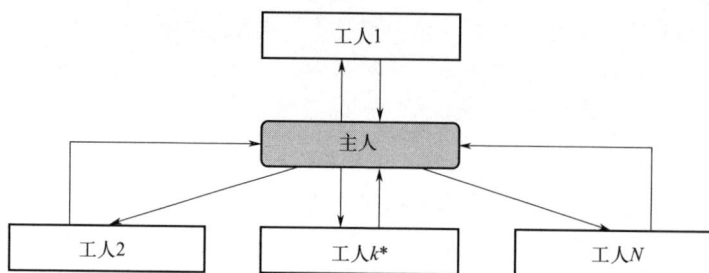

图1-3 FEDF架构

1.5.7.2 PerFit架构

PerFit架构是围绕物联网的适用性所提出的模型架构，该架构是基于云的，主要应用于设备、服务器和云，模型可以在不影响敏感数据的情况下在本地共享。如图1-4所示，PerFit架构的训练过程包括卸载、学习和个性化三个阶段。在卸载阶段，物联网设备可以将其学习模型和数据样本传输到云端进行快速计算。在学习阶段，设备和云都根据数据样本计算模型，然后传输信息；服务器收集信息，将其传输到一个全局模型中；模型信息交换过程反复进行，直到经过一定数量的迭代后收敛，得到一个最优的全局模型。在个性化阶段，每个设备训练一个个性化的模型，以捕获特定的特征和需求。该过程基于全局模型的信息和设备本身的信息。

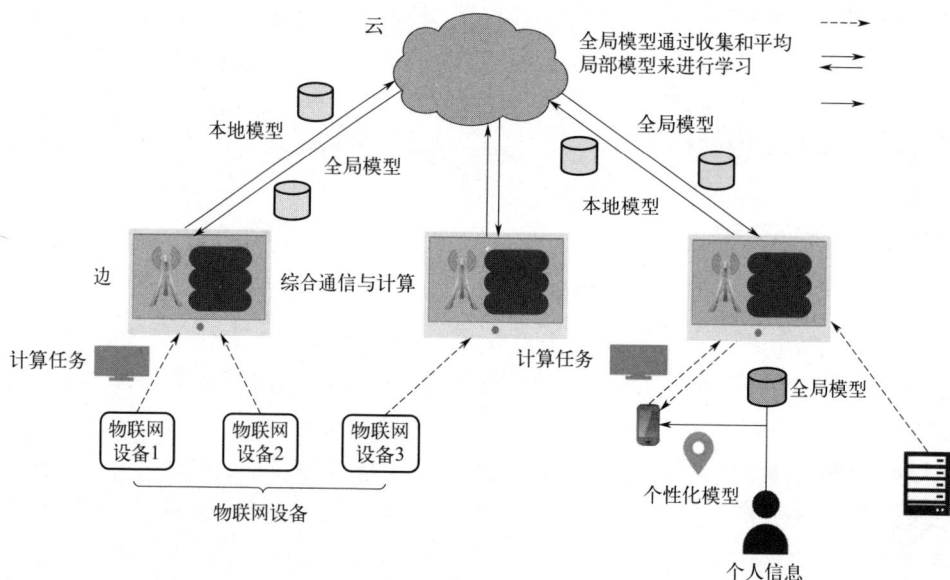

图1-4 PerFit模型架构

1.6

联邦学习的分类

根据参与各方数据源分布情况的不同，联邦学习可以被分为三类：横向联邦学习、纵向联邦学习、联邦迁移学习。

对于数据源分布不同情况的说明：假设有处于同一个领域的两家公司A和B，A公司和B公司都拥有各自的数据集D_A和D_B，且数据集都以矩阵形式表示，两个矩阵的行数据代表用户样本数据，列数据代表用户特征，其中还分别拥有标签。A公司和B公司在进行联合训练时，可能存在以下四种情况：

（1）在数据集中，用户特征部分重叠较多，但是用户样本部分重叠较少；

（2）在数据集中，用户特征部分重叠较少，但是用户样本部分重叠较多；

（3）在数据集中，用户特征部分和用户样本部分都重叠较少；

（4）在数据集中，用户特征部分和用户样本部分都重叠较多。

1.6.1 横向联邦学习

1.6.1.1 横向联邦学习的基本概念

横向联邦学习，也称为数据并行联邦学习，是一种允许多个参与方在保护各自数据隐私的前提下，共同训练一个全局机器学习模型的方法。与纵向联邦学习（特征并行联邦学习）不同，横向联邦学习关注的是数据样本的横向切分，主要应用场景为用户特征部分重叠较多，但是用户样本部分重叠较少的情况。换句话说，如果两个或者多个数据集中的用户特征部分重叠较多，那么就按照横向切分的方式从数据集中取出特征完全相同但是用户不同的数据进行训练，即各参与方的数据集拥有相同的特征空间，但是样本空间不同。通过这种方式，横向联邦学习能够在不泄露原始数据的情况下，实现知识的共享和模型性能的提升。

横向联邦学习中多方联合训练的方式与分布式机器学习有部分相似的地方。

分布式机器学习涵盖了多个方面，包括把机器学习中的训练数据分布式存储、计算任务分布式运行、模型结果分布式发布等。参数服务器是分布式机器学习中一个典型的例子。参数服务器作为一种加速机器学习模型训练过程的工具，它将数据存储在分布式的工作节点上，通过一个中心式的调度节点调配数据分布和分配计算资源，以便更高效地获得最终的训练模型。

而对于联邦学习而言，首先，横向联邦学习中的工作节点代表的是模型训练的数据拥有方，其对本地的数据具有完全的自治权限，可以自主决定何时加入联邦学习进行建模，而在参数服务器中，中心节点始终占据着主导地位，因此联邦学习面对的是一个更复杂的学习环境。其次，联邦学习强调模型训练过程中对数据拥有方的数据隐私保护，作为一种有效的数据隐私保护手段，它能够更好地应对未来愈加严格的数据隐私保护和数据安全监管环境。

1.6.1.2　横向联邦学习的工作原理

在横向联邦学习中，多个参与方（如手机、电脑或其他设备）首先在本地使用自己的数据集进行模型训练。这些本地模型通常采用与全局模型相同的结构，但也可以在特定场景下根据数据分布和特点进行调整。每个参与方利用优化算法（如梯度下降）来更新模型参数，以最小化本地数据上的损失函数。

完成本地训练后，各参与方将模型更新（如梯度或参数变化）上传到中央服务器。为了保护数据隐私，这些模型更新通常经过加密或匿名化处理。中央服务器负责收集并聚合这些模型更新，以生成一个全局模型。这个过程通常通过联邦平均算法或其变体来实现，即对各参与方的模型更新进行加权平均。

一旦全局模型生成，中央服务器会将其分发给各参与方，用于下一轮的本地训练。这个过程反复进行，直到全局模型达到满意的性能或满足预定的训练轮数。通过这种方式，横向联邦学习能够在保护数据隐私的同时，充分利用分散在多个参与方的数据资源，提升模型的准确性和泛化能力。

简单来说，横向联邦学习根据用户维度进行切分，是一种基于用户样本的联邦学习方式，如图1-5所示，可以将横向联邦学习总结为 $X_A = X_B$，$Y_A = Y_B$，$I_A \neq I_B$，$\forall D_A$、D_B。其中，$X_A(X_B)$ 指的是 A（B）公司的特征，$Y_A(Y_B)$ 指的是 A（B）公司的标签，$I_A(I_B)$ 指的是 A（B）公司的用户样本，$D_A(D_B)$ 指的是 A（B）公司的数据集。

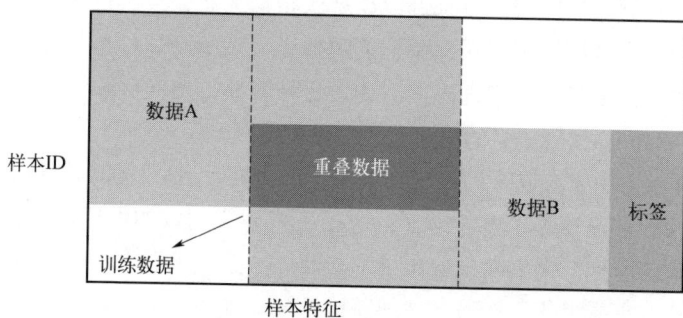

图1-5　基于用户样本的联邦学习方式

比如，对于不同地区的数据运营商服务（如四川省的移动服务、云南省的移动服务等）来说，因为其分布在不同的区域，所以用户样本部分重叠较少，但是这些不同区域的业务特征是很相似的，因此特征空间的重叠区域较大。这样的数据集就适合采用横向联邦学习的方式进行训练。

横向联邦学习的典型应用场景就是"端-云"服务框架。该场景主要针对拥有同构数据的大量终端用户，比如在互联网中使用同一个APP的用户服务商通过融合不同终端用户的数据进行联合建模。在经过用户授权后，用户的个人隐私均不出个人终端设备（手机、平板电脑等）就可以参与模型的训练与更新。横向联邦学习通过去中心化、分布式的建模方式在保证用户个人隐私安全的前提下，利用了不同用户的数据，建立了有价值的联邦学习模型。

1.6.2　纵向联邦学习

1.6.2.1　纵向联邦学习的基本概念

纵向联邦学习，又称为特征并行联邦学习，是一种允许多个参与方在保护数据隐私的同时，通过共享不同特征信息来共同训练机器学习模型的方法。与横向联邦学习不同，纵向联邦学习关注的是数据特征的纵向切分。也就是说，在纵向联邦学习中，各参与方的数据集拥有不同的特征空间，但样本空间是相同的。这种方法能够在不泄露各参与方原始数据的情况下，实现特征信息的共享和模型性能的提升。

1.6.2.2　纵向联邦学习的工作原理

在纵向联邦学习中，多个参与方首先将自己的数据集进行特征切分，保留部分特征作为私有特征，同时将其他特征进行共享。这些共享的特征被用于共同训练一个全局的机器学习模型。为了保护数据隐私，各参与方通常会对共享的特征进行加密或匿名化处理。

在训练过程中，各参与方利用自己的私有特征和共享特征，在本地进行模型训练。然后，各参与方将自己的模型更新（如梯度或参数变化）上传到中央服务器。中央服务器负责收集并聚合这些模型更新，以生成一个全局模型。由于各参与方拥有不同的特征空间，因此在聚合模型更新时需要采用特定的算法和技术，以确保全局模型的有效性和准确性。

一旦全局模型生成，中央服务器会将其分发给各参与方，用于下一轮的本地训练。这个过程反复进行，直到全局模型达到满意的性能或满足预定的训练轮数。通过这种方式，纵向联邦学习能够在保护数据隐私的同时，充分利用分散在多个参与方的特征信息，提升模型的准确性和泛化能力。

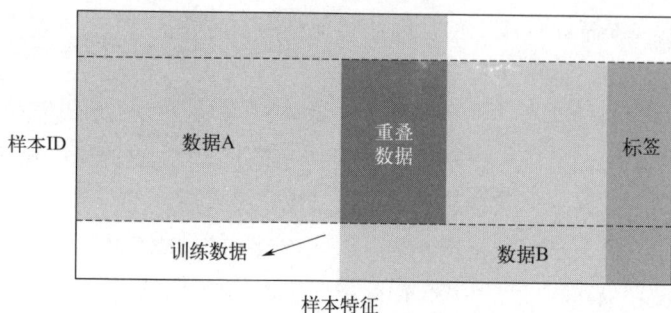

图1-6 基于特征维度的联邦学习方式

简单来说，纵向联邦学习根据特征维度进行切分，是一种基于特征维度的联邦学习方式，如图1-6所示，可以将纵向联邦学习总结为 $X_A \neq X_B$，$Y_A \neq Y_B$，$I_A = I_B$，$\forall D_A$、D_B。

比如，一家保险公司A与一家银行B在同一个城市，它们的客户群体有很多是重合的，但是银行B的数据是用户的资产信息，而保险公司A的数据是用户的保险信息。两家公司想要合作开发一个风控模型，为了保证模型训练过程中的数据保密性，此时需要加入一个第三方的协调者C。C主要用来帮助参与方进行安全的联邦学习，它独立于参与方A和B，收集中间结果来计算模型的梯度和损失值，并将结果转发给参与方A和B。训练模型过程如图1-7所示，协调者C负责分发公钥给A和B

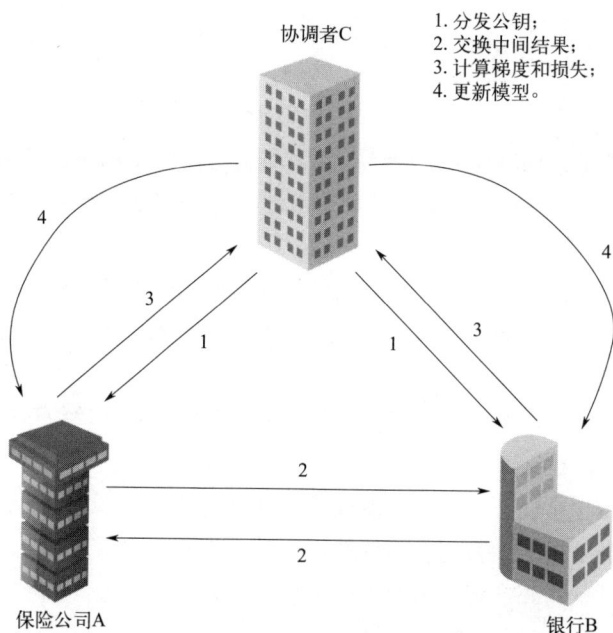

图1-7 纵向联邦学习训练模型过程举例

（不发私钥，这样只有C可以解密）；A和B将对齐后的样本进行加密和交互，分别计算各自模型的梯度和损失值，然后将加上噪声或者掩码的模型参数发给C（避免C泄密）；C收到数据后进行解密，再发送给A和B；A和B解除掩码，更新自己的模型。通过纵向联邦学习可以扩充样本间的特征，从而能获得比单个参与方使用各自数据训练更好的模型效果。

1.6.3 联邦迁移学习

1.6.3.1 联邦迁移学习的基本概念

联邦迁移学习结合了联邦学习和迁移学习的优势，旨在解决参与方数据样本和特征差异较大的情况下的机器学习问题。

随着机器学习的广泛应用，在很多有监督学习场景中常常需要进行大量数据标注，这项工作十分耗时且乏味，因此引入迁移学习进行解决。迁移学习的出发点是减少人工标注数据的时间，使得模型可以通过已有的标注数据将已学知识迁移到未标注的数据中。目前，迁移学习主要应用在将训练好的模型参数迁移到新的模型中辅助新的模型进行训练。基于源域（Source Domain）和目标域（Target Domain）可以将迁移学习分为归纳迁移学习、直推式迁移学习和无监督迁移学习三种方向。在最近的研究中，对迁移学习的研究主要集中在基于特征表示的迁移学习方法上，其已经在图像分类、文本分类、自然语言处理等领域取得了很好的效果。

在联邦学习中，多个参与方可以在不共享原始数据的前提下共同训练一个模型，从而保护数据隐私。而迁移学习则利用源域的知识来帮助目标域的学习任务，特别是在目标域数据稀缺或标注成本高的情况下。联邦迁移学习正是融合了这两种思想，在两个数据集的用户样本与用户特征重叠都较少的情况下，不对数据进行切分，而是利用迁移学习克服数据或标签不足的情况，使得在数据差异大、隐私要求高的场景下也能进行有效的机器学习。

1.6.3.2 联邦迁移学习的工作原理

联邦迁移学习的核心思想是在保护数据隐私的前提下，通过迁移学习技术来弥补不同参与方数据之间的差异。具体来说，它利用源域（即数据丰富、特征完整的领域）的预训练模型，将其迁移到目标域（即数据稀缺或特征不完整的领域）进行微调。在这一过程中，模型的训练是在各参与方本地进行的，只有模型参数或更新会被共享到中央服务器进行聚合，从而确保了数据的隐私性。

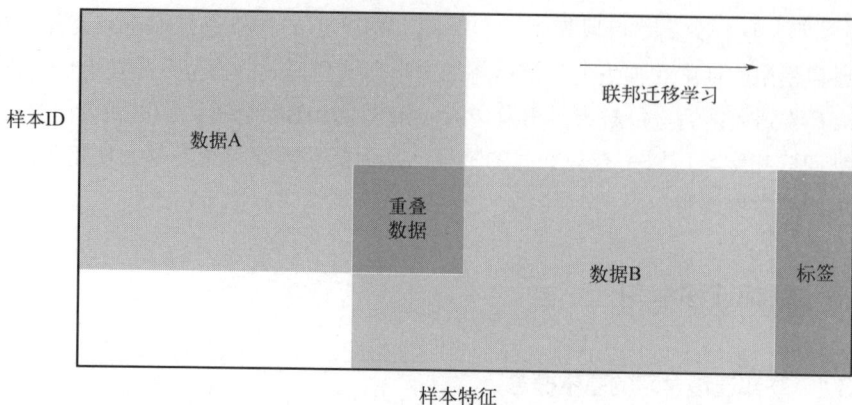

图1-8　基于知识迁移的联邦学习方式

简单来说，联邦迁移学习不对数据切分，是一种基于知识迁移的联邦学习方式，如图1-8所示，可以将联邦迁移学习总结为 $X_A \neq X_B$，$Y_A \neq Y_B$，$I_A \neq I_B$，$\forall D_A$、D_B。

比如，假设现在有中国某银行的数据集和美国某外卖公司的数据集。因为在不同的国家，所以用户样本的交叉很少；因为银行业务和外卖公司业务相差很大，所以用户特征的交叉也很少。如果用户需要进行有效的联邦建模，就需要借助迁移学习技术，解决单边数据缺乏或者标签少的问题，从而更有效地进行联邦模型训练。

1.7
联邦学习的隐私与安全问题

1.7.1　隐私问题

在当今数据驱动的时代，机器学习模型的性能往往依赖于大规模数据集的训练。然而，在数据的收集、存储和共享过程中，个人隐私保护成了一个亟待解决的问题。联邦学习和差分隐私技术的结合为解决这一问题提供了创新性的方案。

1.7.1.1　差分隐私

差分隐私（Differential Privacy）是一种数学严格定义的隐私保护技术，它代表着在数据统计分析领域中对个人隐私保护的重大进步，是一种保护个体隐私的强大工具，广泛应用于数据分析和机器学习领域。

差分隐私是一种隐私保护模型，旨在确保对某个数据集的查询结果不会泄露单个个体的信息，通过引入随机噪声来隐藏个体的数据。其核心思想巧妙地体现在数据处理的过程中，即通过对查询结果添加适当且经过精心计算的噪声，来确保单个数据点的加入或退出对整个数据集分析结果的影响微乎其微，几乎可以忽略不计。这种技术的精髓在于，它能够在提供有价值的数据分析结果的同时，严格保护每一个个体的隐私信息不被泄露。

差分隐私的数学定义如下，一个随机化算法 A 对于任意两个相邻数据 D 和 D'（即只有一个数据点不同的数据集），满足 ε-差分隐私，即对于所有可能的结果 S，满足：$P(A(D) \in S) \leqslant e^{\varepsilon} \times P(A(D') \in S)$。其中，$\varepsilon$ 是差分隐私的核心要素之一，代表隐私预算，用来控制隐私保护的强度，较小的 ε 值表示更强的隐私保护。为了实现差分隐私，通常会将随机噪声添加到查询结果中，常见的噪声机制包括拉普拉斯噪声机制和高斯噪声机制，其实现方法介绍如下。

（1）拉普拉斯噪声机制：通过对查询结果添加拉普拉斯噪声来实现差分隐私。拉普拉斯噪声的尺度与查询的敏感度和隐私预算 ε 有关。

（2）高斯噪声机制：通过对查询结果添加高斯噪声来实现差分隐私。高斯机制在理论上能提供更好的隐私保护，但噪声的添加需要更复杂的计算。

在差分隐私的框架下，即使是最强大的攻击者，他们设法获取了经过差分隐私处理后的查询结果，也无法从这些结果中推断出任何关于个人隐私的具体信息。这是因为差分隐私技术通过精心设计的噪声添加机制，有效地掩盖了数据中关于个体的具体细节，使得任何对个体数据的尝试重建或推断都变得不可能。这种强大的隐私保护能力，使得差分隐私成为当前数据隐私保护领域中的一项重要技术。

差分隐私技术的另一个重要特点是其提供了可证明的隐私保护机制。这意味着差分隐私不仅能够在实际应用中提供有效的隐私保护，而且其保护效果还可以通过严格的数学证明来验证。这种可证明性为差分隐私技术在法律、监管和公众信任方面提供了坚实的基础。它使得数据收集者、分析者和数据主体都能够清晰地理解和评估隐私保护的程度，从而确保数据处理活动的合法性和正当性。

差分隐私技术的应用范围广泛，涵盖了从社交媒体数据分析到医疗记录研究，从金融风险评估到政府统计数据发布的众多领域。在这些场景中，差分隐私技术都能够提供强有力的隐私保护，使得数据分析既能够满足社会对数据利用的需求，又能够严格保护个人隐私权益不受侵犯。

例如，苹果公司在其 iOS 系统中引入了差分隐私来保护用户数据。苹果的差分隐私机制主要用于数据收集和用户行为分析，比如键盘输入的分析。通过使用差分隐私，苹果能够收集足够的统计信息来改进用户体验，同时确保个体用户的数据不会被泄露或识别。

再如，美国人口普查局在 2020 年人口普查中采用了差分隐私技术来保护个人数据。为了确保数据隐私，普查局使用了差分隐私算法来添加噪声，并确保发布的数据不泄露任何个体的信息。通过这种方式，普查局能够在发布统计数据的同时，保护每个公民的隐私。

联邦学习与差分隐私的结合，在多个领域展现了广阔且深远的应用前景，特别是在金融、医疗和监管等领域中更是凸显了其巨大的潜力。

例如，在金融领域，多家银行可以借助联邦学习的框架，实现信贷模型参数的共享。这一过程中，各银行无须将自身的敏感客户数据上传至中央服务器，而是在本地进行模型训练，仅将训练得到的模型参数更新进行上传；同时，利用差分隐私技术对这些参数添加适量的噪声，以确保客户数据的隐私得到严格保护。这样，银行既能够共享模型知识，提升信贷风险评估的准确性，又能有效降低客户数据的泄露风险。

再如，在医疗领域，不同医院之间的数据整合一直是一个难题，患者数据的高度敏感性使得数据共享变得尤为复杂。然而，通过联邦学习与差分隐私的结合，这一问题得到了有效解决。各医院可以在本地进行疾病检测模型的训练，并将训练得到的参数更新上传至中央服务器进行聚合。在聚合过程中，运用差分隐私技术能够确保患者数据隐私不被泄露，从而使得不同医院能够在保护患者隐私的同时，共同开发出更为准确、全面的疾病检测模型。

此外，联邦学习与差分隐私的结合还具有诸多优势，使其在隐私保护和数据利用方面展现出了更强的综合性能。

首先，这种结合技术进一步增强了隐私保护。传统的联邦学习虽然能够在一定程度上保护用户隐私，但仍存在模型参数泄露的风险。而差分隐私技术的引入，通过对模型参数添加噪声，使得攻击者即使获取了这些参数，也无法准确推断出原始数据，从而进一步降低了隐私泄露的风险。

其次，这种结合技术提高了数据利用率。在保护隐私的同时，它充分利用了分散在各方的数据资源进行模型训练，这使得原本因为隐私保护而无法共享的数据得以被有效利用，从而提升了模型的训练效果和泛化能力。

最后，这种结合技术还具有很强的灵活性。在实际应用中，可以根据具体场景和需求调整噪声添加的强度和范围，以在隐私保护和模型性能之间找到最佳的平衡点。这种灵活性使得联邦学习与差分隐私的结合能够在不同领域和场景中得到广泛的应用和推广。

但差分隐私技术在实际应用中仍面临一些挑战。

（1）隐私保护与数据实用性之间的平衡：在实现差分隐私时，如何在隐私保护与数据实用性之间取得平衡仍然是一个待解决的问题，过多的噪声可能导致数据失真，从而影响分析结果的准确性。

（2）计算效率的提高：差分隐私的算法通常需要进行大量的计算，如何提高算法的计算效率，减少其对系统资源的消耗，是一个重要的研究方向。

（3）隐私预算的管理：如何有效管理隐私预算，避免在多次查询中耗尽隐私预算，也是差分隐私应用中的一个关键问题。

综上所述，联邦学习与差分隐私的结合技术在多个领域展现出了巨大的应用潜力和优势。它不仅增强了隐私保护，提高了数据利用率，还具有很强的灵活性。随着技术的不断发展和完善，相信这种结合技术将在更多领域得到广泛应用和推广，为隐私保护和数据利用提供更为强大的支持。未来的研究也将继续关注隐私保护与数据实用性之间的平衡、计算效率的提高以及隐私预算的管理，以进一步推动差分隐私技术的发展和应用。

1.7.1.2　同态加密

同态加密（Homomorphic Encryption, HE）这一概念最早在20世纪70年代提出，并在近年来随着大数据和隐私保护需求的增长得到了广泛的关注和应用。同态加密是一种允许对加密数据进行计算并得到加密结果，而不需要解密数据的加密方式。这意味着，人们可以在不暴露数据本身的情况下，实现对数据进行处理和分析的目的。这一特性使得同态加密在隐私保护、云计算和大数据处理等领域具有广泛的应用前景。

同态加密的核心优势在于其"同态性"。简单来说，如果两个明文数据经过某种运算后得到一个新的明文结果，那么对这两个明文数据进行加密后再进行相同的运算，得到的加密结果与直接对明文结果进行加密是相同的。这种特性使得同态加密在数据处理过程中能够保持数据的加密状态，从而有效保护数据的隐私性。

同态加密的基本性质可以概括为：

（1）加法同态性：如果一个加密算法支持加法同态性，那么对于两个明文M_1和M_2，对它们的加密结果$E(M_1)$和$E(M_2)$进行加法运算［即$E(M_1)+E(M_2)$］，对应于对明文进行加法运算（即M_1+M_2）的加密结果。

（2）乘法同态性：如果一个加密算法支持乘法同态性，那么对于两个明文M_1和M_2，对它们的加密结果$E(M_1)$和$E(M_2)$进行乘法运算［即$E(M_1)\times E(M_2)$］，对应于对明文进行乘法运算（即$M_1\times M_2$）的加密结果。

根据其支持的运算类型和次数，可以将同态加密分为三种类型，分别是：部分同态加密（Partial Homomorphic Encryption, PHE）、有限同态加密（Somewhat Homomorphic Encryption, SWHE）和全同态加密（Fully Homomorphic Encryption, FHE）。

部分同态加密支持单一类型的运算，如仅支持加法或仅支持乘法。如果一种同态加密方案只支持在明文上执行加法运算，则这种方案被称为加法同态加密方案；如果一种同态加密方案只支持在明文上执行乘法运算，则这种方案被称为乘法同态加密方案。RSA 加密算法和 ElGamal 加密算法分别支持乘法和加法运算。

有限同态加密支持加法和乘法运算同时进行，但只能进行有限次数的加法和乘法运算。与部分同态加密相比，有限同态加密能够执行更复杂的计算，但其实际应用仍较为有限，重要的是它为全同态加密的发展提供了一个过渡步骤，使得研究者们能够更好地探索和完善全同态加密技术。

全同态加密支持任意不限制次数的加法和乘法运算，即支持任意计算，相较于部分同态加密更加复杂。

2009 年，Craig Gentry 提出了首个实用的全同态加密方案，这一方案基于格理论，并提出了一个复杂的加密和解密过程，在理论上证明了全同态加密的可行性，但全同态加密的计算复杂度和效率问题仍然有待解决。

在实际应用中，同态加密技术可以广泛应用于金融、医疗、政府等需要高度保护数据隐私的领域。例如，在金融领域，银行可以利用同态加密技术对客户的交易数据进行加密处理，然后在加密状态下进行数据分析，以发现潜在的欺诈行为或市场趋势，而无须暴露客户的隐私信息；在医疗领域，医疗机构可以使用同态加密技术对患者的医疗记录进行加密，并在加密状态下进行数据挖掘和疾病预测，以保护患者的个人隐私。

当然，同态加密技术也面临着一些挑战和限制。由于同态加密的计算复杂度较高，因此在处理大量数据时可能会遇到性能瓶颈。此外，同态加密技术的发展还需要进一步完善和优化，以提高其在实际应用中的可行性和效率。

尽管如此，同态加密技术作为隐私保护领域的一项革新力量，已经引起了全球范围内的广泛关注和研究。随着技术的不断进步和应用场景的拓展，相信同态加密将在未来发挥更加重要的作用，为数据安全和隐私保护提供更加坚实的保障。

当联邦学习与同态加密技术相结合时，可以在保护隐私的同时，实现更高效、更安全的数据分析和模型训练。

在联邦学习中，各参与方在本地进行模型训练后，需要将模型参数更新上传至中央服务器进行聚合。然而，在这个过程中，模型参数更新可能会泄露参与方的敏感信息。为了解决这个问题，可以在上传模型参数更新前，先对其进行同态加密处理。这样，即使攻击者获取了加密后的模型参数更新，也无法推断出原始数据，从而有效保护了用户隐私。

同时，同态加密技术还可以用于联邦学习中的聚合操作。在传统的联邦学习中，中央服务器需要对各参与方上传的模型参数进行聚合，得到全局模型参数的更新信息。然而，这个过程也可能会泄露参与方的敏感信息。引入同态加密技术，可以在聚合过程中对模型参数进行加密处理，使中央服务器无法直接获取明文数据，从而进一步增强隐私保护效果。

此外，联邦学习与同态加密技术的结合还具有灵活性和可扩展性。在实际应用中，可以根据具体场景和需求调整同态加密算法的参数和强度，以平衡隐私保护和模型性能之间的关系。同时，这种结合技术还可以扩展到其他分布式机器学习框架中，为更广泛的应用场景提供隐私保护支持。

1.7.1.3　安全多方计算

安全多方计算（Secure Multi-Party Computation，MPC）是一种密码学方法，允许多个参与方在不泄露各自输入数据隐私的前提下，共同计算一个函数的结果，是一种用于保护计算过程中的数据隐私的技术。这种技术旨在解决如何在保护数据隐私的同时实现数据价值的挖掘问题，即使参与方之间不完全信任，也能够在保证数据安全的前提下完成计算任务。随着大数据、云计算等技术的飞速发展，数据共享的需求日益迫切，但如何在保护数据隐私的前提下实现数据的有效利用，成了一个重要挑战。安全多方计算正是为了应对这一挑战而提出的。

安全多方计算主要基于密码学和不可知性原理，利用加密技术、秘密共享、分布式算法等多种技术手段，实现数据隐私保护。在安全多方计算中，各参与方拥有各自的隐私输入数据，他们试图在不泄露这些数据的前提下，共同计算某个函数并获得输出结果。在这个过程中，任何参与方都无法获得其他参与方的原始输入数据，从而保证了信息的安全性。

安全多方计算技术并不是单一的技术，而是由一系列支撑技术组成的协议栈。这些支撑技术包括加密解密、哈希函数、密钥交换、同态加密、秘密共享、混淆电路、不经意传输协议等。其中，秘密共享和混淆电路等是安全多方计算中最为关键的技术。秘密共享指将一个秘密值分解成若干个部分，分别分配给不同的参与者，只有当集合中达到一定数量的秘密碎片时，才能恢复出原始的秘密值。这种方法有效保护了数据的隐私性。混淆电路指通过引入随机数对计算逻辑真值表进行加密和混淆，使得参与方在不知道真实输入和电路逻辑的前提下执行电路计算。

姚氏混淆电路（Yao's Obfuscation Circuit）是由计算机科学家姚期智提出的一种电路混淆技术，其目标是保护集成电路设计免受逆向工程和知识产权盗用，核心在于通过复杂化电路结构，使攻击者在获取电路设计后难以理解其真实功能。姚氏混淆电路基于其提出的"混淆理论"，旨在对电路进行有效的功能混淆，使其在保持功能一致性的同时，增加破解难度。

姚氏混淆电路通过引入多个层次的伪装和随机化策略来实现电路功能的混淆，将目标电路的逻辑功能转换成一个等效但更复杂的电路。这种转换通常涉及将电路拆分成多个子电路，然后通过添加额外的逻辑门、虚拟输入输出以及随机化结构，最终使得电路看起来更加复杂，即使攻击者通过物理分析和电路仿真技术获得了电路的一部分，也难以推断出电路的实际功能和设计逻辑。同时，姚氏混淆电路也常会采用一种被称为"嵌套混淆"的方法，即将混淆电路再进行嵌套混淆。这样，攻击者不仅需要解密最外层的混淆，还需要进一步解密内层的混淆，从而显著增加破解难度。

姚氏混淆电路有着很强的对抗多种攻击手段的能力，能够抵御基于电路反向工程的攻击，通过增加电路的结构复杂性，使得攻击者即使掌握了电路的部分信息，也难以全面理解电路的功能。通过引入复杂的逻辑结构和混淆技术，姚氏混淆电路提升了电路设计的安全性。这种技术在保护电子设计的知识产权、防止电路盗用方面具有重要意义。

同样是由计算机科学家姚期智所提出的一种安全多方计算的案例——百万富翁问题，背景如下：

在某个城镇中，有两位百万富翁，他们互相不知道对方的财产有多少，但都想在不暴露自己财产总额的前提下知道到底谁的财产更多。这如何解决呢？

他们可以采用安全多方计算的方式进行比较：由富翁甲制作10个盒子，标号0～9，交给富翁乙，然后富翁乙根据自己的财产，在对应标号的盒子中放入一个白球，然后在小于这个盒子标号的其他盒子中放入蓝球，在大于这个盒子标号的其他盒子中放入红球，并给每个盒子上锁，将通用的钥匙连带10个盒子一起交给富翁甲。富翁甲收到盒子之后，只保留与自己的财产对应标号的盒子，并将其他的盒子销毁，然后打开保留的盒子就可以知道自己和富翁乙的财产谁多谁少，再将这个信息告知富翁乙即可。这就是一种典型的安全多方计算的案例。

为了进一步增强隐私保护效果，联邦学习可以与安全多方计算技术相结合，共同构筑隐私保护的新防线。

在联邦学习中，虽然各参与方只上传模型参数的更新，而不是原始数据，但仍然存在一定的隐私泄露风险，因为模型参数的更新可能包含有关原始数据的敏感信息。为了解决这个问题，可以在联邦学习中引入安全多方计算技术，对模型参数的更新进行加密处理，确保在聚合过程中无法推断出原始数据。

具体来说，安全多方计算技术可以通过以下几种方式在联邦学习中保护隐私。

（1）加密模型参数的更新：在上传模型参数的更新前，各参与方可以使用加密算法对参数进行加密处理。这样，即使攻击者获取了加密后的模型参数更新，也无法推断出原始数据，从而有效保护了用户隐私。

（2）安全聚合：在中央服务器进行模型参数聚合时，可以使用安全多方计算技术中的秘密共享等协议，确保在聚合过程中无法获取任何参与方的明文数据。这样，即使中央服务器被攻击导致数据泄露，攻击者也无法获取用户的敏感信息。

（3）验证和审计：安全多方计算技术还可以提供验证和审计机制，确保在计算过程中数据的完整性和正确性。这可以防止恶意参与方篡改数据或破坏计算结果，从而进一步增强隐私保护效果。

通过结合安全多方计算技术，联邦学习可以在保护隐私的同时，实现更高效、更安全的数据分析和模型训练。这种结合技术不仅提高了隐私保护水平，还扩展了联邦学习的应用场景，增强了实用性。例如，在金融、医疗等高度敏感的领域，这种结合技术可以为用户提供更强的隐私保障，促进数据的共享和合作。

1.7.2　安全问题

随着联邦学习的应用不断广泛深入，联邦学习模型也面临着诸多安全挑战和潜在的攻击手段。本小节将详细介绍联邦学习模型可能遇到的安全问题以及相应的攻击方式。联邦学习允许各参与方在本地进行模型训练，并仅上传模型参数的更新，从而避免了原始数据的直接共享。然而，这种分布式的学习模式也带来了新的安全威胁，主要包括隐私泄露、模型完整性受损，以及通信过程中的安全漏洞等。

1.7.2.1　隐私泄露攻击

隐私泄露是联邦学习所面临的主要安全威胁之一，它直接关联到参与方的数据安全和隐私保护。在联邦学习的环境中，攻击者可能会采用多种复杂且隐蔽的手段，试图窃取或推断出参与方的敏感信息。这些攻击手段不仅会威胁到数据的机密性，还可能会对参与方的业务和个人隐私造成严重损害。

其中，模型提取攻击是一种典型的隐私泄露攻击方式。攻击者通过精心设计的策略，获取目标模型的输入输出对，并利用这些数据训练一个替代模型。这个替代模型旨在模拟目标模型的行为，从而窃取模型的结构和参数信息。这种攻击方式使得攻击者能够在不直接访问原始模型的情况下，复制出一个功能相似的模型，进而对原始模型的隐私构成严重威胁。

成员推理攻击则是另一种常见的隐私泄露攻击。攻击者利用模型的输出和训练集的信息，通过统计分析和机器学习技术，推断某个特定样本是否属于模型的训练集。这种攻击方式能够直接泄露参与方的私有训练数据，对数据的机密性和隐私保护构成了严重威胁。

此外，属性推理攻击也是一种不容忽视的隐私泄露攻击方式。攻击者试图从模型中提取出未明确编码为特征或与学习任务无关的数据集属性。这些属性可能包含有关训练数据的敏感信息，如个人的身份信息、偏好或行为习惯等。通过属性推理攻击，攻击者能够获取更多关于训练数据的信息，进一步加剧隐私泄露的风险。

1.7.2.2　模型完整性攻击

模型完整性攻击是联邦学习中一类极具破坏力的攻击方式，其核心目标是破坏模型的正确性和可靠性，使模型无法按照预期正常工作。这类攻击对联邦学习的实际应用构成了严重威胁，因为它们能够直接损害模型的性能和信任度。

1）中毒攻击

中毒攻击（又称投毒攻击）是机器学习领域中的一种攻击方式，主要指在训练的过程中，恶意参与方通过注入数据或修改模型参数来操纵机器学习模型的预测。在联邦学习中，由于数据分散在多个客户端上，且模型的训练过程需要这些客户端的协作，因此中毒攻击变得更加复杂和隐蔽。

中毒攻击是模型完整性攻击中的一种重要形式，它包括数据投毒和模型投毒两种方式。

在数据投毒中，攻击者恶意地在训练数据中加入精心设计的样本，这些样本可能具有极端的特征或标签，旨在扰乱模型的训练过程，使模型学习到错误的模式。数据投毒实现形式包括标签翻转、后门插入。标签翻转指保持输入数据的特征不变，翻转其标签，比如在识别手写数字MNIST的实验中，将标签为0和1的那些数据的标签进行交换。后门插入指通过给训练数据插入特定的模式或特征，让模型学习触发并给出攻击者指定的结果，比如在图像分类数据集CIFAR-10中，让模型把紫色的车错误识别为鸟。

针对数据投毒，防御方法应从保护数据的角度出发。通常数据投毒防御技术应在训练参数进行聚合之前检测参数的真实性与安全性，或在训练过程中对参数进行筛查验证。一方面，在训练模型之前应当保证数据来源的真实性与可靠性；另一方面，在使用不能保障安全性的数据之前，应当进行相应检测以保证数据的完整性不受篡改。为了保障数据源的真实性与可靠性，在与各参与方进行数据交互之前，应该使用鲁棒且健壮的身份验证机制，以防止受到欺骗攻击或将被攻占节点中的污染数据集加入训练集，从而降低数据的质量。

而在模型投毒中，攻击者则更加直接地在模型更新过程中发送错误的参数，试图干扰全局模型的收敛过程，从而降低其预测性能。这种攻击方式更加隐蔽和复杂，攻击者可以直接操作本地模型的训练过程。联邦学习中实现模型投毒的方法有很多，数据投毒也可以认为是模型投毒的一部分，除此之外还有以下实现方式。

（1）符号翻转：这是模型投毒的一种最简单的实现方式，即将原始梯度的符号取反后再上传。

（2）扩大幅值：为了提高恶意梯度在简单聚合过程中的贡献，攻击者往往通过扩大恶意梯度的幅值来改变全局模型的收敛方向。

（3）同值攻击：攻击者将所有模型参数都修改为同一值提交给服务器。

（4）梯度篡改：攻击者可以任意篡改局部模型任意位置的参数，通过操纵本地模型的梯度来影响全局模型的表现。例如在联邦学习训练过程中，攻击者将模型在后门任务上的梯度上传到服务器。

（5）Krum/Trim攻击：利用Krum和Trim聚合规则，对于恶意梯度应远离均值的这一假定，在多轮迭代中为恶意梯度的每一维参数添加少量的偏差，构建一个与其他局部模型最接近的毒化模型，使偏差在聚合算法的浮动范围内，但仍能干扰全局模型收敛。

（6）植入语义后门：区别于数据投毒中的植入后门触发器，植入语义后门无须访问数据，通过修改梯度就可以实现。

（7）PGD边缘攻击：将客户端数据集与边缘数据集（概率分布小于一定阈值的数据）混合，使用投影梯度下降（PGD）来防止攻击模型偏离全局模型，即将模型投影到以上一轮全局模型为球心、半径为δ的超球面上，从而诱导模型对本能够正确分类但在训练数据中很少出现的数据错误分类。

模型投毒可以根据其目的进一步分为非定向投毒和定向投毒。非定向投毒旨在降低全局模型在所有类别上的预测准确率，而定向投毒旨在影响全局模型在攻击者指定的某一类数据上的准确率，在其他任务上表现正常以躲避检测，所以定向投毒一般更为隐蔽。上述模型投毒的实现方式中，符号翻转、扩大幅值、同值攻击、梯度篡改、Krum/Trim攻击可认为是非定向投毒，植入语义后门、PGD边缘攻击属于定向投毒。

针对模型投毒，假定服务器是可信的，那么防御的重点在于对恶意参与方的识别以及对错误更新参数的检测。对于恶意参与方，可以用相关的身份管理技术进行防范。对于异常的更新参数，通常有两种检测方法。

（1）通过准确度进行检测：如果某个参与方提交的更新模型的准确度明显小于其他参与方，则怀疑这个参与方是恶意的。

（2）直接比较各个参与方提交的更新参数（或梯度）：如果某个参与方提交的更新参数（或梯度）与其他参与方有明显的统计差异，则怀疑这个参与方是恶意的。

2）对抗攻击

对抗攻击也是模型完整性攻击的一种常见方式。攻击者通过构造特定的对抗样本，使得模型产生错误的输出。这些对抗样本与正常样本相比只有微小的扰动，但却能够导致模型在推理阶段产生错误的输出。这种攻击方式利用了模型对于输入样本的敏感性，使得即使是很小的输入变化也可能导致模型的输出显著变化。逃逸攻击是对抗攻击的一种特例，攻击者在不改变模型本身的情况下，通过巧妙地修改输入样本，使得模型被欺骗而产生错误的输出。

3）后门攻击

此外，后门攻击也是模型完整性攻击中的一种重要形式。攻击者在模型训练过程中恶意地植入后门，这个后门在正常情况下不会触发，但当模型遇到特定的触发条件时，就会按照攻击者的意图输出错误的结果。这种攻击方式具有极高的隐蔽性，因为后门只有在特定条件下才会被激活，而在正常情况下模型的表现可能完全正常或显示出良好的准确性，所以后门攻击属于定向投毒。

1.7.2.3　拜占庭攻击

拜占庭攻击是分布式系统中常见的一种攻击方式，指攻击者通过控制系统中的若干授权节点，上传错误或恶意的数据，从而干扰整个系统的正常运行。这类攻击得名于"拜占庭将军问题"，在该问题中，不同部分的分布式系统组件可能会以不一致或恶意的方式工作，导致系统难以达成共识。在联邦学习中，拜占庭攻击者可以在训练阶段进行攻击，控制多个用户，篡改本地数据、修改上传的梯度，甚至上传毒化模型，直接影响全局模型的收敛和性能。

拜占庭攻击具有以下特点。

（1）分布性：拜占庭攻击者可以同时控制多个节点，分布在系统的不同位置，这使得其攻击难以被及时检测到。

（2）隐蔽性：由于其上传的数据看似正常，且与其他良性节点的数据混合在一起，因此增强了攻击的隐蔽性。

（3）多样性：拜占庭攻击的形式多种多样，包括数据投毒、模型投毒和梯度篡改等，这些攻击可以通过修改本地数据的标签或特征、上传恶意模型参数、操纵梯度的方向和幅度等方式实现。

（4）严重性：在分布式环境中，尤其是联邦学习中，由于每个参与方的数据和计算资源都是独立的，一旦攻击者成功毒化了部分节点的数据或模型，这些节点上传的错误信息可能会在服务器聚合过程中被放大，进而导致整个系统的崩溃或输出具有严重偏差的模型。

防御拜占庭攻击的策略可以从多方面进行考虑，主要包括以下几种方法。

（1）基于梯度统计特性的防御：利用用户梯度更新的统计特性作为全局梯度，以剔除恶意梯度的影响。这类方法包括几何中位数、坐标中位数和截断均值等。研究者提出了基于坐标中位数和坐标截断均值的鲁棒梯度下降算法，能够在一定程度上绕过恶意更新的干扰。

（2）基于梯度间距离的防御：通过比较梯度之间的距离，或梯度与某一统计值的距离来检测可能的恶意梯度。常用的距离包括欧氏距离和余弦相似度等。Blanchard等人提出了Krum算法，该算法选择那些与大多数合法梯度较为接近的梯度进行聚合，从而剔除异常梯度。

（3）基于额外验证数据的防御：若服务器预先从各用户处收集了一小部分本地数据，训练得到了一个能很好地刻画全局数据特征的初始模型，基于该初始模型，服务器可以对训练时用户上传的梯度进行可信度评估。

（4）基于优化算法补偿的防御：通过优化算法，如动量优化、正则化项的引入等方式，提高全局模型的鲁棒性。研究者提出的RSA算法，通过给目标损失函数添加正则化项，使得良性本地模型与全局模型更加接近，从而提高系统的鲁棒性。

（5）基于差分隐私的防御：利用差分隐私机制，通过在用户上传梯度时添加噪声，来限制单一元素在数据集中对输出的影响，进而防止恶意节点通过反推计算出其他用户的数据。该方法有效保护了用户的隐私，同时也减小了恶意梯度对全局模型的影响，但会对模型性能产生一定的影响。

（6）基于安全多方计算的防御：在无可信第三方的情况下，通过多个参与方协同计算，在保证每一方仅获取自己计算结果的前提下，防止攻击者通过交互数据推测出其他任意一方的输入和输出数据。此种防御方法较为复杂，但它能在保护数据隐私的同时有效检测和防御拜占庭攻击。

（7）基于可信执行环境的防御：TEE通过软硬件方法在中央处理器中构建一个安全可信的区域，将其与不可信的计算区域隔离开，以保护其内部加载的程序和数据的机密性和完整性。

（8）基于可度量加性掩码的防御：由于加性掩码的可抵消性，服务器只能获取聚合后的梯度值，进而从加性掩码中衍生出可度量特性，用于分析相应梯度的特性。研究者在单服务器下提出首个防御拜占庭攻击的安全聚合联邦学习框架——BREA。该方案对随机量化的梯度添加掩码，然后利用可验证秘密共享协议生成给其他用户的秘密分享和对该分享的承诺，同时通过检验其他用户的承诺来检查梯度有效性。

拜占庭攻击对分布式系统，特别是联邦学习系统的安全性构成了严重威胁。防御拜占庭攻击的策略需要从多角度考虑，不仅要依靠统计和数学模型来检测异常，还需要引入差分隐私、安全多方计算等现代密码学技术，以确保系统的鲁棒性和用户数据的隐私性。在未来的研究中，如何在保护隐私的同时提高抗攻击能力，或许将成为一个重要的研究方向。

1.7.2.4 通信过程中的安全漏洞

联邦学习作为一个分布式的学习框架，其训练过程需要多轮通信来同步模型参数。然而，不安全的通信信道可能成为攻击者的突破口，对联邦学习的安全性和有效性构成严重威胁。

中间人攻击是通信过程中常见的一种安全漏洞攻击手段。在这种攻击中，攻击者拦截并篡改通信过程中的数据包，窃取或修改模型参数。这种恶意行为不仅破坏了模型的完整性，还可能导致模型的可用性受到严重损害。模型参数的窃取可能会使攻击者能够复制或推断出模型的结构和行为，而模型参数的篡改则可能导致模型性能下降或产生错误的预测结果。

另一种需要警惕的通信安全漏洞攻击手段是拒绝服务（DoS）攻击。在这种攻击中，攻击者通过发送大量虚假请求，使服务器资源耗尽，无法正常提供服务。这种攻击对联邦学习的训练过程造成了严重干扰，因为训练需要稳定的通信和计算资源。当服务器受到DoS攻击时，它可能无法及时处理和响应正常的模型更新请求，从而导致训练过程延迟或中断。

为了应对通信过程中的安全漏洞，需要采取一系列有效的安全措施。首先，应确保通信信道的加密和认证，以防止数据包被窃取或篡改。其次，可以采用防火墙和入侵检测系统来识别和抵御DoS攻击等恶意流量。此外，还可以考虑使用分布式拒绝服务（DDoS）防御机制，通过分散服务器资源和流量来减轻攻击的影响。

1.7.2.5　应对攻击的常见手段

为了有效应对上述威胁，研究者们提出了一系列常用的防御手段。

针对隐私泄露攻击，联邦学习需要构建更加坚固的隐私保护屏障。模型提取攻击、成员推理攻击和属性推理攻击等隐私泄露攻击手段，都试图从模型中窃取或推断出参与方的敏感信息。为了抵御这些攻击，可以采用差分隐私技术，通过在训练过程中添加噪声，来保护数据的隐私性。同时，同态加密和安全多方计算等技术的应用，也能在不暴露原始数据的前提下，实现数据的加密计算和协同建模。

针对模型完整性攻击，联邦学习需要强化模型的鲁棒性和抗攻击能力。投毒攻击、对抗攻击和后门攻击等手段，都可能破坏模型的正确性和可靠性。为了应对这些攻击，可以采用鲁棒性聚合算法，对来自不同参与方的模型更新进行筛选和聚合，以排除恶意更新对全局模型的影响。此外，引入信任机制，对参与方的行为进行监控和评估，也能及时发现并隔离恶意节点。

在通信过程中，联邦学习还需要加强安全防护，以防御中间人攻击和拒绝服务攻击等安全漏洞攻击手段。通过采用安全的通信协议和加密技术，可以确保数据在传输过程中的机密性和完整性。同时，部署防火墙和入侵检测系统，对通信流量进行实时监控和异常检测，也能有效抵御恶意流量的攻击。

除了上述具体的防御手段外，联邦学习还需要从系统设计层面加强安全性。例如，可以设计更加合理的激励机制和惩罚机制，鼓励参与方诚实地贡献数据并更新模型，同时惩罚恶意行为。此外，定期对系统进行安全审计和漏洞检测，也是保障联邦学习安全性的重要环节。

1.8
联邦学习的网络协议

网络协议定义了数据在网络中的格式和传输方式，使得不同设备和系统能够互相通信，是网络通信的基础。联邦学习背景下的网络协议主要用于解决联邦学习中与数据隐私和流量相关的问题。这些网络协议主要集中在无线网络上，对任何行业来说都是必不可少的。本节介绍五种联邦学习背景下的网络协议。

Hybrid-FL 协议是指混合型联邦学习（Hybrid Federated Learning）协议，适用于学习的数据是非独立同分布（Non-IID）的情况。在将联邦学习应用于组网时，会遇到由于不同的客户端和带宽的限制产生的资源调度问题。由于客户端普遍具有无线连接与计算能力，因此各个客户端之间可以相互通信并更新任何模型。联邦学习运营商需要考虑客户端数据的分布情况、通信能力、计算能力、数据量等因素来协调哪些客户端将参与联邦学习系统。图1-9为Hybrid-FL协议架构。在Hybrid-FL协议

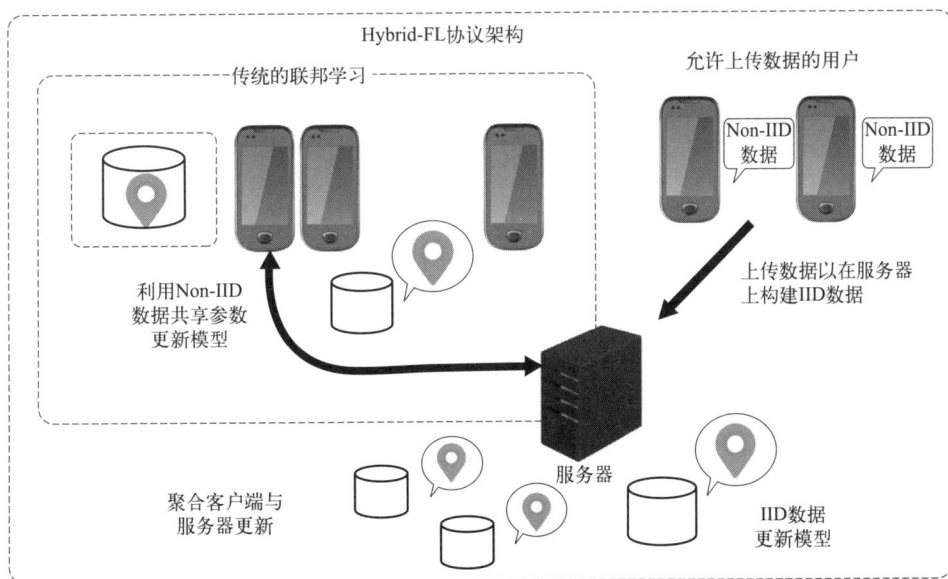

图1-9 Hybrid-FL协议架构

中，服务器通过客户端收集的数据更新模型，然后将该模型与其他客户端训练的其他模型结合起来。在这个过程中，服务器会对客户端进行资源请求，通过询问客户端有多少数据，掌握客户端计算和通信属性，以及是否允许将信息传输到服务器，来处理客户端调度问题。

FedCS 协议是指基于联邦学习的协作式感知（Federated Coordinated Sensing，FedCS）协议，该协议主要用于解决由客户端计算资源有限导致的训练过程效率低下的问题。图 1-10 为 FedCS 协议的工作原理，其中有几个关键步骤。

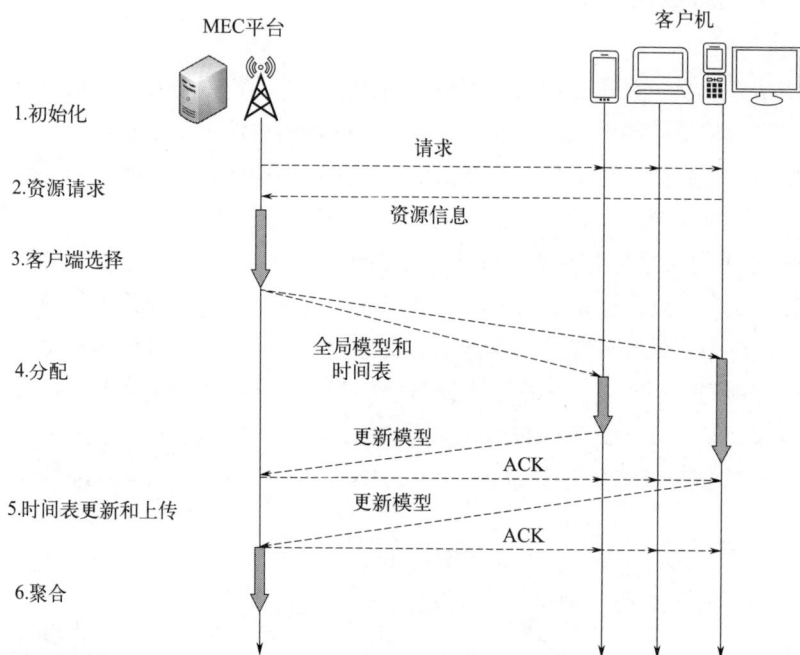

图1-10 FedCS协议的工作原理

（1）客户端选择。在原始的联邦学习协议中客户端是随机选择的，但是在 FedCS 协议中添加了两个额外的客户端选择步骤。服务器对客户端进行资源请求，要求随机客户端指出它们在不同事务上的状态。客户端选择接收此资源请求信息，并估计执行接下来两个步骤需要的时间。这个时间估计信息为确定哪些客户端可以进行接下来的两个步骤提供了参考。

（2）分发步骤。在该步骤中，一个全局模型被传送给选中的客户端。

（3）更新和上传时间表。在该步骤中，客户端更新模型，并将更新的参数传输到服务器。服务器接收客户端的更新信息并测量模型的性能。

PrivFL 协议指的是隐私保护的联邦学习（Privacy-preserving Federated Learning）协议，该协议主要考虑移动用户对服务器的数据隐私和对用户的模型隐私。PrivFL

协议架构主要由服务器和连接到移动网络的用户们组成，其中服务器负责模型训练，训练的构成包括以下几个因素。

（1）正确性。PrivFL协议在训练期间要输出正确的模型，先要确保用户输入的准确性，输入正确，模型才能正确。

（2）隐私性。PrivFL协议的目标是确保用户的隐私在输入时不会受到损害，并保护服务器的隐私性，因此服务器不应该记住关于用户输入的任何信息，用户也不应该了解关于模型的任何信息。

（3）效率。因为在训练阶段服务器承担了大部分工作，所以计算和通信成本需要最小化。

PrivFL协议在实现和架构上考虑得都很全面，而且还考虑了不同的威胁模型，对网络可能遭受的威胁进行建模和评估。

研究者提出了一个名为VerifyNet的协议，其架构如图1-11所示。VerifyNet协议在训练过程中保护用户的隐私，并验证返回结果的可靠性。VerifyNet协议主要用于解决联邦学习训练时经常遇到的保护用户隐私和为用户提供离线支持的问题。VerifyNet协议包括五个步骤，分别是初始化、密钥共享、屏蔽输入、解除屏蔽和验证。首先初始化系统，生成公钥和私钥；然后每个用户需要加密他们的本地模型参数信息并发送给服务器；服务器接收到所有在线用户的消息时，将收集所有在线用户的返回结果，用户可以决定接受或拒绝结果。VerifyNet协议具有高效安全性，同时也具有很高的通信开销。

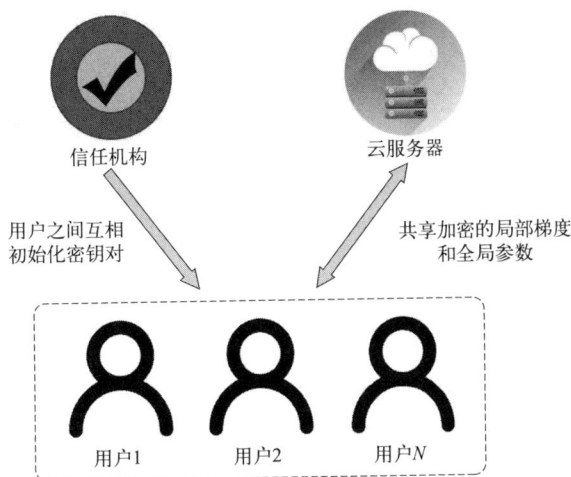

图1-11 VerifyNet协议架构

FedGRU协议是指基于联邦学习的门控循环单元神经网络（Federated Learning-based Gated Recurrent Unit Neural Network）协议，也被称为联合声明协议，是一种面向交通流预测的联邦学习协议。该协议旨在实现对流量的准确预测，同时保护数据隐私。在FedGRU协议中，首先通过预训练启动模型；然后将全局模型的副本发送给各个机构，各个机构用本地数据训练模型副本；接着每个机构将模型更新发送到云端；最后云端将所有机构上传的参数集合到一起，生成一个新的模型，再将新的全局模型分发给所有参与的机构。

1.9
联邦学习的应用

1.9.1　应用领域

（1）医疗健康。在医疗健康领域，数据隐私尤为重要。患者的医疗记录包含大量敏感信息，如疾病史、诊断结果和治疗方案等。联邦学习为医疗机构提供了一个安全的合作平台，使得各机构可以在不共享原始数据的情况下，共同训练出更准确的医疗预测模型。例如，多个医院可以联合训练一个用于疾病早期发现的模型，从而提高诊断的准确性和效率。

（2）金融科技。在金融领域，数据是核心的资产，但同时也涉及客户的隐私和安全问题。联邦学习可以帮助金融机构在不泄露客户数据的前提下，提升风险评估、信贷审批等模型的准确性。此外，通过联邦学习，金融机构还可以与合作伙伴共享模型知识，携手共筑防线，应对金融欺诈等风险。

（3）智能推荐。在电商、社交媒体等领域，智能推荐系统是提高用户体验和黏性的关键。然而，推荐算法需要大量用户数据来训练和优化。联邦学习允许这些平台在不侵犯用户隐私的情况下，收集并利用用户数据来改进推荐算法。通过这种方式，平台可以为用户提供更加个性化和精准的推荐内容。

（4）物联网。随着物联网设备的普及，大量的数据被生成和收集。这些数据对于提升智能家居、智能交通等应用的性能至关重要。然而，出于对数据隐私和安全的考虑，直接共享这些数据并不现实。联邦学习为物联网设备提供了一个安全的协作方式，使得这些设备可以在不泄露原始数据的情况下，共同提升应用的性能和智能化水平。

1.9.2　应用案例

（1）Google键盘查询建议。研究者将联邦学习应用到Google键盘查询建议中，成功地提高了键盘搜索建议的质量。Google 键盘查询建议是为 Gboard 设计的。Gboard 是一个移动设备的虚拟键盘，它具有丰富的功能，比如自动纠错、下一个单词预测、单词补全等。Gboard 作为一款兼具移动应用程序与键盘功能的工具，具有独特的限制：它不仅需要尊重消费者的隐私，还需要避免出现任何延迟现象。因此联邦学习成了改进 Gboard 的理想选择。研究者首先在保证消费者的数据使用和用户体验不会受到负面影响的前提下，通过观察消费者如何与 Gboard 互动来收集训练数据；然后构建一个客户机-服务器体系结构，服务器在达到一定数量的客户连接后，为每一个客户端提供一个训练任务，客户端负责执行这些任务。

（2）对浏览器历史建议进行排名。联邦学习被应用于对浏览器历史建议进行排名，特别是针对 Firefox 浏览器而言。为了提高 Firefox 浏览器的 URL 栏中建议的排名，研究者使用联邦学习以保护隐私的方式训练用户交互模型。该模型可以使用户只需要输入一半的字符就能够搜索到想要的内容。为了将设计的系统部署到真实用户中，同时不降低用户在模型训练期间的体验，研究者使用了 RMSProp 优化技术的变体对模型进行优化。在这个应用案例中，研究者使用联邦学习改进了浏览器历史建议排名，并设法保护了消费者的隐私。

（3）计算机视觉。视觉目标检测在许多方面都是适用的，比如火灾危险监测，但是由于隐私问题和传输视频数据的高昂成本限制，通常很难形成目标检测模型。虽然联邦学习是解决这个问题的一种很有前途的方法，但并不是每个人都熟悉联邦学习的原理，因此，目前尚缺乏一种易于使用的工具能够让非联邦学习专家的计算机视觉开发人员完全将联邦学习应用到他们的系统中，从而充分发挥联邦学习的优势。研究者设计了一个名为 FedVision 的平台，以支持联邦学习驱动的计算机视觉应用，目前 FedVision 已经被三家大公司用于开发基于计算机视觉的安全隐患预警应用程序。FedVision 使用了基于 YOLO v3 的视觉目标检测框架，允许通过多个客户端在本地存储数据集来训练目标检测模型。用户交互的设计使得用户不需要熟悉联邦学习也可以训练模型。在该平台的联邦学习训练中包括六个部分：

· 配置。用户能够设置训练信息，例如轮次、重新连接的数量，以及用于上传模型参数和其他关键元素的服务器 URL。

· 任务调度程序。该部分用于处理调度问题，协调联邦学习服务器与客户端之间的通信，使资源平衡使用。

· 任务管理器。当客户端训练多个模型算法时，该部分协调多个联邦模型训练过程。

· 资源管理器。该部分用于监控客户端的资源利用率，包括 CPU 使用情况、内存使用情况等。资源管理器与任务调度程序通信以做出负载平衡决策。

· 联邦学习服务器。负责模型参数的上传、模型的采集、模型的调度。

· 联邦学习客户端。托管任务管理器和资源管理器，并执行本地模型训练。

（4）药物发现。药物发现领域中数据一般都很少，并且这些数据很可能存在偏差。在这种情况下，使用联邦学习可以利用不同来源的分布式数据，并且不泄露这些数据的敏感信息，极大地提高人工智能药物发现的成功率。研究者采用联邦学习处理具有高偏差的数据集，构建了药物发现的一般联邦学习架构，该架构由服务器、协调器和客户端协作器组成。在每一轮训练期间，服务器将最新的模型发送给每一个客户端。客户端训练本地模型，通过协议加密传输模型参数至服务器。服务器收集到模型参数后，更新总的模型。研究者使用了七个水溶性药物数据集对模型进行训练和评估，验证了模型的有效性。

1.10
联邦学习的优势

联邦学习，作为人工智能发展的核心底层技术，正在引领一场跨领域的企业级数据合作革命。它不仅促进了智能策略的形成，以辅助市场布局并提升竞争力，更在技术层面为企业提供了确立自身合作与竞争策略的新视角，从而推动企业走向良性发展的轨道。

（1）催生全新业态与模式。联邦学习技术的深入应用，正在催生基于联合建模的新业态和模式。通过构建全球化、泛行业化的协作网络和联邦生态，企业能够更有效地进行跨领域数据合作，这种合作方式不仅重新定义了合作者之间的关系，还催生了全新的服务方式和盈利模式。在这个生态中，数据的提供方和需求方通过联合建模，共同创造价值，实现共赢。

（2）降低技术门槛，促进创新。联邦学习提供了成体系且可复用的解决方案，这大大降低了技术应用的门槛。广大泛AI行业的企业和机构能够利用这一技术，为不同客户提供更为丰富的产品和服务。同时，联邦学习解决了数据安全隐忧，为创新型技术的进一步飞跃提供了有利环境。在这样的背景下，企业不仅能够提升效率，实现自身发展，还能促进整个AI行业的创新与技术进步。

（3）重塑合作与竞争策略。在技术层面，联邦学习能够帮助企业更好地确立自身的合作与竞争策略。通过参与联邦生态，企业能够形成独有的生态位，从而在激烈的市场竞争中脱颖而出。这种基于联邦学习的策略制定方式，不仅提升了企业的市场竞争力，还推动了整个行业的良性发展。

（4）提升市场布局与策略优化能力。通过跨领域的企业级数据合作，联邦学习使得企业能够更有效地训练模型，以辅助自身的市场布局和策略优化。这不仅提升了企业的市场洞察能力，还增强了其对市场变化的应对能力。在全球化、泛行业化的协作网络中，企业能够更快速地捕捉商机，实现持续增长。

1.11
联邦学习面临的挑战

尽管联邦学习在多个领域展现出了广阔的应用前景，但它仍然面临着一些挑战。

1.11.1 通信效率问题

在联邦学习中，多个参与方需要频繁地通过通信网络交换模型更新。这可能导致通信开销较大，特别是在参与方数量众多或模型复杂度高的情况下。因此，如何提高通信效率、减少传输延迟和成本，是联邦学习面临的一个重要挑战。

目前的研究中针对通信效率的提高主要有以下三种方法。

· 算法优化：开发适合处理Non-IID和非平衡分布数据的模型训练算法，缩减用于传输的模型数据大小，加快模型训练的收敛速度。

· 压缩：压缩能够有效降低通信数据大小，但对数据的压缩会导致部分信息丢失，此类方法需要在模型精度和通信效率之间寻找最佳的平衡。

· 分散训练：将联邦学习框架分层分级，降低中心服务器的通信负担。

在大多数情况下，这几种方法是相辅相成的，通过特定的方法把这几种方案结合是研究的热点方向。

1.11.1.1 算法优化

算法优化是对分布式机器学习框架的改进，使该框架更适用于海量客户端、高频率、低容量、数据特征不均的联邦学习环境，实现通信轮数和模型更新数据的减少。在分布式计算框架中，客户端每运行一次随机梯度下降（SGD）算法训练，机器学习模型就会向中央服务器上传本轮产生的本地模型更新。但是，频繁的通信交互会对参与训练各方造成不必要的通信负担。研究者针对联邦学习的低带宽环境提出FedAvg算法，要求客户端在本地多次执行SGD算法，然后与中央服务器交互模型更新，实现用更少的通信轮数训练出相同精度的模型。相比于FedSGD算法，FedAvg算法在训练不同神经网络的通信轮数上减少了1%～10%，但该算法对于非凸问题没有收敛保证，在 Non-IID 数据集上难以收敛。自 FedAvg 算法被提出后，后续大量研究在此基础上做进一步的拓展，但 FedAvg 算法本身有一定的缺陷：首先，服务器端聚合时根据客户端数据量大小来分配相应的权重，这导致拥有大量重复数据的客户端能够轻易影响全局模型；其次，客户端仅执行 SGD 算法，并且每个客户端执行固定次数的 SGD 算法，这可能会限制模型训练的效率和准确性。对此，研究者提出 FedProx 算法，根据客户端设备可用的系统资源执行可变次数的 SGD 算法，在缩短收敛时间的同时将模型更新数据压缩了 1/3 ～ 1/2，更加适用于客户端数据质量、计算资源等存在差异的联邦学习场景。同样是针对联邦学习框架的改进，其他研究者认为传统的联邦学习仅利用一阶梯度下降（GD），忽略了对梯度更新的先前迭代，因此提出了 MFL（Momentum-based FL）方案，即在联邦学习的本地模型更新阶段使用动量梯度下降（MGD）算法，实验证明，在一定条件下该方案显著提升了模型训练的收敛速度。还有研究者提出迭代自适应的 LoAdaBoost 算法，通过分析客户端更新的交叉熵损失，调整本地客户端训练轮数，相比于传统 FedAvg 算法固定训练轮数，该方案的模型训练准确度与收敛速度均有显著提升。

除了对最初的 FedAvg 算法的各种改进以外，在客户端或者服务器上增加筛选算法也是研究方向之一。研究者认为客户端上传的本地模型更新中含有大量的冗余和不相关信息，严重占用通信带宽，因此提出 CMFL 算法，该算法要求客户端筛选本地模型更新，量化其与上一轮全局模型的相关度，通过计算模型梯度正负符号相同的百分比来避免上传达不到阈值要求的本地模型更新，从而实现通信开销的降低，但该算法建立在客户端按照协议执行的基础上，系统的鲁棒性较弱。还有研究者提出了 BACombo 算法，利用 Gossip 协议和 Epsilon-Greedy 算法检查客户端之间随时间变化的平均带宽，最大限度地利用带宽容量，进而加快收敛速度。

1.11.1.2　压缩

压缩方案通常分为两种，分别是梯度压缩和全局模型压缩。通常情况下，梯度压缩相比于全局模型压缩对通信效率的影响更大，因为互联网环境中上行链路速度比下载链路速度慢得多，交互通信的时间主要集中在梯度数据上传阶段。横向联邦学习中往往有大量的本地客户端，很难保证每个客户端都拥有稳定可靠的网络连接，而低质量的通信会严重降低通信速度。有研究者提出针对本地模型的结构化更新和草图更新算法，客户端被要求在一个低秩或随机掩码后的有限空间中进行模型学习，然后使用草图更新算法对模型更新进行量化、随机旋转和子采样等压缩操作，该方案被证明在 SGD 迭代方面显著减慢了收敛速度。在上述基础上，其他研究者将该方法应用于对全局模型更新的压缩中，同时提出联邦丢弃（Federated Dropout）思想优化模型更新，中央服务器随机选择全局模型的更小子集并进行量化、随机旋转和子采样等压缩操作，客户端接收到这些压缩的模型后解压缩并进行本地模型训练，从而减小了联邦学习对客户端设备资源的影响，允许训练更高容量的模型，并接触到更多样化的用户。

研究者选择将算法优化与压缩的思路结合起来，提出的FedPAQ算法要求服务器只选择一小部分客户端参与训练，同时客户端减少上传本地模型次数，并在上传之前进行量化更新操作以减小通信量。但是，上述算法采取的都是固定阈值的压缩通信，这种方式在客户端之间的模型更新差异较大时显然并不合理。对此，其他研究者提出自适应阈值梯度压缩算法，客户端通过判断梯度变化，计算得到适当的阈值用于压缩通信，同时保证模型的性能损失较小。另外，现有的大部分压缩方法只在呈IID分布的客户端数据下表现良好，这些方法并不适合联邦学习场景。对此，还有研究者提出一种新的稀疏三元压缩（STC）框架，STC扩展了现有的Top-k梯度稀疏化压缩技术，通过Golomb无损编码压缩联邦框架交互的模型更新，使算法更适用于高频率、低容量的联邦学习环境，同时保证了在大量客户端参与下的鲁棒性。

1.11.1.3　分散训练

在联邦学习中，通信拓扑通常是星形拓扑，但这往往会造成中央服务器的通信成本太大。对此，分散拓扑（客户端只与其相邻客户端通信）可以作为一种替代方案。在低带宽或高时延网络上运行时，分散拓扑被证明比星形拓扑训练速度更快。联邦学习的分散拓扑先设定边缘服务器聚合来自客户端设备的本地更新，然后由边缘服务器充当客户端的角色与中央服务器进行交互。例如，构建一个多层分布式计算防御框架，通过数据层、边缘层、雾层和云层的协同决策，解决海量数据集的传输问题。通过这种分层通信的方法可以有效降低中央服务器的通信负担，但它并不适用于所有的场景，因为这种物理层次可能并不存在，即使存在也不可能预先知道。

1.11.2　数据倾斜问题

在实际情况中，不同参与方数据的分布和质量可能存在显著差异，这种数据倾斜问题可能导致联邦学习构建的模型训练效果不佳或出现偏差。数据倾斜主要由以下四个因素造成。

- 数据不平衡。当一个参与者比另一个参与者拥有更多（或更少）的训练数据时，就会产生数据不平衡的情况。
- 缺失数据类别。当一个或多个参与者都有代表某一个类别的训练数据，但是该类别不存在于另一个参与者的训练数据中时，就会发生缺失数据类别的问题。
- 缺失数据特征。当一个或多个参与者的训练数据中包含其他参与者拥有的数据中不存在的特征时，就会出现缺失数据特征的问题。

  · 缺失值。当一个或多个参与者的训练数据中缺少一些值时，会出现缺失值的问题。

  研究者们正在探索各种方法，如采用加权平均的变体来解决数据倾斜问题。

1.11.3　系统异构性问题

  系统异构性指的是参与联邦学习的不同设备、系统或者实体之间的差异性。联邦学习可能涉及许多不同的设备，而每个设备在硬件、网络连接和电源方面都是不同的。由于设备的配置、网络大小和系统限制，通常只有一小部分设备能够参与联邦学习。设备本身可能是不可信的，并且由于连接或能量限制，设备在某一点上突然脱离联邦学习系统并不罕见。因此，在开发FL方法时需要考虑以下几个因素：

  · 如何预测设备的参与率；
  · 如何支持接入不同的设备硬件；
  · 如何解决在网络设置中丢失设备造成的问题。

1.11.4　安全与隐私问题

  在联邦学习中，隐私保护通常是一个极具挑战性的议题。在训练过程中，模型参数更新有时会泄露敏感信息。尽管研究者已经提出了多种解决隐私泄露问题的方法，但这些方法通常会降低模型的性能和准确性，因此需要在隐私保护与模型性能和准确性之间做出权衡。研究指出，在不增加计算负担的前提下开发兼顾高性能和隐私保护的高效FL算法是可取的。因为局部模型是通过更新的数据来训练的，所以攻击者很可能会通过影响局部训练数据集来损害模型的训练结果。因此，能够制定保护自己免受这些攻击的算法和方法至关重要，这样模型的性能和准确性才不会受到影响。另外，攻击者还可以从训练过的模型中提取敏感信息。由于在联邦学习训练时，在训练样本中记录的信息被聚合到训练模型中，如果训练好的模型被发布，攻击者会从中提取信息。

  在安全性方面，联邦学习容易受到各种攻击，影响模型的性能。其中一种类型的攻击被称为数据中毒攻击，在这种攻击中，攻击者可以通过创建用于训练模型的低质量数据来生成更新模型的假参数，从而篡改模型。这种类型的攻击可以实现高达90%的错误分类率。数据中毒攻击有不同的修改方式，比如基于Sybil的数据中毒攻击，攻击者通过创建多个身份来提高数据中毒的有效性。另一种类型的攻击是模型中毒攻击，它比数据中毒攻击更有效。在模型中毒攻击中，攻击者有机会篡改更新后的模型。还有一种类型的攻击被称为"搭便车攻击"（Free-Riding Attack），即攻击者试图不参与学习过程而直接从模型中获益，这导致合法实体需为训练过程贡献更多资源。

在隐私性方面，联邦学习会遇到信息泄露的可能性，特别是在医疗健康行业，需要信任才能建立对联邦学习及其成效的信心。联邦学习的参与者可以参与两种类型的协作：

· 可信——这主要用于被认为可靠并受协作协议约束的联邦学习参与者。该类协作能抵御很多恶意攻击，因此，降低了对策略的需求。

· 不可信——对于大规模运行的联邦学习系统而言，建立一个可强制执行的协作协议来保证所有各方的行为并不现实。某些实体可能会试图削弱系统性能，导致系统崩溃或从其他实体中提取信息。在这种特殊的背景下，需要采取安全策略来减轻这些风险，常用的安全策略包括加密、安全身份验证、可追溯性、隐私保护、验证机制、完整性校验、模型机密性和防范对抗性攻击的保护措施。

尽管联邦学习的初衷是保护数据隐私，但在实际应用中仍然需要关注各种潜在的安全威胁。例如，恶意参与方可能会通过注入恶意数据或模型更新来破坏全局模型的性能或窃取其他参与方的数据。因此，加强联邦学习系统的安全性和隐私保护能力至关重要。

1.11.5 激励机制设计问题

在联邦学习中，如何设计合理的激励机制以鼓励更多参与方加入并贡献自己的数据资源是一个关键问题。一方面，激励机制需要确保公平性，使每个参与方都能根据其贡献获得相应的回报；另一方面，激励机制还需要考虑系统的可持续性和稳定性，避免出现"搭便车"或"恶意攻击"等行为。

1.11.6 标准化与互操作性问题

随着联邦学习技术的不断发展和应用领域的拓展，如何实现不同系统之间的标准化和互操作性成了一个亟待解决的问题。这需要各方共同努力，制定统一的规范和标准，以促进联邦学习技术的广泛应用和持续发展。

综上所述，联邦学习在多个领域具有广阔的应用前景，但同时也面临着诸多挑战。为了充分发挥联邦学习的潜力并推动其在实际应用中的落地，我们需要不断探索和创新，共同应对挑战并寻求有效的解决方案。

第 2 章

联邦学习应用于移动
边缘网络

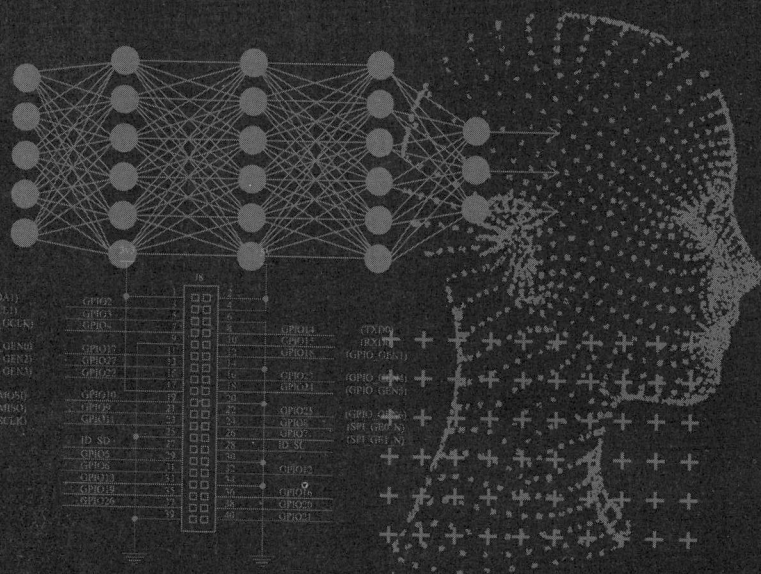

2.1
移动边缘网络背景

移动边缘网络是随着云计算的功能日益向网络边缘移动而产生的。由于从终端用户到远程云中心的传输距离较长，移动应用程序的延迟时间较长，无法实现5G计算和通信的毫秒级延迟，而且终端用户和远程云之间的海量数据交换会导致网络瘫痪，因此云计算不适用于大量对延迟时间要求高的新兴移动应用程序。为了实现5G计算和通信的毫秒级延迟，移动边缘网络被用于补充云计算。在5G无线系统中，将部署数百亿的边缘设备，包括智能手机、平板电脑、物联网设备、小蜂窝基站、无线接入点，其中每个设备的计算能力与十年前的计算机服务器相当，处理器速度按照摩尔定律呈指数级增长。因此，在任何时刻都会有大量设备处于空闲状态，在网络边缘产生大量可用的计算和存储资源。移动边缘网络将流量、计算和网络功能推向网络边缘，收集这些计算和存储资源并将其用于在移动设备上执行计算密集型和延迟关键型任务。

移动边缘网络应用非常广泛，其中一个应用就是增强现实技术。增强现实技术是一种将虚拟信息与真实世界融合的技术，广泛运用了多媒体、三维建模、实时跟踪及注册、智能交互、传感等多种技术手段，将计算机生成的文字、图像、三维模型、音乐、视频等虚拟信息模拟仿真后，应用到真实世界中，两种信息互为补充，从而实现对真实世界的"增强"。图2-1展示了增强现实应用中的五个关键组件，即视频源（从移动摄像头获取原始视频帧）、跟踪器（跟踪用户位置）、映射器（构建环境模型）、对象识别器（识别环境中的已知对象）和渲染器（准备处理后的帧以供显示）。在这些组件中，视频源和渲染器应该在本地执行，而计算最密集的组件，即

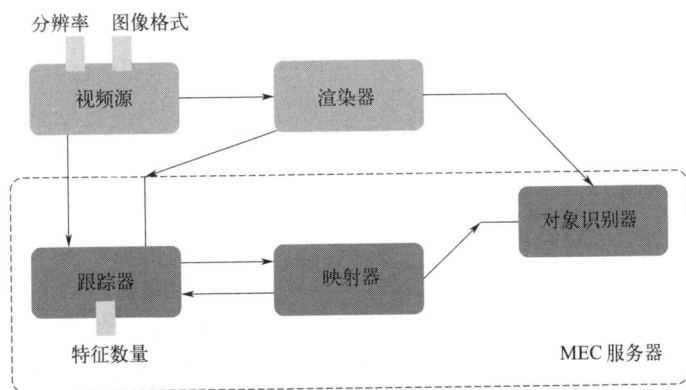

图2-1 增强现实应用中的主要部分

跟踪器、映射器和对象识别器，可以卸载到边缘执行。通过这种方式，终端用户可以体验到移动边缘网络的低延迟和节能的好处。

2.2
移动边缘网络中的联邦学习

近年来，移动设备具有越来越先进的传感和计算能力。随着深度学习（Deep Learning，DL）的进步，移动设备的普及为一系列具有重要意义的数据研究和应用提供了无数的可能性。然而，传统的基于云的机器学习（Machine Learning，ML）方法要求数据集中存储在云服务器或数据中心，这引发了与不可接受的延迟和通信效率低下有关的关键问题。因此，移动边缘计算（Mobile Edge Computing，MEC）应运而生。移动边缘网络是指将计算、存储和通信资源部署在网络边缘，以实现低延迟、高带宽和高性能的服务环境的网络。这种网络架构利用了软件定义网络（Software Defined Network，SDN）和网络功能虚拟化（Network Functions Virtualization，NFV）等技术，使网络功能更接近最终用户，即网络边缘。与传统网络相比，移动边缘网络的优势主要体现在以下几个方面：一是低延迟，移动边缘网络通过将计算资源下沉到网络边缘，显著降低了数据传输的时延，满足了时延敏感型应用的需求。二是高带宽，通过本地处理数据，减轻了核心网络带宽的压力，提高了用户体验。三是隐私保护，通过本地处理用户数据，降低了数据传输过程中的隐私泄露风险。四是可靠性，通过本地处理和服务迁移等技术，确保了服务的高可靠性和连续性。此外，移动边缘网络能够针对不同行业和应用场景提供定制化、差异化的服务，提升了网络的利用效率和增值价值。总的来说，移动边缘网络作为一种新型的网络架构，通过将计算资源下沉到网络边缘，允许计算发生在数据产生地，而不需要将数据发送至云服务器，这提升了网络的利用效率和增值价值。

然而，将传统的机器学习技术与移动边缘网络结合仍然需要与外部共享个人数据，例如边缘服务器等。与此同时，隐私泄露问题频发，数据隐私立法日趋严格，对数据隐私保护提出了更高的要求。基于此，联邦学习的概念被引入移动边缘网络的研究和开发中。在移动边缘网络的联邦学习中，各个终端设备使用其本地数据来训练服务器所需的机器学习模型，然后，终端设备将模型更新而不是原始数据发送到服务器进行聚合。值得关注的是，大规模、复杂的移动边缘网络中涉及具有不同约束条件的异质性设备，这对大规模实施联邦学习时的通信成本、资源分配以及隐私安全提出了挑战。

2.2.1 分布式机器学习

分布式机器学习（Distributed Machine Learning，DML）是指利用多个计算或任务节点协同训练一个全局的机器学习或深度学习模型，旨在提高性能、保护隐私，并可扩展至更大规模的训练数据和更大的模型。

随着数据的急剧增长，集中式的数据中心无法完成巨大的任务量。当单个节点的处理能力无法满足日益增长的计算、存储任务，硬件的提升成本高昂到得不偿失，且应用程序也不能进一步优化的时候，就需要考虑分布式的学习模式。分布式学习是一种早于联邦学习的用来进行大数据处理的方案。分布式系统是由一组通过网络进行通信、为了完成共同的任务而协调工作的计算机节点组成的系统。云服务器之外的大量子设备为分布式学习提供了基础。分布式学习利用分片或者复制集的思想，将任务和数据分配给网络中的每一个服务器。采用分布式学习的架构，可以实现利用更多的机器处理更多的数据的目标，使得单个计算机能够完成原本无法完成的计算、存储任务。在移动边缘网络中，分布式机器学习扮演着至关重要的角色，它允许数据在多个设备上进行处理和学习，而无须将数据集中到单一的服务器上。这种去中心化的方法有助于保护数据隐私，并减少数据传输的延迟。

联邦学习可以看作是一种特殊形式的分布式机器学习。联邦学习采用分布式学习架构，使得神经网络模型在移动边缘通信架构下可以进行分布式训练。区别于传统的分布式学习以及点对点通信方式的学习，参与联邦学习的移动设备无须上传本地数据，只需将训练后的模型参数更新上传，再由边缘服务器节点聚合、更新参数并下发给参与学习的客户端，在保护用户数据隐私的前提下，提高了学习的可靠性。联邦学习和分布式机器学习有许多共同之处，例如二者均使用分散化的数据集和分布式的模型训练。二者聚焦的问题解决领域存在差异：分布式机器学习更多的是针对运算量大、数据量大等问题，使用计算机集群来训练大规模机器学习模型；联邦学习则针对保护用户隐私、数据安全等问题，通过高效的联邦学习算法、加密算法进行机器学习建模，打破数据孤岛。表2-1中对分布式机器学习与联邦学习的主要区别进行了整理总结。

表2-1　分布式机器学习与联邦学习的主要区别

对比项	分布式机器学习	联邦学习
组成	小型服务器	移动设备
数据形式	IID	Non-IID
灵活性	低	高
维护难度	低	高

对比项	分布式机器学习	联邦学习
延迟	低	高
吞吐量	高	低
并发量	低	高
隐私性	低	高
安全性	高	低

虽然分布式机器学习解决了传统的集中式数据中心无法完成大量数据处理和存储任务的问题，但是仍然存在现有分布式机器学习系统无法解决的实际挑战。例如，分布式机器学习的分片或者复制集都或多或少地共享了数据，其中存在的数据泄露等安全问题无法解决。联邦学习可以进一步解决传统分布式机器学习系统面临的问题，并使构建面向隐私保护的人工智能系统和产品成为可能。

2.2.2 去中心化联邦学习

传统的集中式机器学习模型通常将用户数据集中存储在一处，这可能导致数据泄露和滥用的问题。为了解决这一问题，去中心化联邦学习架构应运而生。去中心化联邦学习架构是一种新兴的分布式机器学习框架，它旨在保护用户数据隐私的同时，实现多方参与共同训练机器学习模型。与传统的集中式机器学习不同，去中心化联邦学习将模型训练的过程移至本地设备上进行，即每个参与方都在自己的设备上进行模型的训练，只将模型的参数进行交流和更新，而不共享原始数据。这使得用户的隐私得到了更有效的保护，并且降低了数据泄露和滥用的风险。

去中心化联邦学习架构的工作原理可以简单概括为以下几个步骤。

（1）模型初始化：参与方首先在自己的设备上初始化一个机器学习模型，该模型包含了需要训练的参数。

（2）本地训练：参与方使用自己的数据集对初始化的模型进行本地训练。各参与方可以使用各种机器学习算法和技术来提取数据特征并进行模型训练。

（3）参数聚合：在本地训练完成后，参与方将其训练得到的模型参数上传至中央服务器（也称为聚合服务器）。服务器负责收集和聚合所有参与方上传的模型参数。

（4）参数更新：聚合服务器根据参与方上传的参数进行模型的更新，然后将更新后的模型参数送回给各个参与方。

（5）循环迭代：参与方根据接收到的更新参数再次进行本地训练，然后将更新后的参数上传至聚合服务器。整个过程会进行多次迭代，直到模型收敛或达到预定的训练轮数。

去中心化联邦学习进一步增强了分布式学习的优势。在这种模式下，每个参与节点都具有独立性，能够自主地进行模型的训练和更新，不需要将数据集中存储在一处，这样可以减少数据传输和存储的开销，并提高系统的容错性和可扩展性。同时，参与方的原始数据不需要共享给其他参与方或中央服务器，只需交流模型参数，这种架构可以有效地保护用户的数据隐私，降低数据泄露和滥用的风险。此外，去中心化联邦学习实现了协作学习，每个参与方都贡献了自己的数据特征和模型参数。通过聚合服务器的参数更新，参与方可以从其他参与方的知识中受益，提升整体模型的性能。去中心化联邦学习架构适用于各种不同的设备和应用场景，参与方可以是个人用户的移动设备、边缘计算节点或云端服务器，具有很好的灵活性和可迁移性。这种架构不仅提高了系统的可扩展性，也增强了对单一故障点的抵抗能力。

与经典的联邦学习框架相比，去中央化联邦学习不再需要中央服务器负责模型训练和通信，所有与计算相关的通信都仅仅发生在客户端之间。然而，去中心化联邦学习在应用于移动边缘网络的过程中，也存在着一定的问题和挑战。

一是通信效率问题，在去中心化联邦学习中，每个客户端都需要与其他客户端进行点对点通信，这种全连接的通信模式在客户端数量众多时会导致通信效率低下。由于缺少中央服务器的统一协调，信息的传播可能会变得缓慢和不均匀。二是安全性问题，去中心化联邦学习虽然降低了中央服务器被攻击的风险，但客户端之间的直接通信可能会引入新的安全威胁，比如数据在传输过程中的安全性和完整性需要得到保证。三是异构性挑战问题，在去中心化联邦学习中，客户端的计算能力、存储容量和网络状况可能存在差异，这增加了模型收敛的难度。此外，去中心化联邦学习还面临着激励机制缺乏的问题，由于缺乏中心化机构的奖励机制，如何激励每个参与者积极贡献成为一个挑战。

2.2.3 自适应联邦学习

自适应联邦学习（Adaptive Federated Learning，AFL）是一种在分布式环境中进行模型训练的技术，它允许多个设备或节点协同学习一个共享的模型，而无须将原始数据集发送到中央服务器。将自适应联邦学习应用于移动边缘网络可以实现更加高效且注重隐私保护的数据分析和处理。在移动边缘网络中，设备通常具有有限的资源和通信带宽，因此自适应联邦学习可以帮助这些设备在不泄露数据的情况下共同学习和提高模型的准确性。此外，自适应联邦学习还可以帮助解决设备差异导致的性能不一致问题，每个设备可以基于其独特的数据和资源进行适当的调整。

联邦学习作为分布式学习的一种延伸，通信消耗与收敛性能是系统的主要评价指标。随着模型的复杂化和训练任务的增加，综合各方面提升联邦学习的效率是非常困难的，因此考虑自适应的训练算法变得尤为重要。有研究者提出了两个自适应联邦学习的方向。一是自适应通信与训练时间的折中。根据联邦学习系统的通信与能量消耗的侧重点，对移动边缘网络的环境进行建模并设计动态的决策算法，以保持训练过程动态平衡地进行。例如，当训练时通信所消耗的资源过多或时延过高时，则可通过算法调整本地训练与更新的时间，或通过压缩减少模型的数据量；反之，可以增加本地更新的次数，或传输完整的模型参数，以学习更多的知识来提高模型的收敛速率。二是自适应本地训练。在本地模型迭代优化时，学习率是一个非常重要的超参数。学习率是梯度下降优化方法中的步长，若步长过大则可能导致模型的振荡，若步长过小又会使模型收敛的速率很慢。由于联邦学习使用的数据的分布情况因用户而异，依赖于历史经验的步长不能准确地适应模型的训练状况，步长的设置变得非常困难。因此，采用设备的自适应训练以优化模型收敛也是提高联邦学习效率的重要方法。

自适应联邦学习是联邦学习的一个高级形式，它可以根据不同设备和数据的特点自动调整模型参数，从而提高模型的准确性和泛化能力。同时，自适应联邦学习能够根据网络条件和设备能力动态调整学习策略，这种灵活性使得联邦学习能够在资源受限的移动边缘网络环境中更加高效地运行。然而，自适应联邦学习也存在一定的缺陷。一是可能造成较大的通信开销。虽然自适应联邦学习可以减少通信量，但在某些情况下，设备之间的通信仍然需要大量的带宽和计算资源。二是不同设备之间不平衡的数据分布可能使得一些设备会比其他设备更占优势，导致模型的准确性下降。三是自适应联邦学习的算法复杂度较高，需要更高的计算能力和更长的训练时间。四是需要选择合适的聚合算法，因为自适应联邦学习的性能取决于所选择的聚合算法，不同的算法可能会导致不同的结果。

2.3

移动边缘网络架构

网络系统正在经历从传统的云计算架构到移动边缘计算架构的转变。边缘计算将计算资源部署在网络边缘以满足应用程序的需要。由于数据由终端设备产生，且随着对隐私信息关注度的不断提升，用户愈发不愿意将原始数据发送到边缘服务器参与任何模型的训练，即使这些训练最终对用户有利。从联邦学习的设置来看，在移动设备上进行本地模型训练，在服务器上进行模型聚合，将主要的学习任务卸载到移动设备，这种基于边缘端以保护用户隐私的深度学习方式也顺应了边缘计算的模式。联邦学习与边缘计算的结合与互补是一种必然的趋势。本部分将对移动边缘网络模型和联邦学习的系统模型进行介绍，并对联邦学习的性能进行分析。

2.3.1 移动边缘网络模型

5G网络推动了物联网的发展，将互联网延伸至网络边缘。近年来，国家加强新型基础设施建设，推动新一代信息网络发展，并大力拓展5G应用。在此背景下，国内通信运营商也纷纷加大了5G基站的建设力度。在去中心化的5G网络中，诸多高带宽、低时延的任务需要在网络边缘部署小规模数据中心，实现请求的本地化处理。在移动边缘网络中，基站是网络的通信节点，而边缘服务器是网络的计算节点。

移动边缘网络的"边缘"是一个相对的概念，它指的是位于云服务器之外，包含具有计算和存储能力的设备节点的边缘网络层，例如由云计算与传感器网络层构成的传感云系统。随着技术的深入研究与发展，相继提出了雾计算、移动边缘计算等边缘化模型。如图2-2所示，网络环境中的基站、微型服务器和智能设备等都可以作为边缘计算节点。

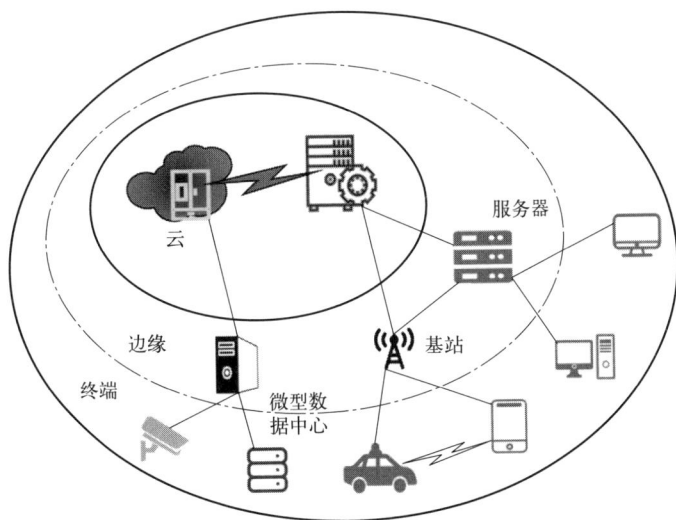

图2-2 移动边缘网络模型

移动边缘网络模型构建在传统移动网络之上，通过在网络边缘部署计算资源，以降低延迟和提高数据处理速度。这种模型对联邦学习至关重要，因为它提供了必要的基础设施来支持分布式学习任务。

下面将主要介绍移动边缘网络系统的计算任务模型和通信模型。

2.3.1.1　计算任务模型

移动边缘网络系统的计算任务模型又被称为部分卸载任务模型。现实中，许多移动应用程序由多个组件组成，部分组件可以卸载，即这些程序可以分为两部分，一部分在移动设备上执行，另一部分卸载到边缘执行。

最简单的部分卸载任务模型是数据分区模型，其中任务输入位是逐位独立的，可以任意划分为不同的组，并由移动边缘网络系统中的不同实体执行，例如，在移动设备和MEC服务器上并行执行。

但是在许多应用程序中，不同组件之间的依赖关系是不可忽视的，因为它会严重影响过程的执行和计算的卸载。首先，函数或例程的执行顺序不能任意选择，因为某些组件的输出是其他组件的输入。其次，由于软件或硬件的限制，有些函数或例程可以卸载到服务器上远程执行，而有些函数或例程只能在本地执行，例如图像显示函数。因此，需要比数据分区模型更复杂的任务模型，以捕获应用程序中不同计算函数和例程之间的依赖关系。其中一种模型是任务调用图。任务调用图通常用有向无环图来表示，它是一种没有有向环的有限有向图。

图2-3中显示了三种典型的依赖模型，即顺序依赖、并行依赖和一般依赖。对

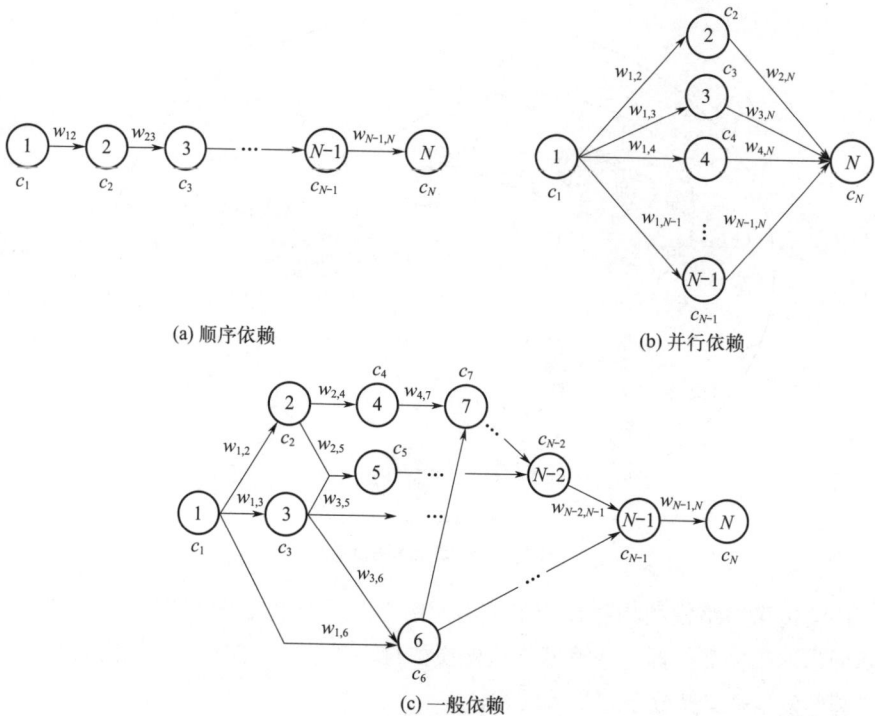

(a) 顺序依赖

(b) 并行依赖

(c) 一般依赖

图2-3　任务调用图的典型拓扑结构

于移动启动的应用程序，第一步和最后一步，例如收集I/O数据和在屏幕上显示计算结果，通常需要在本地执行。因此，图2-3（a）～（c）中的节点1和节点N是必须在本地执行的组件。此外，每个过程所需的计算工作量和资源，如所需的CPU周期数和所需的内存量，也可以在任务调用图的顶点中指定，而每个过程的I/O数据量可以通过在边缘上施加权值来表征。

2.3.1.2 通信模型

针对小规模边缘云和延迟关键型应用程序，移动边缘网络系统会通过设计高效的空中接口来减少通信延迟。由于无线信道在时间、频率、空间上随机变化，移动边缘网络系统需要将计算卸载控制和无线电资源管理无缝集成在一起。例如，当无线信道处于深度衰落状态时，通过远程执行而减少的执行延迟可能不足以补偿由于传输数据速率急剧下降而增加的传输延迟，这时最好推迟卸载，直到信道增益有利或切换到具有更高质量的替代频率/空间信道进行卸载。另外，增加传输功率可以提高数据速率，但也会导致更大的传输能耗。因此，移动边缘网络系统在设计通信模型时，需要对卸载和无线传输进行联合设计，并且设计的模型需要能根据准确的信道状态信息对时变信道进行自适应。

在移动边缘网络系统中，通信在无线接入点和移动设备之间进行，也有可能直接在设备之间进行。移动边缘网络服务器是由云计算/电信运营商部署的小型数据中心，可以与无线接入点（例如公共Wi-Fi路由器）共用，以减少成本支出。无线接入点不仅可以为移动边缘网络服务器提供无线接口，还可以通过回程链路访问远程数据中心，这帮助服务器进一步将计算任务卸载到其他移动边缘网络服务器或大型云数据中心。对于由于无线接口不足而无法与移动边缘网络服务器直接通信的移动设备，其与相邻设备的直接通信提供了将计算任务转发给移动边缘网络服务器的机会。另外，设备间的直接通信还可以实现移动设备集群内资源共享和计算负载平衡的点对点合作。

目前有不同类型的移动通信商业化技术用于实现移动边缘网络系统的通信模型，包括近场通信（NFC）、射频识别（RFID）、蓝牙、Wi-Fi和蜂窝技术5G等。这些技术可以支持从移动设备到接入点的无线卸载，也可以支持针对不同数据传输速率和传输范围的点对点移动合作。对于NFC而言，覆盖范围和数据速率都很低，因此该技术适用于电子支付和物理访问认证等信息交换要求很少的应用。RFID类似于NFC，但只允许单向通信。蓝牙是一种更强大的技术，可以在移动边缘网络系统中实现短距离设备间通信。对于移动设备和移动边缘网络服务器之间的远程通信，Wi-Fi和5G是接入移动边缘网络系统的两种主要技术，可以根据链路可靠性自适应切换。

2.3.2 联邦学习的系统模型

联邦学习的系统模型涵盖了数据的收集、处理、学习和模型更新的全过程。正如前文所述，基于数据所有者对信息隐私保护的需求，联邦学习的概念被引入移动边缘网络中。

图2-4展示了联邦学习的典型系统模型和训练过程。在这个系统模型中，数据所有者（各个移动设备）作为联邦学习的参与者，协同训练一个聚合服务器所需要的机器学习模型。在这个过程中的一个基本假设是所有的数据所有者都是诚实的，其使用自己真实的私有数据参与到联邦学习的过程中，并将真实的本地模型提交给联邦学习服务器。然而，在现实的联邦学习实践中，这一假设并不能始终成立，相关的分析和解决方案将在后续章节中讨论。

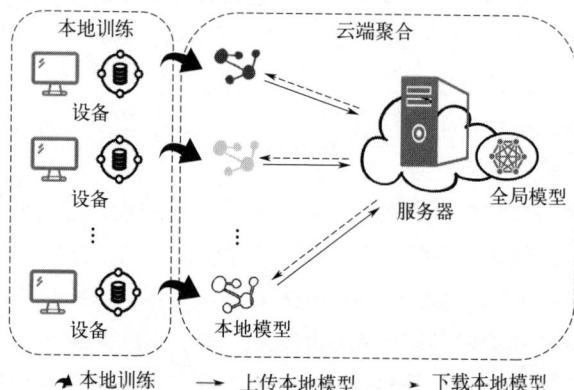

图2-4　联邦学习的典型系统模型和训练过程

总的来说，联邦学习的训练过程包括下述三个步骤（此处的本地模型指各个参与联邦学习训练的移动设备训练的模型，全局模型指服务器聚合的模型）。

（1）任务初始化：首先由服务器选择训练任务，即目标选择以及相应的数据需求。服务器还将指定全局模型的超参数和训练过程。随后，服务器将初始化的全局模型和任务广播给选定的参与者。

（2）本地模型训练与更新：基于服务器的全局模型，每一个参与者分别使用其本地数据及设备来更新本地模型参数。在这个过程中，每个本地参与者的目标是在该次迭代中找到使损失函数最小的最优参数。被更新的本地模型参数随后会被发送至服务器。

（3）总体模型聚合与更新：在聚合各个参与者发送的本地模型之后，服务器会将更新后的全局模型发送给数据的所有者。

随后，上述步骤(2)、(3)会被反复执行，直到全局损失函数收敛或达到理想的训练精度。

下面以物联网和战术边缘的防御系统面临的问题为例，说明联邦学习在移动边缘网络中的应用。物联网和战术边缘的防御系统是移动边缘网络的典型用例，许多物联网设备依赖于电池供电，可能有也可能没有强大的网络连接。同样，对于部署在战区的设备，网络连接也不能得到保证。另外，在这两个用例中，带宽很可能受到严重限制。带宽受限是由多种因素所引发的，包括电力预算的限制、网络带宽的分配策略和网络连接的实际可用性状况等。联邦学习既适用于战区环境，也适用于物联网，它为智能系统在部署到作战环境后持续学习提供了机会，非常适合具有远程计算资源的临时网络连接的环境。

本节介绍一个适用于网络连接和带宽受限条件下的联邦学习模型架构。由于物联网和战区的网络连接问题和带宽限制，移动边缘网络传输小型通信消息来减少网络负担。因此，联邦学习模型更新消息（MUM）的大小也受到了限制。MUM中的可用位和每个模型更新的MUM数量决定了联邦学习模型中可训练参数数量的上限。在设计联邦学习网络架构的过程中，应该考虑具备小MUM的联邦学习架构。因此，将最小化MUM数量作为约束的受约束模型体系结构应运而生。

图2-5为受约束模型体系结构，该模型架构主要由三部分组成，分别是基本模型、约束层和输出层。基本模型由卷积神经网络（CNN）或预训练的现有模型体系结构（即迁移学习）组成。每一种基本模型都有自己的优点，可以根据应用和训练数据进行选择。比如，针对灰度MNIST数据集可以选用卷积神经网络作为基本模型；对于CIFAR-10数据集，可以选择为区分彩色图像而设计的模型架构MobileNetV2作为基本模型。基本模型的底层编码基本的图像特征（线条、颜色等），这些特征可以推广到许多不同类别的图像。约束层的作用是减少输出层中可训

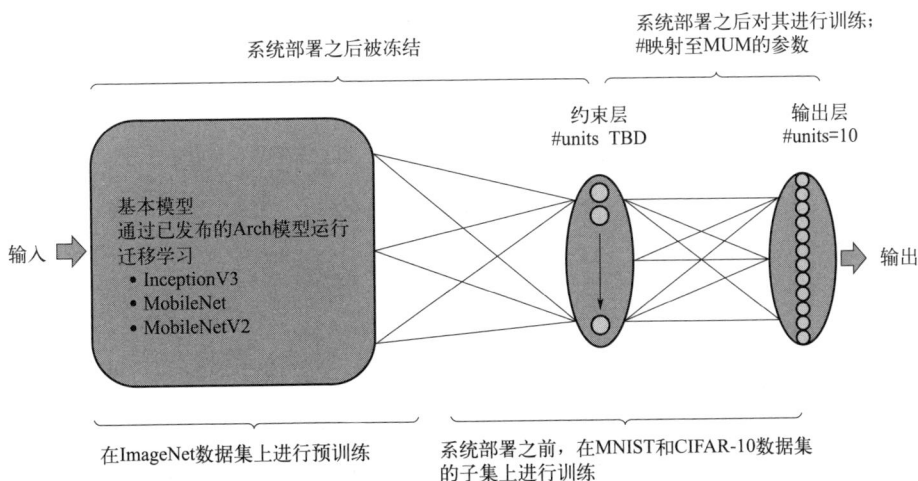

图2-5　受约束模型体系结构

练参数的数量，以便有限数量的MUM足以用于利用和支持阶段的训练系统。约束层形成瓶颈，限制信息流到输出层。

模型训练过程如图2-6所示，可以根据系统模型部署前后，沿着系统生命周期阶段进行分割。由于数据集完整性和分布的差异，开发和生产阶段的训练与利用和支持阶段的训练有所不同。在开发和生产阶段，整个模型架构可以使用任何可用的数据进行训练。这种训练可以以集中的方式完成，因为训练数据与计算资源位于同一位置。在利用和支持阶段，输出层是模型中唯一可以在附加训练期间修改参数的部分。这时训练可以以联合的方式完成，因为此时训练数据分散在整个操作环境中的客户机设备上。

生命周期阶段*	开发	生产	利用与支持	
机器学习模型训练阶段	部署前训练（无约束模型和有约束模型）		部署后训练(有约束模型)	
			仅进行模型推理而不进行模型训练(无约束模型)	
机器学习方法	集中学习（无约束模型和有约束模型）		联邦学习(有约束模型)	
			仅进行模型推理而不进行模型训练(无约束模型)	

图2-6　受约束模型的生命周期

2.3.2.1　开发和生产阶段的模型结构与训练

开发和生产阶段属于系统模型部署前的阶段。这一阶段主要训练受约束模型在图像分类上实现与集中式学习相似的好性能。

在该阶段选择MNIST作为比较集中式学习和联邦学习的数据集，因为该数据集只需要稍作修改就可以分别在集中式学习和联邦学习中使用。在集中式学习中未修改MNIST数据集，在联邦学习中使用了FEMNIST数据集。FEMNIST数据集是MNIST数据集的一种变体，它模仿了联邦学习中发生的非独立同分布效应。FEMNIST数据集是通过将MNIST数据集的图像按数字的原始作者分组创建的。与MNIST中统一分布的数据集不同，FEMNIST中每个客户端设备的数据集与其他客户端设备的数据集略有不同。将FEMNIST数据集的子集分发到客户端设备，实现数据跨客户端设备的非独立同分布。

如图2-7所示，在该阶段选择CNN作为受约束模型结构中的基本模型。

CNN模型的输入形状为28×28×1（即28×28像素，灰度表示为1）。该模型的主要组成部分是两组卷积层和两组最大池化层，用于从图像中提取特征。在这些层的

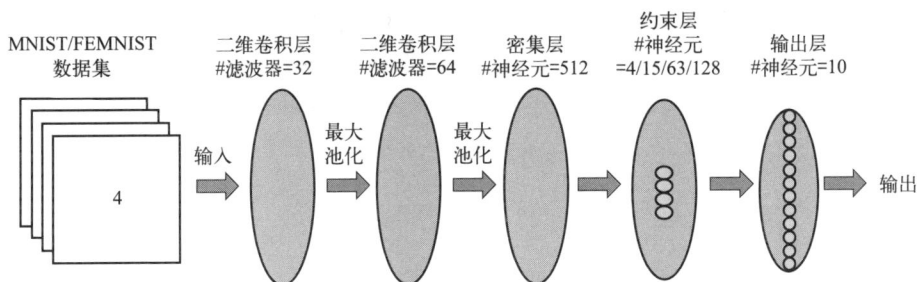

图2-7 基本网络为CNN的受约束模型结构

顶部是一个有512个单元的密集连接层，它连接到一个有4、15、63或128个单元的约束层。约束层的输出被发送到有10个单元的输出层。输出层从约束层接收输入，并分配给定图像属于MNIST数据集十个类中的每一个的概率值。

联邦学习的训练是通过完成的训练回合数来跟踪的，这和传统的机器学习通过epoch①来跟踪训练过程不同。联邦学习的训练回合开始于每个参与的客户端设备在其本地数据集上进行指定数量的epoch的本地训练，然后由聚合设备对集体训练更新进行平均，最后将全局更新传递给客户端设备，其中更新的参数值被合并到每个客户端设备中的本地模型中。要达到95%以上的相似训练准确率，需要10～20个通信回合。每个通信回合由所有客户端的每个设备上的5个epoch组成。

2.3.2.2 利用和支持阶段的模型结构与训练

这一阶段的训练侧重于网络模型部署后的训练。在模型部署之后，受约束模型中唯一能够学习的部分是输出层。该阶段的目的是训练模型的输出层在不同数据分配场景下提高对新数据的学习能力。因此，该阶段引入迁移学习，并且使用CIFAR-10数据集来训练和测试受约束模型输出层的学习能力，该数据集比MNIST更复杂，更适合迁移学习的基础模型。CIFAR-10数据集被分成了三个子集：

（1）子集1被称为"train_set"（训练集），适用于集中式学习，用于训练阶段1到训练阶段3。

（2）子集2被称为"constraint_set"（约束集），适用于网络部署后的学习，用于训练阶段4。

（3）子集3用于验证测试。

分配给"train_set"和"constraint_set"的比例不同，但是三个子集的总和达到100%。

---

① epoch是机器学习中的一个重要概念，它指的是在训练机器学习模型时，整个训练数据集被完整地遍历一次的过程。

如图2-8所示，MobileNetV2作为受约束模型结构的基本模型，已经在ImageNet数据集上进行预训练。随着迁移学习和输出层训练的引入，该阶段的训练方案愈发复杂。关于受约束模型结构、训练阶段和训练数据子集的详细信息如图2-8所示。训练方案分为四个阶段。阶段1到阶段3对多数模型都是通用的，阶段4是为包含约束层的模型保留的，阶段4意味着在部署后模拟模型训练。四个阶段细节如下：

· 阶段1：使用"train_set"训练约束层和输出层。在该阶段基本模型MobileNetV2的参数被冻结，无法训练。

· 阶段2：使用"train_set"对整个模型进行微调。在该阶段模型中的所有参数都可调，为了减少对基本模型中预训练权值的损害，将学习率降低至原来的1/10。较小的学习率能减小模型参数更新的幅度。

· 阶段3：重复阶段1中的步骤，进一步细化模型。

· 阶段4：只用"constraint_set"训练输出层。在该阶段所有其他模型参数都是不可训练的。

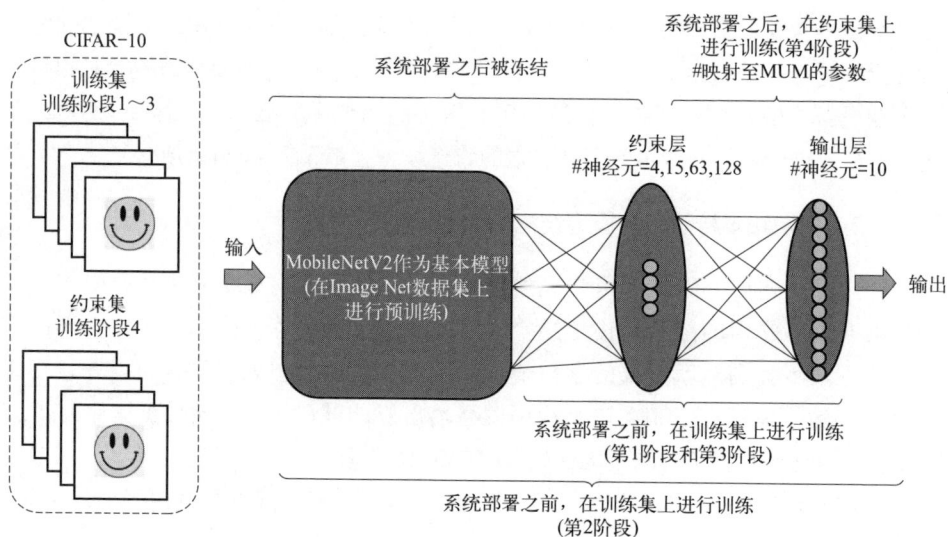

图2-8　基本网络为MobileNetV2的受约束模型结构

2.3.3　联邦学习的性能分析

联邦学习模型的性能要能够充分逼近理想模型（指通过将所有训练数据集中在一起并训练获得的机器学习模型）的性能，换言之，也可以理解为联邦学习的效率。值得一提的是，联邦学习的性能允许比数据集中训练模型的性能稍差。对于联邦学习来说，确保用户数据的安全性和隐私保护比模型性能更有价值。如果使用安全的联邦学习在分布式数据源上构建机器学习模型，这个模型在未来数据上的性能近似于把所有数据集中到一个地方训练所得到的模型的性能。性能分析是评估联邦学习系统在移动边缘网络中表现的关键，这包括多个维度的考量。有研究者指出，联邦学习性能的瓶颈主要在于通信和计算。本小节从联邦学习系统运行的步骤出发，提出联邦学习的性能分析指标。

前面图2-4简要体现了联邦学习的三个步骤：一是训练任务的设定与发布；二是各个参与方移动设备的局部迭代以及本地联邦学习的模型参数上传；三是全局模型的聚合以及重播。在这个过程中，有四个主要的因素对联邦计算的性能产生较大的影响，分别是延时性、有限资源的利用、大规模设备接入以及设备的异构性。

（1）延时性。联邦学习的延时包括边缘设备的本地迭代延时、上行通信延时、基站聚合延时和下行传输延时。并且联邦学习的延时还取决于联邦学习收敛所需的迭代次数。有研究指出，联邦学习中的数据传输开销相比于传统的集中式学习增长了接近20倍。一是由于同态加密运算大幅提升了数据位宽，这不仅增加了计算时间，也大幅增加了需要传输的总数据量，从而对数据传输时间造成了影响；二是由于联邦学习对数据隐私保护的要求使得不同参与方之间的数据交换增加，频繁的数据传输带来总传输时间的上升。此外，分布式机器学习往往部署在密集的数据中心网络中，其数据传输延时非常低，因而跨节点通信带来的开销也相对较低。在实际应用中，联邦学习的不同参与方往往位于相距较远的两个站点中，只能通过高延时的广域网传输数据，因此耗时也远高于分布式机器学习，造成了延时性问题的出现。

（2）有限资源的利用。在联邦学习中，各个终端用户设备必须通过无线信道将其训练参数传输到聚合设备。由于有限的无线资源（如带宽）和无线信道固有的不可靠性，可能会引入训练错误。特别是由无线信道的不可靠特性和有限资源引起的符号错误会影响联邦学习迭代的性能和成功率。联邦学习算法的整体性能和收敛速度会受到这些因素的影响。

（3）大规模设备接入。联邦学习必须使用无线通信高效、快速地从众多边缘设备中获取数据。然而，由于设备数量众多，传统的干扰避免信道接入方案通常会导致过多的延时，因此不可行。为了克服这一挑战，一种新兴的方法是空中计算，它可以利用无线传输的叠加特性快速收集无线数据。尽管空中计算具有一些吸引人的优势，但它与现有的数字无线通信系统不兼容。此外，在每轮联邦学习上传中仅调度所有设备的一小部分是另一种替代方案。

（4）设备的异构性。在现有的联邦学习系统中，参与每一轮迭代的移动设备数量通常是固定的。最初的联邦学习系统假设全部客户端完全参与，即所有客户端都参与了每一轮的训练。而在实际应用中，受限于移动设备状态、网络条件等，联邦学习的实施方案在每轮训练中只是随机选择一小部分本地客户端参与。但是，由于在联邦学习环境中存在大量的异构客户端（Heterogeneous Client），这种随机选择参与者的方式会加剧数据异质性的不利影响。联邦学习环境中的异构性主要包括：各个客户端设备在存储、计算和通信能力方面存在异构性，各个客户端设备中本地数据的非独立同分布所导致的数据异构性问题，以及各个客户端设备根据其应用场景所需要的模型异构性问题。这些异构性往往会影响全局模型的训练效率，各参与者可能无法同时接受联邦学习训练或测试。例如，当一些移动设备的计算资源有限时，它们需要更长的时间来更新模型。此外，如果本地设备的无线信道条件不好，也会导致更新时间延长。所有这些问题都会延迟后续中央服务器继续训练过程所需的聚合步骤。

联邦学习应用的性能与安全存在着相互制约的关系，性能优化技术的进步可以为更强的安全措施提供计算资源上的冗余，因此如何优化联邦学习的性能一直是学界的研究热点。在联邦学习过程的三个步骤中，每个步骤都影响着联邦学习的训练效率。例如，在初始化中，服务器需要选择性能强大的移动设备参加训练，从而加快本地训练与上传的速度；在聚合步骤中，需要控制聚合的频率或内容来提高模型聚合的收敛效果。

通信效率低是现阶段制约联邦学习发展的最严重的问题。移动边缘网络层与云服务器之间的距离较远，而联邦学习需要进行多轮训练，这带来了较长的通信时间与较高的通信成本。目前，针对通信效率提升领域，学界主要以如下几个思路开展研究。一是通过减少全局模型训练的迭代轮数，从而优化通信的效率。例如，进行更多的本地模型参数更新等，这种方式减少了各客户端节点向中央服务器通信的次数，但未解决单次迭代导致的信道拥堵问题。二是使用参数的压缩技术。例如，对梯度、模型参数进行量化与稀疏化等，这种方式可以减小交互信息的长度，但可能会损失一定的训练精度。三是采用分散式的拓扑结构。例如，采用去中心化拓扑、分层式拓扑等，这种方式能够减少客户端节点与中央服务器的高交互开销，解决了各节点与中央服务器的信道拥堵问题。针对通信效率与成本的相关问题的具体分析和解决方案将在后文具体阐述。下面进行举例说明。

沿着系统生命周期阶段进行分割，分别在开发和生产阶段、利用和支持阶段对训练的受约束模型进行测试。

在开发和生产阶段，使用MNIST数据集测试训练好的受约束模型。为了验证这一阶段训练好的受约束模型在图像分类上是否实现了与集中式学习相似的优良性能，使用MNIST数据集测试集中式学习模型，并对比两者的测试结果（表2-2）。

表2-2　CNN卷积网络分类性能（MNIST；FEMNIST）

约束层#Units	集中测试精确度(5个训练回合)	联邦测试精确度(10～20个交流回合)
无约束层	0.9921	0.9655
4-units	0.9892	0.0690
15-units	0.9935	0.9828

约束层#Units	集中测试精确度(5个训练回合)	联邦测试精确度(10～20个交流回合)
63-units	0.9919	0.9569
128-units	0.9897	0.9655

总体来说，联邦学习在图像分类上实现了与集中式学习相似的性能。当使用联邦学习时，所有模型都经过了10～20轮通信，每轮通信由每个客户端数据集子集上的五个训练epoch组成。联邦平均算法利用额外的训练克服了客户端设备的FEMNIST数据集的非独立同分布性质。从表2-2中可以看出，对于联邦学习，除了一个模型外，其他模型都达到了95%的测试精确度。当约束层包含4个单元时，约束层施加的瓶颈对于联邦学习来说太难克服。瓶颈效应在约束层包含15、63和128个单元时并不明显，它们都达到了95%的测试精确度。当约束层包含63和128个单元时，训练数据可能存在过拟合，对测试精确度产生了负面影响。从整体测试结果来看，约束层包含15个单元时是进一步优化模型架构的良好起点。

在利用和支持阶段，使用CIFAR-10数据集分别对训练好的受约束模型和不受约束的模型进行测试。表2-3总结了测试结果，其中第一列是在"train_set"上训练没有约束层的模型所获得的数据，从第二列开始是在"constraint_set"上训练受约束模型所获得的数据。突出显示的单元格表示性能优于无约束模型。从表2-3中可以看出，含有4个单元的约束层的瓶颈效应很明显，其他含有不同单元数量约束层的模型性能都很好。在集中训练数据"train_set"只有5.9%时，受约束模型的表现也很好，这和基本模型MobileNetV2在预训练中已经编码了许多低级别特征有关，因此只需要很少的额外训练。总体来看，受约束模型对新数据进行训练的能力有所提升，但是随着总体训练数据分配给"train_set"的比例越来越大，这种能力就会减弱。

表2-3　受约束和不受约束的分类准确度

集中训练数据占总训练数据的百分比	无约束层阶段3测试精确度	4-Units阶段4测试精确度	15-Units阶段4测试精确度	63-Units阶段4测试精确度	128-Units阶段4测试精确度
88.20%	0.9386	0.9260	0.9351	0.9366	0.9398
76.50%	0.9296	0.9189	0.9314	0.9269	0.9248
64.70%	0.9209	0.8957	0.9173	0.912	0.9193
52.90%	0.9124	0.8928	0.9111	0.9137	0.9188
41.20%	0.8972	0.8742	0.9014	0.8989	0.8976
29.40%	0.8604	0.8052	0.8404	0.8325	0.8395
17.60%	0.7897	0.7252	0.8092	0.7755	0.8062
5.90%	0.7863	0.6778	0.808	0.7975	0.8098
3.50%	0.8001	0.6995	0.8153	0.8131	0.8344
1.20%	0.7601	0.3721	0.775	0.8002	0.8168

表2-3还展示了当开发和生产阶段中可用的训练数据数量有限时，在阶段4含有不同单元数量约束层的受约束模型对图像分类的准确度的变化。可以看出，约束层对新数据的学习能力有限。含有4个单元的约束层会导致分类性能显著下降。对于小型训练数据集，这种情况会被放大。含有15、63、128个单元的约束层能使阶段4的训练性能整体提升。

2.4
移动边缘网络应用联邦学习的发展

使用联邦学习这一新兴的技术，可以解决移动边缘网络面临的部分挑战。联邦学习将模型移动到数据上，而不是将数据移动到模型上，这一特性从根源上保护了用户的数据隐私。另外，联邦学习向中央处理器发送模型参数更新，而不是通过网络发送大量原始数据，显著减少了数据传输量。这使得原本因传输数据的费用昂贵而无法在移动边缘网络中运行的应用程序得以运行，增加了移动边缘网络架构部署的多样性。总体来看，在移动边缘网络中使用联邦学习能有效地提高响应速度、降低通信成本，并提高数据隐私性。

然而，目前在移动边缘网络中应用联邦学习也面临着一些挑战。虽然使用联邦学习能够替代原有的集中式学习方式，但是要获得和集中式学习类似的学习能力，在训练联邦学习模型时需要比集中式学习更多的训练次数，这增加了模型训练的成本。目前应用于移动边缘网络的联邦学习架构仍处于发展阶段，需要针对特定应用场景和相关数据集进行进一步的优化，如模型架构、超参数优化以及联邦平均算法在移动边缘网络中的联邦学习优化。

本节将针对移动边缘网络应用联邦学习的优势、存在的挑战，以及未来可能的发展方向进行总结。

2.4.1　移动边缘网络应用联邦学习的优势

移动边缘网络应用联邦学习具有显著优势，包括数据隐私保护、通信成本低、模型泛化能力提升、动态适应性强、系统鲁棒性提升等方面。

（1）数据隐私保护。在移动边缘网络中应用联邦学习能够更好地保障用户的数据隐私。在移动边缘网络中，将联邦学习应用于移动设备和边缘节点，参与者只需将本地训练后的模型参数发送到服务器进行全局聚合，而不需要传输原始数据。通过这种方法，用户数据的隐私得到了有效保护，因为数据始终存储在本地设备上，不会被传输或共享。同时，通过使用加密技术，如安全多方计算和差分隐私，即使模型参数在数据传输过程中被截获，第三方也无法解析出原始数据，这保证了原始数据的安全性和隐私，尤其适用于医疗、金融等对个人隐私敏感的领域的数据处理和应用。

（2）通信成本低。与传统的机器学习相比，联邦学习在移动边缘网络中应用时产生的通信成本更低。在传统的集中式机器学习中，所有数据需要传输到中央服务器进行处理，这给网络带宽带来巨大压力，并且在网络条件不佳时会导致高延时。

在移动边缘网络中应用联邦学习，大部分计算任务在本地完成，依赖于本地算力。由于模型训练是在边缘设备上进行的，只有模型的参数需要上传到服务器，相比于原始数据，模型的参数要少得多，因此数据在网络中的传输量大幅减少，对网络带宽的需求也随之降低，从而显著降低了通信成本和延时，尤其是在带宽受限的环境中，能够更有效地利用有限的通信资源。此外，在边缘设备上进行模型训练充分利用了边缘计算资源，降低了计算对中央服务器的依赖，优化了整体计算资源的使用。

（3）模型泛化能力提升。移动边缘网络中的设备往往具有不同的计算和存储能力，并且数据可能呈现出非独立同分布的特点，联邦学习通过合理分配计算任务和优化全局模型的聚合方式，能够有效应对这些挑战。具体来说，移动边缘网络中有许多不同类型的设备，它们可以贡献不同种类的数据和计算能力。联邦学习能够有效利用这些多样性，通过聚合不同设备的模型更新，提升整体模型的性能。在联邦学习中，每个边缘设备训练的模型能够捕获本地数据，而全局模型则融合了所有边缘设备训练的模型的信息。联邦学习通过本地多轮迭代和合理的设备选择策略，确保了不同能力的设备都能参与到训练中，并提升了整体模型的泛化能力和准确性，这有助于构建更为泛化的模型，即在不同地区或环境下都有较好的性能表现。

（4）动态适应性强。相比于其他学习模式，应用联邦学习的边缘网络具有更好的动态适应性。边缘网络环境变化较多且较频繁，边缘移动设备可能随时加入或离开网络。联邦学习框架能够动态地适应本地设备的变化，实现对用户位置的动态分配和服务优化，新加入的设备可以快速开始训练并贡献更新，而离开的设备则不影响整个训练过程，实现更加灵活的模型训练和更新。

（5）系统鲁棒性提升。鲁棒性（Robustness）是指系统、模型或算法在面对错误输入、异常情况、数据噪声、环境变化或不确定性因素时，仍能够保持稳定性和有效性的能力。换句话说，鲁棒性描述的是系统对不利条件或异常情况的抵抗能力。

在机器学习中，鲁棒性是指模型对于输入数据的小变化或扰动保持稳定的预测性能，不因轻微的输入变化而产生大的预测偏差。鲁棒性是系统设计和评估的重要指标之一，特别是在那些对可靠性和稳定性要求极高的应用场景中。通过增强鲁棒性，可以提高系统的可信度和用户的满意度。分布式特性使得联邦学习系统对单个设备故障更加鲁棒，不会因一个设备的问题而导致整个系统崩溃。

综上所述，移动边缘网络应用联邦学习不仅能有效保护用户隐私，还能在保证低延时和高通信效率的同时，充分利用本地设备资源，优化模型性能。这种结合移动边缘计算与联邦学习的方式，为智能应用提供了更加灵活和高效的解决方案。未来，随着技术的不断进步和应用需求的增加，移动边缘网络中的联邦学习将在更多领域展现其强大的潜力和实用性。

2.4.2 移动边缘网络应用联邦学习存在的挑战

尽管联邦学习在移动边缘网络中的应用有着诸多优势，但也面临着一些挑战，下文将对移动边缘网络应用联邦学习存在的挑战进行总结。

首先，移动边缘网络应用联邦学习的过程中存在着通信环境不稳定、资源约束、安全与隐私问题等挑战。

（1）通信环境不稳定。在基于数据中心的分布式训练中，通信环境是较封闭的，数据传输速率非常高且没有数据包丢失。但是，这些假设不适用于在训练中涉及异构设备的联邦学习环境。在通信信道不稳定的情况下，移动设备可能会因断网而退出。

（2）资源约束。除了带宽限制之外，联邦学习还受到参与设备本身的约束。例如设备会具有不同的计算能力、CPU性能等。移动设备没有分布式服务器的强大性能，本地训练的效率无法保障，且无法直接进行管理和维护。

（3）安全与隐私问题。虽然联邦学习不用收集用户的数据，但仍然存在恶意参与者针对模型或系统的隐私进行侵犯、构成威胁，这很可能泄露用户的隐私。移动设备自身的抗干扰和抵抗第三方攻击的能力较弱，联邦学习系统的安全性容易被破坏。此外，虽然联邦学习的基础设定是节点之间不共享数据以保护用户隐私，但是通过梯度、模型参数依然能够实现用户数据的反推，存在遭受攻击的可能。

其次，不同类型的联邦学习也面临着不同的挑战。

1）横向联邦学习

（1）模型超参数选择问题。在横向联邦学习系统里，我们无法查看或者检查分布式的训练数据。这导致了横向联邦学习面对的主要问题之一——很难选择机器学习模型的超参数以及设定优化器，尤其是在训练DNN模型时。人们一般会假设协作方或者服务器拥有初始模型，并且知道如何训练模型。然而，在实际情况中，由于并未提前收集任何训练数据，我们几乎不可能为DNN模型选择正确的超参数并设定优化器。这里的超参数可能包括DNN的层数、DNN的每一层中节点的个数、卷积神经网络（CNN）的结构、循环神经网络（RNN）的结构、DNN的输出层及激活函数等。优化器的设置选项可能包括优化器的种类选择、批大小及学习率。例如，由于并没有关于梯度大小的信息，我们甚至连学习率都难以确定。在生产过程中，尝试许多不同的超参数设置会花费很多时间，也会使产品开发过程变得低效和漫长。

（2）有效激励问题。如何有效地激励公司和机构参与到横向联邦学习系统中是另一项挑战。传统上，大型公司和组织一直在致力于收集数据和制造数据孤岛，从而使得自己在人工智能时代更具竞争力。然而通过加入横向联邦学习，其他竞争者可能会从这些大公司的数据中受益，导致这些大公司丧失市场的主导地位。因此，激励这些大公司参与到横向联邦学习系统中是很困难的。为了解决这一问题，需要设计出有效的数据保护策略、适当的激励机制及用于横向联邦学习的商业模型。在使用移动设备时，通常很难说服移动设备的拥有者们来允许他们的设备参与到联邦学习系统中。因此，应该向移动用户展示足够的激励与效益，以使他们对让自己的移动设备参与到联邦学习中产生兴趣，例如加入联邦学习后可以获得更好的用户体验。

（3）有效防止参与方的欺骗行为的问题。通常假设参与方都是诚实的，然而在现实场景中，诚实只有在法律和法规的约束下才会存在。例如，一个参与方可能欺骗性地宣称自己能够给模型贡献训练的数据点的数量，并谎报训练模型的测试结果，以此获得更多的好处。由于我们并不能检测任何参与方的数据集，所以很难觉察出这种行为。为了解决这种问题，需要设计一种着眼全局的保护诚实参与方的方法。

2）纵向联邦学习

纵向联邦学习的训练很容易受到通信故障的影响，从而需要可靠并且高效的通信机制。在物理距离比较长的参与方之间传输模型训练中间结果是比较耗时的。长时间的数据传输会降低计算资源利用的效率，因为参与方必须等待必要的训练中间结果才能开始或继续本方的训练。为了解决这个问题，可能需要设计一种流式的通信机制，可以高效地安排每个参与方进行训练和通信的时机，以抵消数据传输的延迟。同时，对于能够容忍在纵向联邦学习过程中发生崩溃的容错机制，也是实现纵向联邦学习系统所必须考虑的细节。

3）联邦迁移学习

（1）需要制定一种学习可迁移知识的方案。该方案能够很好地捕捉参与方之间的不变性。在顺序迁移学习和集中迁移学习中，迁移知识通常使用一个通用的预训练模型来表示。联邦迁移学习中的迁移知识由各参与方的本地模型共同学习得到。

每一个参与方都对各自本地模型的设计和训练拥有完全的控制权。在联邦迁移学习模型的自主性能和泛化性能之间，需要寻求一种平衡。

（2）需要确定如何在保证所有参与方的共享表征的隐私安全的前提下，在分布式环境中学习迁移知识表征的方法。在联邦学习框架中，迁移知识表征不仅是以分布式的方式学习得到的，通常还不允许暴露给任何参与方。因此，需要精确地了解每一个参与方对共享表征做出的贡献，并考虑如何保护每个参与方所贡献信息的隐私安全。

（3）需要设计能够部署在联邦迁移学习中的高效安全协议。联邦迁移学习通常需要参与方之间在通信频率和传输数据的规模上进行更密切的交互。在设计或选择安全协议的时候需要仔细考虑，以便在安全性和计算开销之间取得平衡。

此外，联邦学习过程中还可能面临一些安全威胁。

（1）重构攻击。攻击者的目标是在模型的训练期间抽取训练数据，或抽取训练数据的特征向量。在集中式学习中，来自不同数据方的数据被上传至计算方，这使得数据很容易受到攻击者（例如一个具有恶意的计算方）的攻击。大型企业可能会从用户中收集原始数据，然而收集到的数据可能会用于其他目的或者是未经用户知情同意便传达给第三方。在联邦学习中，每一个参与方使用自己的本地数据来训练机器学习模型，只将模型的权重更新和梯度信息与其他参与方共享。然而，如果数据结构是已知的，梯度信息可能也会被利用，从而泄露关于训练数据的额外信息。明文形式的梯度更新可能也会在一些应用场景中违反隐私规定。为了抵御重构攻击，应当避免使用存储显式特征值的机器学习模型，例如支持向量机（SVM）和k近邻（kNN）模型。在模型训练过程中，安全多方计算和同态加密可以被用来通过保护计算中间结果来抵御重构攻击。在模型推断过程中，计算方应当只被授予对模型的黑盒访问权限。安全多方计算和同态加密可以被用于在模型推断阶段保护用户请求数据的隐私。

（2）模型反演攻击。假设攻击者对模型拥有白盒访问权限或黑盒访问权限。对于白盒访问，攻击者不需要存储特征向量便能获取模型的明文内容；对于黑盒访问，攻击者只能查询模型的数据和收集返回结果。攻击者的目的是从模型中抽取训练数据或训练数据的特征向量。拥有黑盒权限的攻击者可能会通过实施方程求解攻击，从回应中重构模型的明文内容。理论上，对于一个 N 维的线性模型，一个攻击者可以通过 $N+1$ 次查询来窃取整个模型的内容。该问题的形式化是从 $(x, h(x))$ 中求解。攻击者也能通过"查询-回应"过程来模拟出一个与原始模型相似的模型。为了抵御模型反演攻击，应当向攻击者暴露尽可能少的关于模型的信息。对模型的访问应当被限制为黑盒访问，模型输出同样应当受限。

（3）成员推理攻击。攻击者对模型至少有黑盒访问权限，同时拥有一个特定的样本作为其先验知识。其目标是判断模型的训练集中是否包含特定的样本。攻击者基于机器学习模型的输出试图推断此样本是否属于模型的训练集。

（4）特征推理攻击。攻击者出于恶意目的，将数据去匿名化或锁定记录的拥有者。在数据被发布之前，通过删除用户的个人可识别信息（也称为敏感特征）来实现匿名化，是保护用户隐私的一种常用方法。然而，这种方法已被证明并非十分有效。例如，美国的在线电影租售服务供应公司 Netflix 发布了一个包含来自 50 万个订阅用户的电影评级数据集。尽管使用了匿名化方法，但研究者利用这个数据集和互联网电影数据库 IMDB 作为背景知识，重新识别出了该记录中的 Netflix 用户，并进一步推断出了用户的明显政治偏好。这说明在面对能够获取其他背景知识的强大攻击者时，匿名化将会失效。为了应对特征推理攻击，研究者提出了群组匿名化隐私方法，这类方法通过泛化和抑制机制来实现隐私保护。

2.4.3　移动边缘网络应用联邦学习的未来发展方向

在移动边缘网络中应用联邦学习已经成为近年来深度学习的发展趋势，本小节将对此领域未来的研究发展方向进行介绍和分析。

（1）更好的隐私保护能力。联邦学习的过程需要更细颗粒度的隐私保护。目前的联邦学习架构采用了差分隐私或者安全多方计算等技术来实现模型聚合传递参数的隐私保护，这些技术能够提供系统全局粒度的隐私保护。在未来的边缘智能应用中，异构终端、异构网络、异构数据等天然的异构应用环境需要更细粒度的隐私保护方法，不同设备之间、不同样本集合之间需要不同粒度的隐私保护方法。设计不同粒度混合的隐私保护方法是边缘智能联邦学习技术的一个发展方向。

（2）与无线网络深度融合。联邦学习需要与无线网络深度融合，提升学习收敛速度。联邦学习能够大规模实际应用的一个重要因素是联邦学习算法在有限的通信和计算资源下能够快速收敛。为实现该目标，除了算法方面的优化外，还需要网络技术的协同优化来解决资源受限问题。目前，分布式边缘智能应用需求已经驱动了无线通信技术与网络架构的革新与发展。未来面向 6G 无线通信系统，联邦学习技术需要更紧密地与无线通信技术耦合，享受无线通信技术发展带来的红利，实现空中计算（AirComp）与空口通信的有机融合，进而突破通信与计算资源对学习性能的限制。

（3）更好地满足边缘智能应用需求。联邦学习需要结合迁移学习、强化学习等技术，满足边缘智能应用的多样化需求。迁移学习与强化学习已经取得了长足的进步。在实际应用中，各个参与方可能只有少量的标注数据，而且数据在统计上可能高度异构。为了帮助只有少量数据和弱监督的应用建立有效且精确的机器学习模型，并且不违背用户的数据隐私原则，联邦学习可以与迁移学习结合，形成联邦迁移学习，以适应更广的业务范围。同样，可以对分布式强化学习进行扩展，形成强化学习的隐私保护版本——联邦强化学习，解决边缘智能环境下的序列决策问题。

（4）更有效的参与激励机制。联邦学习目前的大多数研究侧重于提升性能，忽略了学习参与者的意愿问题。在边缘智能应用环境下，如何鼓励数据拥有者积极参与联邦训练是一个非常现实的问题。特别是如何刻画数据质量，并激励拥有高质量数据的客户端参与联邦学习是未来需要深入探索的一个方向。

（5）探索新的应用场景。联邦学习在移动边缘网络中的应用可能会与其他领域（如物联网、区块链和人工智能等）技术融合，这种融合将催生新的应用场景，如自主车联网、智能城市和工业物联网等，这也是联邦学习未来发展的重要方向。

综上所述，虽然面临着一些问题和挑战，但是联邦学习在移动边缘网络中的应用潜力是不可否认的，随着技术的不断进步和应用需求的增加，联邦学习将在移动边缘网络中发挥越来越重要的作用，为各种智能应用提供强大支持。

第 3 章

联邦学习对
通信成本的优化

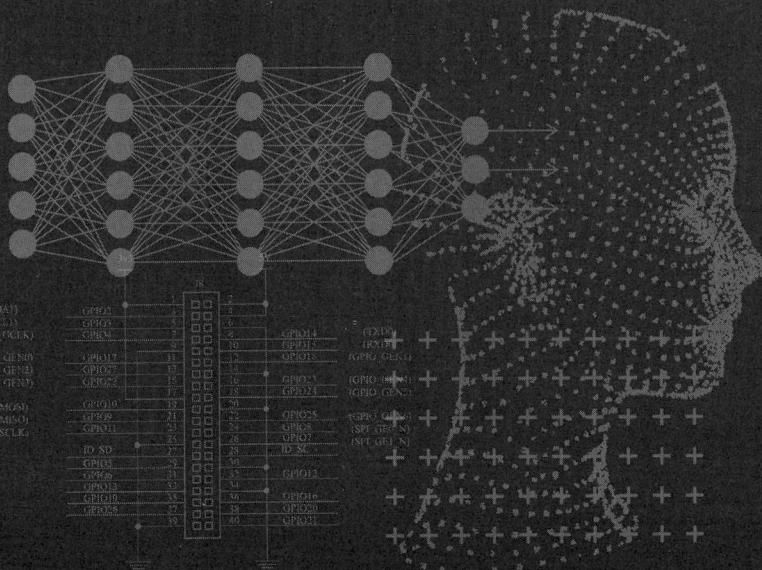

在介绍本书提出的单轮通信联邦学习算法FedGT之前，先通过介绍FedAvg算法来了解联邦学习算法的基本流程。FedAvg算法的参与者有1个中心服务器和N个客户端，首先由中心服务器初始化模型参数，进行T轮迭代；然后服务器将模型参数发送给随机选出的K个客户端；客户端接收模型参数并对其更新，然后发回给服务器；最后服务器聚合各个客户端的模型参数得到新的模型参数。

FedAvg算法：输入客户端总数N；每轮迭代选择客户端数量K；迭代次数T；初始化模型参数w^0；客户端编号$k = 0$，1，$\cdots$，$N-1$；每个客户端上的数据量n_k；输出模型参数w^T。

① for $t = 0$，1，$\cdots$，$T-1$ do；

② 服务器从N个客户端中随机选出大小为K的子集S_t；

③ 服务器将模型参数w^t发送给编号为$k \in S_t$的客户端；

④ 编号为$k \in S_t$的客户端更新模型参数w^t得到w_k^{t+1}；

⑤ 编号为$k \in S_t$的客户端将w_k^{t+1}发送给服务器；

⑥ 服务器聚合模型参数得到$w^{t+1} = \sum_{k \in S_t} \dfrac{n_k}{n} w_k^{t+1}$，其中$n = \sum_{k \in S_t} n_k$；

⑦ end for；

⑧ return w^T。

不同于FedAvg算法的多轮通信，FedGT算法仅在客户端和服务器之间进行一轮通信。FedGT算法主要包括三个步骤：各个客户端利用本地数据训练一个用于生成数据样本的生成模型和一个用于推断标签的局部预测模型，然后将这两个模型的参数发送给服务器；服务器利用各个客户端的生成模型生成数据样本，然后再用客户端的预测模型给这些样本打标签，从而得到一个模拟数据集，之后服务器再利用该模拟数据集训练一个全局预测模型并发送给客户端；各个客户端收到全局预测模型后利用该全局预测模型和本地真实数据训练出个性化本地预测模型。FedGT算法流程如图3-1所示。

在联邦学习中，参与终端与联邦学习服务器之间需要进行多轮通信才能达到目标精度。对于涉及CNN等复杂深度学习模型的训练，每次更新可能包含数百万个参数。更新的高维度导致高昂的通信成本和潜在的瓶颈。此外，由于用户参与设备的网络条件不可靠和互联网连接速度的不对称，上传速度比下载速度快，导致参与终端上传模型的延迟，并可能导致瓶颈问题的进一步恶化。因此，为降低联邦学习的通信成本，可以考虑以下优化方式。

（1）边缘和终端计算：在联邦学习环境中，通信成本通常大于计算成本。一方面是因为参与终端上的数据集相对较小，而处理器性能不断提升，计算速度越来越快。另一方面，参与终端可能只有在连接Wi-Fi的情况下才愿意参与模型训练。因此，在每次进行全局聚合之前，可以通过边缘和终端计算在边缘节点或终

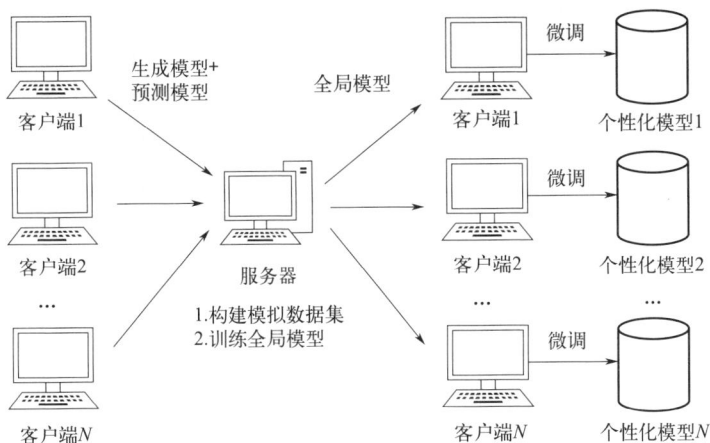

图3-1　FedGT算法流程

端设备上执行更多的计算，从而减少模型训练所需的通信轮数。此外，使用更快
收敛的算法也可以减少通信轮数，代价是在边缘服务器和终端设备上进行更多的
计算。

（2）模型压缩：这是分布式学习中常见的一种技术，是通过减少通信中传输的
数据量来降低通信成本。模型或梯度压缩将更新转换为更紧凑的形式进行通信，如
通过稀疏化、量化或子采样等方法，而不是传输完整的更新。然而，压缩过程中可
能会引入噪声，从而影响模型的质量。因此模型压缩的目标是在保持训练模型质量
的同时减少每轮通信传输的更新数据量。

3.1
边缘和终端计算

在当今快速发展的信息技术时代，边缘和终端计算正逐渐成为解决大规模分布
式系统中通信成本高昂问题的关键技术。通过将数据处理和模型训练任务从中央服
务器转移到网络边缘的设备或终端，边缘计算不仅显著降低了数据传输量，还减小
了网络延迟造成的影响，提升了系统响应速度和整体效率。这种计算模式的优化，
为联邦学习等分布式机器学习场景提供了新的思路，使得模型训练更加灵活、高效，
同时降低了能耗和运行成本。本节中，我们将深入介绍边缘计算的相关信息并探讨
边缘和终端计算如何通过减少通信成本、优化同步过程以及提高算法收敛速度，为
联邦学习带来革命性的改进。

3.1.1 边缘计算的历史与发展

自1997年以来,边缘计算范式经历了多个发展阶段,这些阶段都直接或间接地影响了边缘计算的概念,并改变了其思考方式。其中,内容分发网络(Content Delivery Network,简称CDN)是由麻省理工学院的研究人员开发的,旨在解决"闪存拥塞"问题,即单一服务器在应对大量并发用户请求时难以提供稳定、高效的服务。他们的解决方案是在多个智能化的边缘服务器上复制内容,因此,CDN成为首个能够在网络边缘提供存储资源的技术。2006年,云计算由于亚马逊提出的"弹性计算"概念而逐渐普及开来,云计算框架也逐步演变为一种现代的计算理念,通过按需付费的方式,提供计算和存储资源,使计算能力从产品转变为服务。图3-2所示为云计算服务平台。

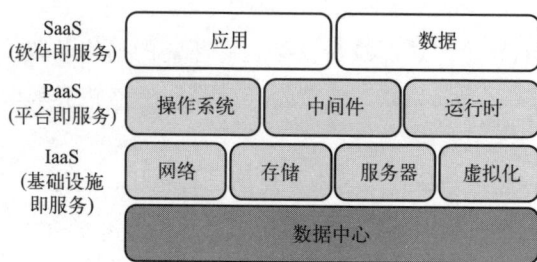

图3-2 云计算服务平台

云计算(Cloud Computing,CC)依托集中式云服务器的强大计算能力和存储资源,为资源有限的终端设备提供可靠的计算服务。然而,云计算也面临带宽、可靠性、时延和安全性等方面的挑战。在这一模式下,物联网设备产生的大量数据需要在云端和用户之间频繁传输,占用了大量网络带宽。由于中心云服务器与物联网前端设备之间的距离较远,通信过程中还会产生较高的访问延迟,并伴有不可预测的网络传输抖动。此外,众多物联网前端设备资源受限,难以有效抵御攻击,攻击者有可能破坏或控制这些设备,向云端发送虚假数据,从而带来安全隐患。

随着物联网和相关应用的不断发展,云计算的中心化架构逐渐难以满足服务质量(Quality of Service,QoS)日益增长的需求。为了应对这一挑战,微软于2009年提出了Cloudlet的概念,允许用户从Cloudlet请求计算资源。Cloudlet是一种广泛分布的小型数据中心,其虚拟化的基础设施位于更靠近终端用户的地方,提供低延迟的连接服务。相比之下,思科公司于2012年引入了雾计算(Fog Computing,FC),其目的是在物联网设备与云之间提供持续的计算能力。雾计算依赖于多个异构设备之间的协同工作,这些设备可以分布在网络的不同层级,例如交换机、服务器、微型数据中心等。与Cloudlet不同的是,雾计算将雾节点视为云计算资源池的一部分,而不是独立的设备。

随着更多新型应用对高可靠性和超低延迟的要求不断提升，移动边缘计算应运而生，并迅速引起了学术界和工业界的广泛关注。根据欧洲电信标准化协会（European Telecommunications Standards Institute，ETSI）的定义，移动边缘计算通过在靠近用户的无线接入网络中部署计算和存储资源，提供类似于云计算中心的能力，旨在降低时延、改善用户体验、提高网络运营效率。通过将计算能力下沉到靠近用户的网络边缘，可以实现对延迟敏感需求的快速响应。这种计算范式不仅解决了传统云计算服务的高延迟问题，还减少了需远程传输至云中心的请求量，从而在一定程度上节省了核心网的带宽资源。

目前，边缘计算技术的发展由OpenFog联盟推动，该联盟由ARM Holding、思科、微软等全球工业巨头以及学术合作伙伴组成。在国内，边缘计算技术同样在快速发展，各大云服务商纷纷推出了支持弹性计算的边缘平台，例如阿里云、腾讯云、天翼云和移动云等。然而，在异构的边缘环境中，任务卸载、服务功能迁移和资源分配是极为复杂的挑战。现有的关于联合边缘资源管理的研究大多结合了任务卸载、服务部署与迁移、资源分配以及负载均衡等问题，旨在优化一个或多个综合优化目标。

3.1.2 边缘计算概述

边缘计算的核心理念是通过将计算和存储资源（如Cloudlet、微型数据中心）部署到网络边缘，以实现更高效的处理。各个组织对边缘计算的定义略有不同。美国韦恩州立大学的施巍松等人将其描述为"在网络边缘执行计算的一种新型计算模式，其中边缘的下行数据代表云服务，上行数据则表示万物互联服务"。边缘计算产业联盟则认为，"边缘计算是一个开发平台，靠近物或数据源头的网络边缘侧，整合了网络、计算、存储与应用的核心能力，就近提供智能化服务，满足行业在敏捷连接、实时业务、数据优化、应用智能、安全与隐私保护等方面的关键需求"。

通过分析边缘计算与云计算的定义，可以发现边缘计算不仅能够扩展云计算的服务功能，还具有以下优势。

（1）低时延：相比于云端，边缘计算的设备与数据源位置更为接近，能够显著降低任务处理的时延，特别适用于对时间敏感的计算需求。

（2）高带宽：边缘计算通过将大量数据存储在靠近主机的边缘位置，能够显著提升信息传输速度，同时节省资源。此外，边缘计算可以在主机侧预先筛选和分析信息，从而简化设备与云端的连接，进一步降低计算任务的时延。

（3）高安全性：与集中式云计算模式相比，边缘计算具有分布式的特点，这使其具备更强的抗干扰能力。如果某个边缘节点遭受攻击，其他节点仍然能够维持稳定运行，避免系统的整体中断。

随着工业物联网（IIoT）技术的不断发展，IIoT设备在计算资源和存储容量方面存在局限性，难以满足日益增长的时间敏感型和计算密集型任务需求。云计算和边缘计算的应用正好能够弥补这些不足，为IIoT设备提供所需的计算支持。

3.1.3　边缘计算的应用场景

既然边缘计算是云计算的重要补充，那么边缘计算的应用场景又有哪些呢？边缘计算模式的基础特性就是将计算资源布置在更接近用户的位置，即站点分布范围广且边缘节点由广域网络连接。

（1）智慧城市与智能交通。在智慧城市和智能交通中，边缘计算可以为摄像头、传感器和其他物联网设备提供快速的计算和数据处理能力。例如，智能交通信号系统可以利用边缘节点实时处理交通数据，优化信号灯控制，减少拥堵。此外，自动驾驶车辆生成的海量数据也可以通过边缘计算在本地进行分析，从而实现快速决策。

（2）智能制造与工业物联网（IIoT）。在智能制造领域，许多工业设备实时生成大量数据，这些数据的处理往往需要极低的延迟。边缘计算可以将计算能力部署在靠近设备的边缘节点，从而快速处理机器数据，支持预测性维护、质量监控等应用，减少设备停机时间，并提升生产效率。

（3）移动连接。在5G网络大规模普及之前，移动网络依然存在受限和不稳定的特性，因此移动/无线网络可以被视为云边缘计算的常见环境要素。许多应用或多或少地依赖于移动网络，如增强现实（AR）在远程维修中的应用、远程医疗服务、物联网设备采集公共设施（水力、煤气、电力、设施管理）数据、库存管理、供应链和运输解决方案、智慧城市、智慧道路，以及远程安全保障系统等，这些应用都受益于边缘计算在靠近数据源端进行处理的能力，能够显著减少延迟并提高效率。

（4）卫星通信（SATCOM）。该场景以大量可用的终端设备分布于偏远、恶劣的环境为特征。将这些分散的平台用于提供托管服务是极为合理的，尤其是考虑到极高的延时、有限的带宽以及跨卫星通信的高昂费用。具体事例可能包括船舶（从渔船到油轮）、飞机、石油钻井、采矿作业或军事基础设施。

（5）虚拟现实（VR）与增强现实（AR）。VR和AR应用对低延迟和高带宽有很高的要求，边缘计算通过将计算能力下沉到靠近用户的边缘节点，能够大幅减少延迟，提供更流畅的用户体验，尤其是在沉浸式游戏、远程教育和虚拟协作等领域，边缘计算的应用尤为关键。

（6）面向零售、金融和远程连接领域的"开箱即用云"。这一解决方案提供了一系列可定制的边缘计算环境，主要为企业和特定行业应用提供服务。该边缘计算环境通过与分布式架构深度融合，实现以下目标：降低硬件消耗，支持多站点的标准化部署，并且能够灵活替换边缘端的应用程序（不依赖于硬件，同一应用可在所有节点上统一运行），提升在弱网络条件下的运行稳定性。在网络连接受限的情况下，该解决方案可以将联网方式设置为有限网络连接，提供内容缓存、计算、存储以及网络服务。例如，在新零售场景中，该边缘计算环境能够有效应对网络限制的挑战。

3.1.4 边缘计算的体系结构

图3-3给出边缘计算系统结构，主要由"端-边-云"组成，分别是终端设备层、边缘层和云层。

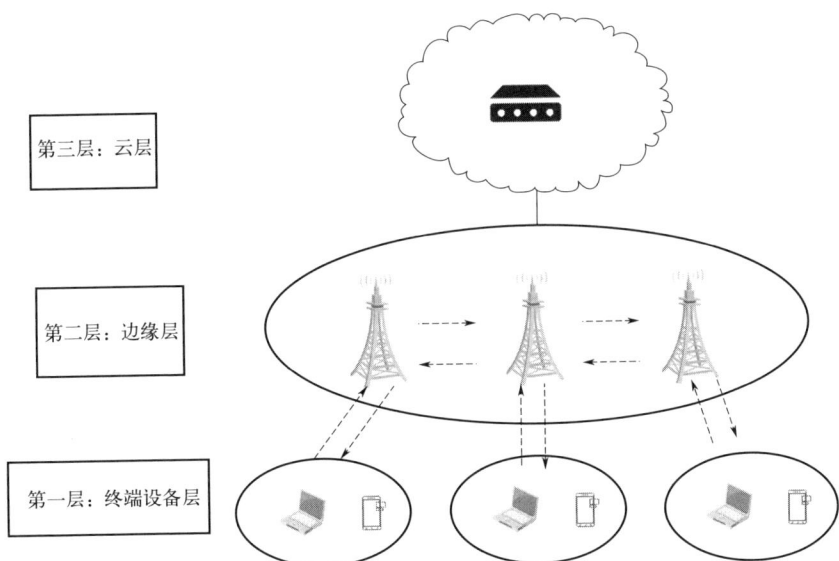

图3-3 边缘计算系统结构

第一层是终端设备层，由网络连接的传感器、设备、控制器和控制系统组成，是边缘计算架构的基础。这一层将物理世界中的传感器、智能设备和终端节点接入网络，承担着数据交互和信息传递的关键任务。终端设备通过各种网络和工业总线与边缘层的服务器或节点相连，实现数据流和控制流在终端设备层和边缘层之间的传递。

第二层是边缘层，是边缘计算框架的核心。边缘层整合了计算、存储和网络资源，包含边缘网关、边缘云、边缘控制器、边缘传感器等设备，还包括对时间敏感的网络设备，如交换机和路由器。这些设备为边缘计算提供了资源支持，并负责接收、处理和传递来自终端设备层的数据流。边缘层提供智能感知、安全隐私保护、数据分析、智能计算、流程优化以及实时控制等功能。

第三层是云层，由多个云服务器组成。边缘层将处理后的数据上传至云层，进行备份和更深入的分析。云层是决策支持系统和特定应用服务的关键层，涵盖智能制造、网络协同、服务延展以及个性化定制等领域，并通过提供接口服务于最终用户。云层通过接收来自边缘层的数据流，并发送控制信息与边缘层协作，以实现高效、安全的服务；同时，云层也能够通过边缘层向终端设备层发送控制指令。

3.1.5　边缘计算的关键技术

移动边缘计算中的关键技术主要有四个：虚拟化、云计算、软件化和计算卸载。其中，虚拟化是基础，软件化是虚拟化的抽象体现，云计算和计算卸载则是对软件化的应用。

（1）虚拟化。虚拟化技术是在20世纪60年代由IBM开发的技术，它可以将大型计算机分割成逻辑上较小的独立的计算单元。在计算机领域中，虚拟化是一种资源管理技术，它将计算机的网络、内存及存储、处理器等实体资源予以抽象、转换后呈现出来，使得资源能够以更低的粒度来访问。在x86个人计算机成为主流的一段时间内，虚拟技术研究一直处于停滞的状态。如果需要大型的计算能力，一般的做法是将廉价的计算机组成集群以获得媲美大型机的计算能力，但是这种做法的维护费用高、硬件利用率低，并且会带来安全问题。虚拟化技术将硬件资源虚拟化，在虚拟化的硬件资源之上运行多个操作系统和多种应用，提高了硬件利用率，解决了硬件扩展性的问题。

虚拟机管理程序就是虚拟化技术的一种体现。虚拟机是一个软件实现，它可以像真实的机器一样运行程序。多个虚拟机可以部署在一个统一的平台，允许所有的硬件资源以一种可控、高效、灵活的方式在虚拟机之间共享。通过虚拟交换机可以实现稳定、高效和安全的虚拟机间的通信。通过这种机制，数据流量可以通过物理接口被路由到一个虚拟机上，也可以从虚拟机上被路由回物理接口。使用虚拟机可以将应用和软件从底层的硬件资源中解放出来，屏蔽底层硬件的细节。

（2）云计算。云计算是把计算资源、数据和应用以服务的方式提供给用户的一种计算模式。云计算和移动边缘计算网络密不可分。云计算以虚拟技术为基础，以网络为载体，是一种整合大规模可扩展的计算、存储、数据等分布式资源进行协同工作的超级计算服务模式。它是网格计算、并行计算、分布式计算、网络存储、虚拟化、负载均衡等传统计算机技术和互联网技术相互发展、相互融合的产物。云计算的服务模式可以分为三个层次：基础设施即服务(Infrastructure as a Service，IaaS)、平台即服务(Platform as a Service，PaaS)、软件即服务(Software as a Service，SaaS)。如图3-4所示，基础设施即服务位于最底层，提供网络、存储、计算资源等基础设施。平台即服务位于中间层，提供操作系统和程序开发平台。软件即服务位于最高层，主要向互联网用户提供软件或者应用服务。云计算的发展势头十分强劲，一些知名IT企业，比如谷歌、亚马逊、阿里巴巴、华为都纷纷推出了云计算解决方案。在云计算技术的支持下，通过计算卸载技术，资源有限的设备可以将复杂的计算任务卸载到云中进行计算，待计算任务运行完成以后，再通过网络接收计算结果。这样可以减轻资源有限设备的负载，提高设备性能。作为移动边缘计算的关键技术，云计算和虚拟化可以使应用的部署和运行独立于具体的网络实体，具有高效、灵活、可扩展的特点。

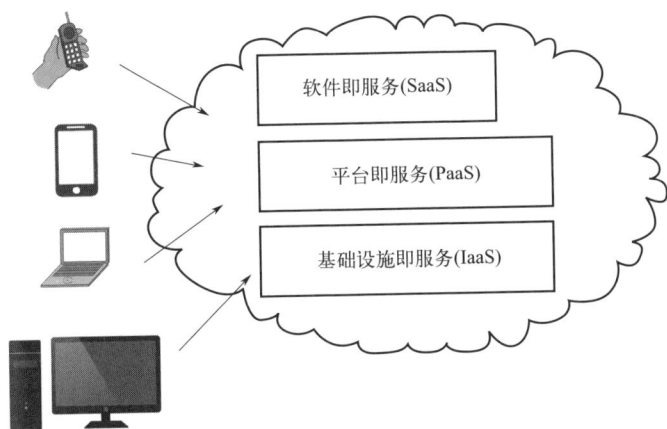

图3-4　云计算服务模式

（3）软件化。过去，由于通用硬件能力的不足，在通信领域，大部分的硬件产品都是以专用集成电路（Application Specific Integrated Circuit，ASIC）和现场可编程门阵列（Field Programmable Gate Array，FPGA）这类高度定制的芯片为核心的。高度定制的芯片能对某类应用进行专门的优化，从而实现更高的性能。但这种高度定制的芯片需要单独设计，生产规模小，成本高昂。随着通用芯片的计算能力按照摩尔定律实现飞速提升，通用芯片在计算能力上已经可以满足许多应用的需求，人们开始使用软件加通用硬件的方法来替代专用的硬件，该种方式被称作软件化。软件化具有成本低和扩展性高的特点。一方面，专用硬件的开发费用十分昂贵，使用软件化可以节省大量的资金；另一方面，软件代码可以在通用硬件之间无成本地移植和复制，所以软件化的扩展性和可移植性都很高。

软件化促进了移动边缘计算技术在商业上的成功。移动边缘计算的硬件平台是由主流和标准化的硬件设施搭建的。使用标准化硬件的好处是可以提高移动边缘计算硬件平台的可扩展性。当系统中的某个MEC服务节点出现宕机时，可以立刻使用其他的标准硬件替换，而不用考虑硬件之间的兼容性，从而实现平台的快速维护和升级，降低平台维护的经济成本。

（4）计算卸载。为了解决有限移动终端资源与无限应用需求之间的矛盾，研究人员将计算卸载技术引入移动边缘网络。移动边缘计算网络中的计算卸载主要发生在用户侧的MEC服务节点上，包括云服务器发现、任务分割、卸载决策、任务提交、任务远端执行以及计算结果反馈等六大步骤。

当前智能移动终端上的时延敏感型、计算密集型应用越来越多，将计算任务卸载到一个网络时延低、计算资源充足的云服务器上进行计算是计算卸载的发展趋势。计算卸载可以将一部分的计算任务卸载到MEC服务节点上运行，执行计算卸载的终端只需要发送计算任务和接收计算结果而不需要实际执行计算任务。通过计算卸载，移动终端可以降低计算密集型应用的响应时延，增强续航能力。由于移动边缘计算网络具有低网络时延、丰富的计算资源，并且能减少对核心网络资源的占用，因此利用移动边缘计算网络来进行计算卸载更符合当前移动用户的需求。

3.1.6 边缘计算的架构

3.1.6.1 边缘计算的通用架构

边缘计算架构通常是云边协同的联合式网络结构（图3-5），这种结构一般可以分为三个层次：终端层、边缘计算层和云计算层。各层之间既可以进行层间通信，也可以跨层通信。每个层级的组成决定了其计算和存储能力，从而决定了它们各自的功能和角色。

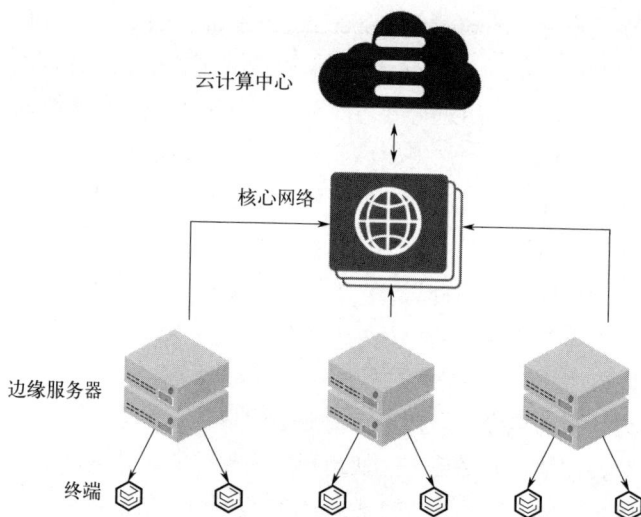

图3-5　云边协同的联合式网络结构

（1）终端层。终端层由各种物联网设备组成，如传感器、RFID标签、摄像头和智能手机等，其主要任务是收集原始数据并将这些数据上报。在这个层次上，仅考虑设备的感知能力，而不关注其计算能力。终端层的数十亿台物联网设备不断收集各类数据，这些数据作为事件源被输入到应用服务中进行处理。

（2）边缘计算层。边缘计算层由分布在终端设备和云计算中心之间的网络边缘节点构成。边缘节点可以是智能终端设备本身，如智能手环或智能摄像头，也可以是部署在网络中的设备，如网关或路由器。由于边缘节点的计算和存储资源差异较大，并且这些资源是动态变化的，如何在这种动态网络拓扑中进行计算任务的合理分配和调度成了一个值得深入研究的课题。

边缘计算层通过合理部署和调度网络边缘侧的计算和存储能力，来实现基础服务的就近响应。例如，智能手环的可用资源会随着使用情况的不同而变化，因此边缘计算节点需要灵活地适应资源的动态性。

（3）云计算层。在云边协同的服务模式中，云计算层仍然是最强大的数据处理中心。边缘计算层上报的数据会在云计算中心进行永久存储，而那些边缘计算层无法处理的复杂分析任务及全局信息的综合处理也仍然需要依赖云计算来完成。此外，云计算中心还可以根据网络资源的分布情况，动态调整边缘计算层的部署策略和优化算法。

3.1.6.2　EdgeX Foundry

2017年4月，Linux基金会创立了EdgeX Foundry社区，EdgeX Foundry社区的成立旨在构建一个具有高度互操作性、即插即用和模块化的物联网边缘计算生态系统，专注于物联网边缘的标准化微服务框架——EdgeX Foundry。该框架最初孵化于戴尔公司的物联网中间件框架，目前已开源，允许开发者根据自己的需求快速重构和部署服务，其架构如图3-6所示。

（1）EdgeX Foundry的架构设计原则，如下所述。

平台无关性：架构应能够与多种操作系统进行对接，确保广泛的兼容性。

高度灵活性：系统的任何部分都可以进行升级、替换或扩展，以适应不同的需求。

支持存储和转发：允许系统在离线环境下运行，并保证计算能力能够靠近边缘，提供高效的边缘计算。

（2）架构层次，如下所述。

EdgeX Foundry是由多个微服务组成的集合，这些微服务分为四个主要层次：设备服务层、核心服务层、支持服务层、应用及导出服务层。整个架构可以划分为"北侧"和"南侧"。

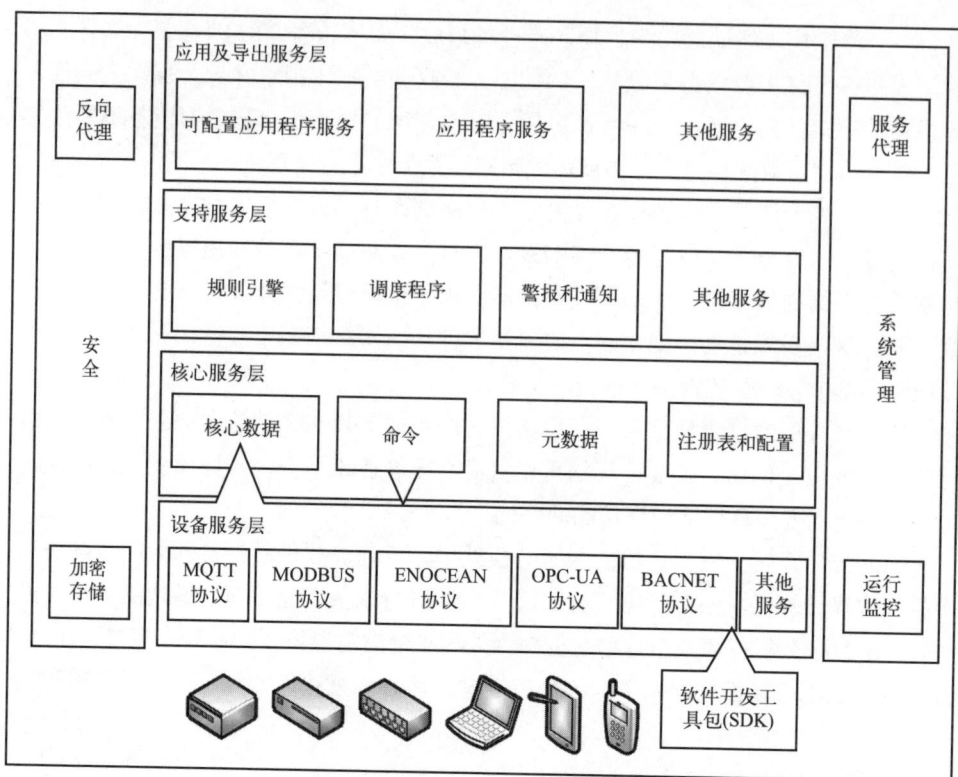

图3-6 EdgeX Foundry架构

北侧：包含云计算中心及与云端通信的网络，涉及支持服务层和应用及导出服务层。

支持服务层：涵盖广泛的微服务，包括边缘分析（也称为本地分析），提供规则引擎、调度程序、警报和通知等功能。

应用及导出服务层：应用程序服务是指将感应到的数据从EdgeX提取、处理/转换和发送到所选端点或应用的方式。这些服务可以是分析数据包、企业或本地应用，也可以是Azure IoT Hub、AWS IoT或Google IoT Core等云系统。

南侧：涵盖物理领域的所有物联网设备及与之直接通信的网络边缘。

设备服务层：提供软件开发工具包（SDK），用于实现与设备的连接和通信，支持网关或其他数据汇集设备。同时，它还可以接收来自其他微服务的命令并传递至设备。

核心服务层：位于架构的中心，是实现边缘计算能力的关键。包括以下核心服务：

· 核心数据服务：提供持久存储和设备数据管理。

· 命令服务：将云计算中心的指令下达至设备端，并管理和缓存这些指令。

· 元数据服务：管理和存储元数据，为设备和服务的配对提供信息。

· 注册表和配置服务：为其他微服务提供必要的配置信息。

EdgeX Foundry还包含两个贯穿整个框架的基础服务层——安全服务和系统管理服务。

① 安全服务：为设备提供全面的安全保护，包括反向代理和加密存储两个主要安全组件。

② 系统管理服务：为外部管理系统提供了中心联系点，用于启动/停止/重新启动EdgeX服务、获取服务的状态/运行情况或获取EdgeX服务的指标，以便EdgeX服务可以被监控，包括服务代理和运行监控两个主要功能。

EdgeX Foundry的核心任务是简化和标准化工业物联网的边缘计算服务。它提供了一个可操作的开源平台，降低了边缘计算的准入门槛，使得小型应用开发商也能够快速构建和部署边缘计算服务。此外，EdgeX Foundry还与工业物联网推广组织工业互联网联盟（IIC）达成合作，共同推动工业物联网边缘服务的普及。

该平台的推出为工业物联网领域的边缘计算应用提供了强有力的支持，有望在未来进一步推动物联网的广泛应用和发展。

3.1.6.3　边缘计算参考框架3.0

除了Linux基金会之外，边缘计算产业联盟（ECC）也在2018年发布了《边缘计算参考架构3.0（2018年）》，并提出了边缘计算参考架构3.0（简称"边缘框架3.0"）。边缘计算服务框架需要具备以下功能：能够对物理世界进行系统化、实时化的认知，并在数字世界中实现仿真和推理，从而促进物理世界与数字世界的协同工作；在各个行业中，通过模型化方法建立可复用的知识模型体系，实现跨行业的生态合作；通过模型化接口在系统与系统、服务与服务之间进行交互，从而实现软件接口与开发语言及工具的解耦；此外，框架还应支持服务的全生命周期管理，包括部署、数据处理和安全管理等。

边缘框架3.0的结构贯穿整个框架的基础服务层，如图3-7所示，其安全服务和管理服务的功能与EdgeX Foundry相似，数据全生命周期服务则提供了对数据从生成、处理到消费的综合管理。从纵向结构来看，框架顶部是模型驱动的统一服务框架，支持快速的服务开发与部署。按照边缘计算的通用架构，框架从下至上分为现场设备层、边缘层和云层三部分，其中边缘层又细分为边缘节点和边缘管理器两层。

边缘节点形式多样，种类丰富。为了降低物理世界带来的复杂性，并解决异构计算与边缘节点的强耦合问题，边缘节点层中的设备资源被抽象为计算、网络和存储三类资源，通用能力调用通过应用程序编程接口（API）实现。控制、分析与优化模块则负责实现上下层信息传递与本地资源规划。边缘管理器使用模型化描述语言，帮助不同角色通过统一语言定义业务，从而实现智能服务与底层结构交互的标准化。

根据功能划分，边缘框架3.0提供了四种开发框架——实时计算系统、轻量计算系统、智能网关系统和智能分布式系统，涵盖了从终端节点到云计算中心的服务开发链路。

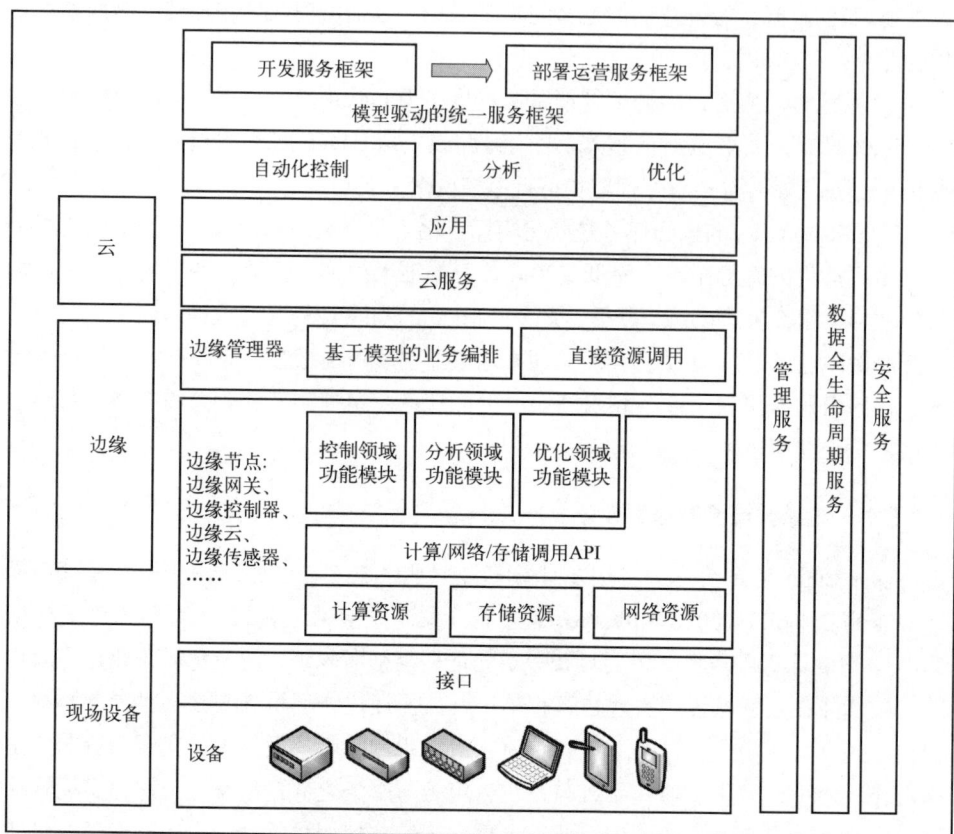

图3-7 边缘框架3.0

3.1.7 边缘计算的分类

边缘计算的三种类型，如下所述。

（1）设备级边缘计算：这种类型的边缘计算将计算和数据存储移动到设备或终端本身。例如，智能手表、智能家居设备等都是设备级边缘计算。

（2）接入级边缘计算：这种类型的边缘计算将计算和数据存储移动到网络的边缘，即接入节点。这种边缘计算可以处理大量的数据，同时还可以提供实时响应。例如，基站、路由器等都是接入级边缘计算。

（3）区域级边缘计算：这种类型的边缘计算将计算和数据存储移动到区域的边

缘，即区域服务器。这种边缘计算可以处理大量的数据，并提供实时响应。例如，云计算平台、数据中心等都是区域级边缘计算。

3.1.8　边缘计算的案例算法

下面介绍基于边缘计算的融合多因素的个性化推荐算法F-SVD。

3.1.8.1　问题描述

随着物联网行业的快速发展，5G普及和带宽增加给云服务器带来了巨大的压力，如何在海量数据中为用户精准推荐感兴趣的内容变得愈发困难。传统推荐算法大多是基于集中式计算，无法做到随着用户偏好的变化及时调整推荐内容。用户通过手机、电脑、平板和车联网产生数据（项目名itemId、用户名userId、评分rating、类型genres、时间戳timestamp、标签tags），边缘服务器进行个性化计算（S_u、μ_k），云服务器挖掘用户之间的潜在关联。系统模型如图3-8所示。F-SVD算法涉及的符号如表3-1所示。

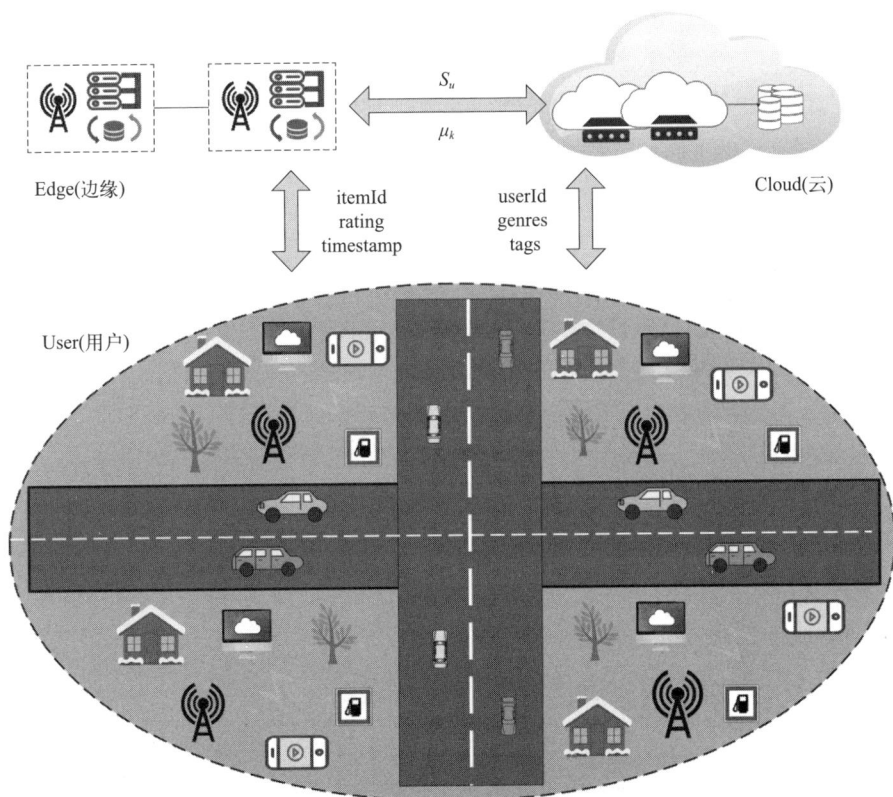

图3-8　系统模型图

表3-1 F-SVD算法符号表

符号	描述
θ, ϕ, λ, ρ	超参数
Q_u	用户相似度
η_k	k位用户平均评分
$\tilde{r}_{(u,i)}$	预测评分
$b_{(u1,u2)}$	用户在评分上的相似度
$d_{(u1,u2)}$	用户在共同评分项目上的相似度
$g_{(u1,u2)}$	用户在评分频率上的相似度
$m_{(u,t1)}$	标签对用户评分的影响
$v_{(u,g)}$	不同类型项目的权重
$h_{(u,t)}$	时间对评分的影响
P	用户-项目评分矩阵
δ	误差阈值
E	特征维度
Z	迭代次数
$s_{(u,f_{max})}$	评分时间戳
$v_{(u,t)}$	标签权重
$h_{(u,i)}$	不同类型项目所占的权重

在边缘服务器中进行数据的个性化计算时，采用了F-PEARSON方法来计算用户之间的相似性得分Q_u，并进行排序。同时，使用BERT模型在计算前对前k位用户的某个年代或某种类型项目的平均评分η_k进行训练。在云服务器上，用户之间、用户与项目之间的相似性可以通过预测评分$\tilde{r}$进行计算。

根据F-SVD算法，可以计算当前用户对物品的预测评分，其中，$b_{(u1,\ u2)}$表示两个用户在评分上的相似度；$d_{(u1,\ u2)}$表示用户在共同评分项目上的相似度；$g_{(u1,\ u2)}$表示用户在评分频率上的相似度。通过这些相似度，可以归一化两个用户评分项目的频率，频率越接近，用户的相似度越大，从而更好地进行个性化推荐。

1）F-PEARSON

F-PEARSON提出了一种新的用户相似度计算方法，该算法在边缘服务器上执行，输入为项目Id、用户Id、评分、评分时间戳，输出为用户之间的相似度得分，并上传至云服务器。在传统的皮尔逊相关系数基础上考虑到两个用户对项目评分的平均值，若用户评分的平均值越接近，那么认为用户越相似，定义如式(3-1)：

$$b_{(u1,u2)} = \exp\left(-\theta|\eta_{u1} - \eta_{u2}|\right) \tag{3-1}$$

式中，$b_{(u1,u2)}$ 表示用户关于平均评分的相似度；η_{u1} 表示用户 $u1$ 对所有项目评分的平均值；η_{u2} 表示用户 $u2$ 对所有项目评分的平均值；θ 表示调整超参数。若用户之间共同评分的项目越多，代表用户的兴趣越接近，其中包括共同评分项目的数量、共同评分项目的评分值，定义如式（3-2）：

$$d_{(u1,u2)} = \frac{\sum\limits_{i \in I_{u1} \cap I_{u2}} \left(\tilde{r}_{(u1,i)} - \frac{1}{n}\sum\limits_{i=1}^{n}\tilde{r}_{(u1,i)}\right)\left(\tilde{r}_{(u2,i)} - \frac{1}{n}\sum\limits_{i=1}^{n}\tilde{r}_{(u2,i)}\right)}{\sqrt{\sum\limits_{i \in I_{u1} \cap I_{u2}} \tilde{r}_{(u1,i)}^2 - \frac{1}{n}\sum\limits_{i=1}^{n}\tilde{r}_{(u1,i)}^2} \times \sqrt{\sum\limits_{i \in I_{u1} \cap I_{u2}} \tilde{r}_{(u2,i)}^2 - \frac{1}{n}\sum\limits_{i=1}^{n}\tilde{r}_{(u2,i)}^2}} \tag{3-2}$$

2）基于机器学习的BERT模型特征训练

在边缘服务器运用BERT模型进行无监督训练，输入为项目Id、项目类型、用户Id、用户评分、时间戳，输出为用户对项目的预测评分。在此任务里，通过在具有上下文关系的句子里加入一些特殊的 token，在句子的开始标志 [CLS]，在两句话的中间位置标志 [SEP]。比如语料库里的两句话——[CLS] 用户1对90年代 Comedy 类型的项目 [SEP] 评分为5 [SEP] 具有上下文关系；[CLS] 用户1对90年代 Comedy 类型的项目 [SEP] 疫情 [SEP] 没有上下文关系。也就是说句子A和B作为预训练样本，B有50%的概率是A的下一句，属于上下文关系，也有50%的概率是随机句子，不属于上下文关系。通过BERT模型训练数据进行预测，然后取相似度最高的前 k 位用户的均值 μ_k 作为当前预测的基数，定义如式（3-3）：

$$\mu_k = \frac{1}{k}\sum_{i=1}^{k}\tilde{r}_{(u,i)} \tag{3-3}$$

式中，$\tilde{r}_{(u,i)}$ 为用户对某个年代某种类型项目的评分。

3）F-SVD

为了克服传统推荐算法依赖评分、标签、时间戳或单一上下文信息进行推荐的局限性，研究者提出了一种基于边缘计算的融合多因素的个性化推荐算法——F-SVD。该算法旨在应对在海量数据中难以挖掘潜在特征信息而难以实现高质量推荐的问题。F-SVD算法的核心是融合了用户与用户、用户与项目之间的多种属性信息，这些属性信息不仅包括用户的评分，还涵盖了评分频率、标签爱好以及对不同年代电影的偏好等。这种多因素的融合，使得F-SVD算法能够更深入地挖掘出用户和项目之间的潜在关联信息，构建更加完善的推荐模型。由于其对多元化网络环境的适应性，F-SVD算法特别适合在当前复杂多样的网络推荐场景中使用。F-SVD算法如表3-2所示。

表3-2　F-SVD算法

算法1：	F-SVD算法
输入：	movieId, userId, rating, timestamp, 参数 e, D, C
1.	开始
2.	数据初始化
3.	计算用户相似度 S_u
4.	通过BERT模型特征训练得到 u_k
5.	转换为用户-项目评分矩阵 $\boldsymbol{R}$
6.	将 $\boldsymbol{R}$ 分解为用户特征矩阵 $\boldsymbol{U}$ 和项目特征矩阵 $\boldsymbol{V}$
7.	for循环（从1到 C）
8.	构建预测评分算法
9.	建立目标函数
10.	使用梯度下降求解
11.	判断是否达到迭代条件，如果没有则返回步骤10
12.	如果（误差loss $<e$ 或者 step $>C$）
13.	打印 $\boldsymbol{U}$, $\boldsymbol{V}$
14.	跳出循环
15.	否则返回步骤5
16.	向矩阵中填充预测的评分
17.	预测评分
18.	结束

在云服务器中，F-SVD算法接收来自边缘服务器的数据，其中包括用户之间的相似度和用户对项目的预测评分。该算法的具体步骤包括：

（1）初始化数据并将数据分为训练集、测试集和验证集；

（2）运用F-PEARSON方法计算用户之间的相似性得分 Q_u，并排序；

（3）采用BERT模型训练历史数据，得出用户对某个年代某种类型项目的评分平均值 η_k；

（4）用户对项目的评分数据被转换为用户对项目的评分矩阵 $\boldsymbol{R}$，并将其与特征矩阵 $\boldsymbol{D}$ 一同转为用户特征矩阵 $\boldsymbol{U}$ 和项目特征矩阵 $\boldsymbol{V}$；

（5）项目被分为19类，比如"犯罪""战争""爱情""科幻"等，并对项目打上标签，用1～19进行标识；

（6）将不同类型项目的权重标记为 $S_{(u,f_{\max})}$，统计每个类型项目的总评分和对应的项目数量，并计算用户在不同类型项目中的平均评分。

接下来，用户标记项目 t_1 的次数以及用户使用过的标签总数，会影响用户对打了这些标签的项目评分。计算用户在打了此标签的项目评分和当前用户所有项目评分的差值，若当前项目的评分高于平均评分，则在预测的时候加上该差值，反之减去该差值。具体的计算公式定义如式（3-4）：

$$l_{(u,t_1)} = \sum_{t_1 \in T_{(u,t_1)}, i \in I_u} w_{(u,t_1)}(r_{(u,i)} - \bar{r}_u) \qquad (3-4)$$

式中　　$l_{(u,t_1)}$——标签对用户评分的影响；

　　　　$w_{(u,t_1)}$——用户 u 使用标签 t_1 所占的权重；

　　　　$r_{(u,i)}$——用户 u 对项目 i 的评分；

　　$t_1 \in T_{(u,t_1)}$——用户 u 使用过的 t_1 标签；

　　　　$\bar{r}_u$——用户 u 对项目的平均评分。

此外，考虑到用户对不同类型的项目会打出不同的评分，计算出用户在此类型项目上的评分与用户对所有项目评分的均值之比，作为用户对不同类型项目评分的偏好，具体计算公式定义如式（3-5）：

$$w_{(u,g)} = \alpha \frac{\bar{r}_{(u,g)}}{\bar{r}_u} \qquad (3-5)$$

式中，$w_{(u,g)}$ 表示用户 u 在类型 g 的项目上的偏好权重；$\bar{r}_{(u,g)}$ 表示用户 u 在类型 g 的项目上的平均评分；α 表示一个系数，用来调整用户在特定类别项目上的偏好，在计算用户对某一类别项目的评分时起到修正的作用。具体来说，α 用于调节用户在某些类别上的评分偏差，例如，如果用户对某些类型的项目有更强的偏好，那么这些项目的评分会根据 α 值进行相应的调整。

如果用户喜欢某种类型的项目，那么评分的频率会更高。计算用户最近两次评分同种类型项目的时间差，差值越小代表用户越喜欢此类项目。由于用户两次评分的时间戳差值比较大，从而进行了归一化处理。时间对用户评分的影响的公式具体定义如式（3-6）：

$$f_{(u,t)} = \frac{1}{\bar{r}_u} f_{(u,i)} \exp(\beta t_{(u,i)}) \qquad (3-6)$$

式中　　β——用于调整模型的超参数；

　　　　$t_{(u,i)}$——时间对用户评分的影响；

　　　　$f_{(u,i)}$——当前类型项目对用户评分项目总数的占比。

最终的预测评分模型公式具体定义如下：

$$\tilde{r}_{(u,i)} = \frac{1}{k} \sum_{u=1}^{k} r_{(u,i)} u_r + \sum_{t_1 \in r_{(u,t)}, i \in r_u} w_{(u,t_1)}(r_{(u,i)} - \bar{r}_u) \alpha \frac{\bar{r}_{(u,g)}}{\bar{r}_u} b_u + f_{(u,i)} \exp \beta t_{(u,i)} \frac{b_i}{\bar{r}_u} + U_u V_i^{\mathrm{T}} \qquad (3-7)$$

公式解释了如何结合用户历史评分、时间影响以及项目偏差来最终预测用户对项目的评分。其中，u_r表示最相似的k位用户的平均评分偏差；b_u表示用户的评分偏差；b_i表示项目的评分偏差；U_u和V_i表示潜在因子矩阵U的第u行和矩阵V的第i行。

4）性能分析

根据具体的算法代码计算，假设：m为被评分的总数，n为评分的用户总数，p为项目总数，q为标签总数。对F-SVD算法的时间复杂度分析有如下三个步骤：

（1）对所有的评分项目进行分类，此时需要遍历所有的评分项目，时间复杂度为$O(mp)$；

（2）计算用户在不同类型项目中的评分均值，此时时间复杂度为$O(mn)$，获取项目类型的时间复杂度为$O(1)$；

（3）计算用户打标签的偏好，此时需要遍历所有的标签次数，时间复杂度为$O(mq)$。

因此，F-SVD算法的时间复杂度为：$O(mp) + O(mn) + O(mq)$。

3.1.8.2 实验结果及分析

1）实验配置

为了验证所提方法的优越性，采用了电影推荐算法领域的权威公开数据集MovieLens-small，其中包含了100004条评分数据、9125部电影、671个用户、1056个用户标签、时间、类型等属性。选取80%的数据作为训练集，10%作为测试集，10%作为验证集。由于条件的限制，选择个人笔记本电脑为边缘服务器，实验室服务器为云服务器，给出操作系统、内存、处理器、语言、工具等信息，具体实验环境配置如表3-3所示。

表3-3　实验环境

环境	参数	
	边缘服务器	云服务器
操作系统	Windows 10	Ubuntu 18.04.5 LTS 64位
内存	8 GB	64 GB
处理器	Intel(R)Core(TM)i7-8550U	Intel(R)Xeon(R)Gold 5218R
编程语言	Python 3.7	Python 3.7
编译工具	PyCharm	PyCharm
数据集	MovieLens-small	MovieLens-small

2）评价指标

为了合理验证本章提出的F-SVD算法的效果，从以下评价指标进行验证。

RMSE（均方根误差）表示预测评分和实际评分的误差，公式定义如下：

$$RMSE = \sqrt{\frac{\sum\limits_{u,i \in S} (r_{ui} - \tilde{r}_{ui})^2}{|S|}} \qquad (3-8)$$

MAE（平均绝对误差）表示预测结果的实际误差情况，公式定义如下：

$$MAE = \frac{\sum\limits_{u,i \in S} |r_{ui} - \tilde{r}_{ui}|}{|S|} \qquad (3-9)$$

PRECISION（精确度）表示用户感兴趣的产品包含在推荐列表中的比例，公式定义如下：

$$PRECISION = \frac{TP}{TP + FP} \qquad (3-10)$$

式中，TP表示真正例数，FP表示假正例数。

实验包括以下几个方面：

· 确定参数：评估F-PEARSON和F-SVD算法的参数影响。

· 算法对比：将F-SVD与EnhancedCF、RSVD、Co-SVD等算法在RMSE、MAE和PRECISION上的表现进行对比。在F-SVD中引入基于机器学习的BERT模型、Word2Vec以及AutoEncoder的对比实验。

3）参数对算法性能的影响

在边缘服务器中，为了确定χ和γ两个参数对F-PEARSON相似系数的影响，分别进行了20组实验，调整不同参数值，并确认其最优值。

图3-9中展示了不同χ值在RMSE和MAE上的实验结果图。随着参数χ的增大，

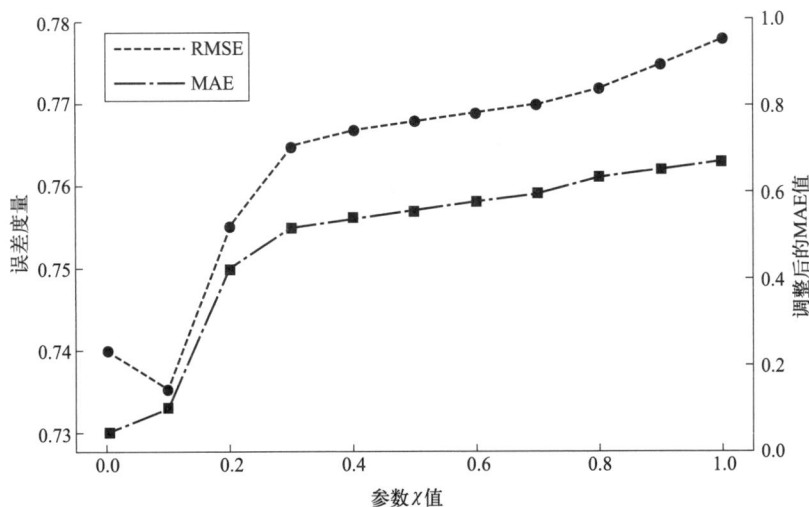

图3-9　χ值对误差的影响

RMSE误差曲线从0到0.1呈下降趋势，在$\chi=0.1$时，RMSE = 0.73598，误差达到最小，之后随着χ的进一步增大，误差呈现缓慢上升趋势。而在$\chi=0.1$时，MAE = 0.11765，随后误差也呈现上升趋势，但始终低于χ值对RMSE的误差影响。

公式$a(u1,u2)=\exp\left(-\chi|r_{u1}-r_{u2}|\right)$进一步解释了该参数对相似性的影响：当$\chi$值越大时，相似性权重越小，导致相似性的影响越弱。在计算相似性时是加上该函数的值，如果函数值太小，对相似性的影响几乎可以忽略，那么χ值应该在（0，1）内取。通过反复试验，最后发现当$\chi=0.1$时，RMSE误差最小。

图3-10为不同γ值在RMSE和MAE上的实验结果图，由图可见：0到0.01过程中RMSE和MAE误差趋于下降，然后呈现快速上升态势，之后趋于平稳状态。由于数据稀疏性，用户评价电影的频率可能有很大的不同，因此对用户评价电影的频率进行归一化处理，保证归一化后的值都为正数。同样地，该指数函数单调递减，随着变量取值的增大，其函数值越小，则对相关性的影响就越弱。归一化后用户评价电影的频率相差绝大多数比1大，而e^{-1}约为0.368，e^{-2}约为0.135，下降的速度很快，所以应该尽量减小变量值，得出$\gamma=0.01$时，RMSE = 0.73686和MAE = 0.06745达到最小。

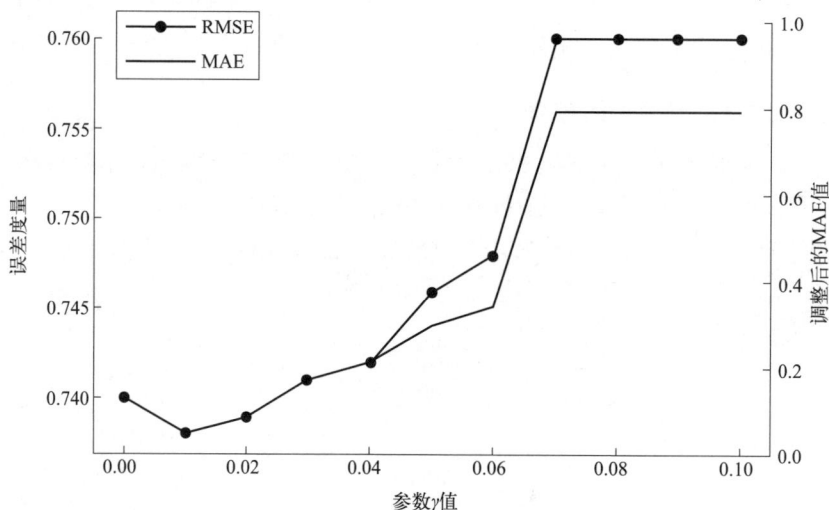

图3-10 γ值对误差的影响

在云服务器中，分别进行了多组实验研究确定参数对算法性能的影响，图3-11为参数k对F-SVD算法的影响，k为取最相似的用户数量。可见随着k值的增大，误差曲线先降低，在$k=20$时取最小值，随后误差稳步上升。当最相似的用户数过少时，会出现一定的偶然性，容易造成较大的误差。当k取值较大时，后面相似度较低的用户不能够很好地代表当前用户的偏好，因此也可能使误差增大。

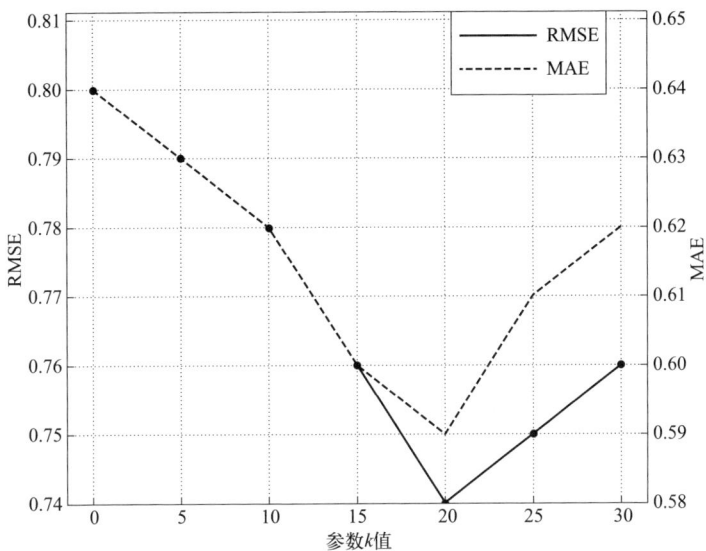

图3-11　*k*值对误差的影响

当 $k = 20$ 时，误差最小，RMSE = 0.74067，MAE = 0.59075，即选最相似的前20个用户评分取均值代替传统的单源数据效果最佳。在目标函数里 k 位用户的评分均值占了预测评分很大的一部分，选择合适的 k 值对预测评分很重要。

图3-12为参数 β 对F-SVD算法的影响，β 表示用户对不同类型电影的评分频率对预测评分的影响程度。随着 β 的增加，RMSE和MAE误差在 β 位于 $0.4 \sim 0.56$ 范围内缓慢下降，当 $\beta = 0.56$ 时误差达到最小，此时RMSE = 0.79482，MAE = 0.05125，之后随着 β 值的增大，误差呈现稳步上升的趋势。当 β 取值过小时，用户在不同类型电影上的评分频率对预测评分的影响程度较低，此时可能导致预测评分偏小，从而使

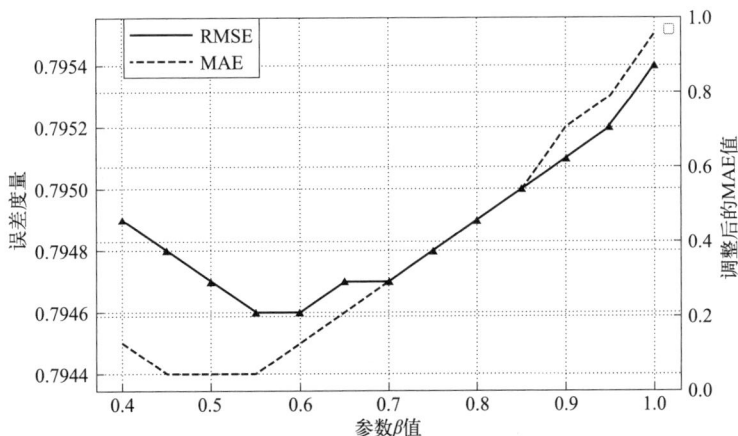

图3-12　β 值对误差的影响

得预测的误差增大。反之，若 β 取值过大，则会导致预测评分偏大，最终也使得预测误差增大。

综上，在多组实验对比下，各参数的取值分别为 $\chi= 0.1$，$\gamma= 0.01$，$k= 20$，$\beta= 0.56$ 时 RMSE 和 MAE 误差最小。

4）算法性能对比

在云服务器中将本章提出的 F-SVD 算法在 MovieLens-small 数据集下与 EnhancedCF、RSVD、Co-SVD 算法在 RMSE、MAE、PRECISION 指标上进行性能对比实验。在 MovieLens-small 数据集下，从验证集中随机选择目标用户的近邻用户数，选取 5～50 个近邻用户数，间隔为 5，进行 Top-10 预测推荐。图 3-13、图 3-14 为 EnhancedCF、RSVD、Co-SVD 和 F-SVD 算法的 RMSE、PRECISION 对比图。

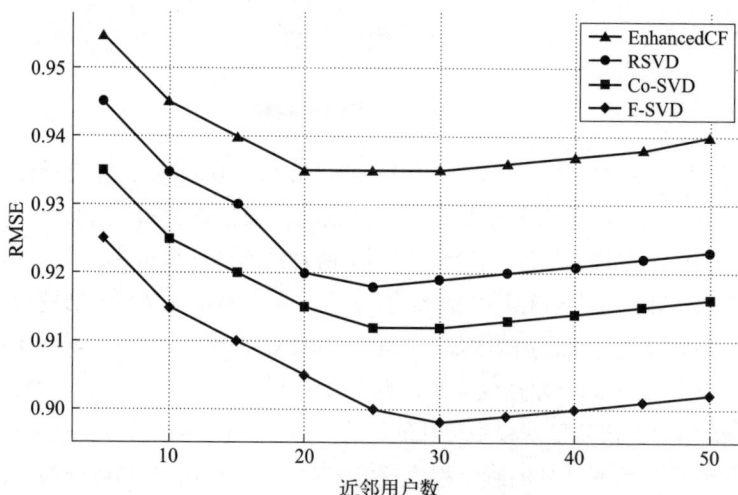

图 3-13　不同算法的 RMSE 对比图

根据图 3-13，随着近邻用户数的增加，四种算法的 RMSE 都逐渐下降，然后趋于平稳状态。近邻用户数较少的时候，基数较少，存在一定的偶然性，个别预测误差较大会导致整个结果的误差偏大。当近邻用户数增加，基数增大，可以有效地降低个别预测对整体结果带来的误差影响。F-SVD 算法在近邻用户数为 25 时趋于平稳，此时 RMSE 为 0.90。从图 3-13 可见 F-SVD 算法在不同近邻用户数情况下的 RMSE 误差都要小于其他算法，利用细粒度的特征信息、多因素的融合可以有效地降低预测误差。

图 3-14 为不同算法的预测精确度对比图。随着近邻用户数的增加，F-SVD 算法的精确度明显高于另外三个算法，当近邻用户数为 25 的时候，F-SVD 算法的预测精确度达到了最高值。之后，随着近邻用户数的增加，各种算法的精确度均出现略微下滑。当近邻用户数较少的时候，基数较少，所以各种算法的精确度较为接近。随

着基数的增加，F-SVD算法推荐的精确度优势逐渐体现。当近邻用户数过多时，基数变大，导致四种算法的预测精确度呈现略微下滑趋势。因此，多因素融合、利用更细粒度的特征信息构建预测算法能够有效地提高预测的精确度。

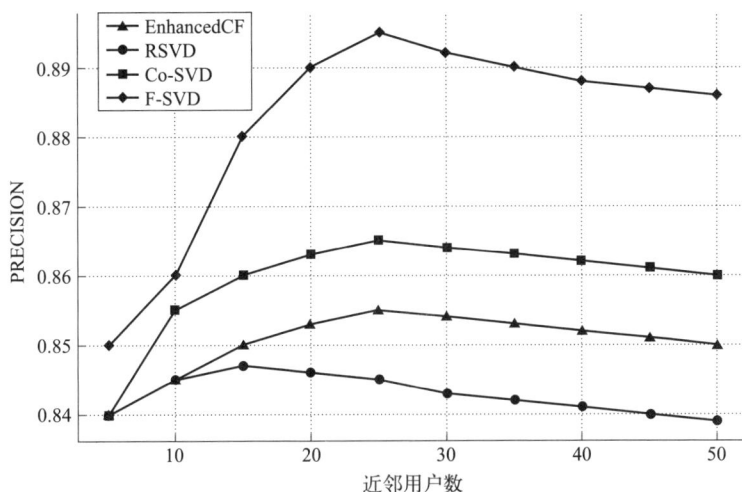

图3-14　不同算法的PRECISION对比图

图3-15为不同算法在云服务器上的运行时间实验结果图。由图可知，随着近邻用户数的增加，四种算法的运行时间逐渐增加，本章所提出的F-SVD算法的运行时间要少于另外三种算法。由于在边缘服务器已经进行了用户相似度的计算，并计算了用户对不同类型电影的预测评分，进行了用户的标签偏好计算、用户评分频率计算等，因此在云服务器中直接拿取结果进行计算，减少了云服务器的计算任务。

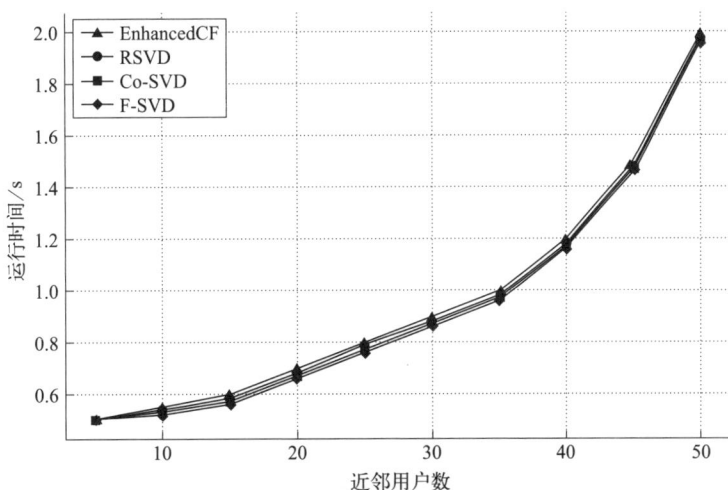

图3-15　不同算法的运行时间对比图

图3-16为加入BERT模型后在MovieLens-small数据集上的RMSE随epochs（训练次数）的变化趋势实验结果图。实验结果表明，训练的前8次，三种模型的RMSE值均不断降低，后续随着epochs次数的增长而逐渐趋于平稳状态。

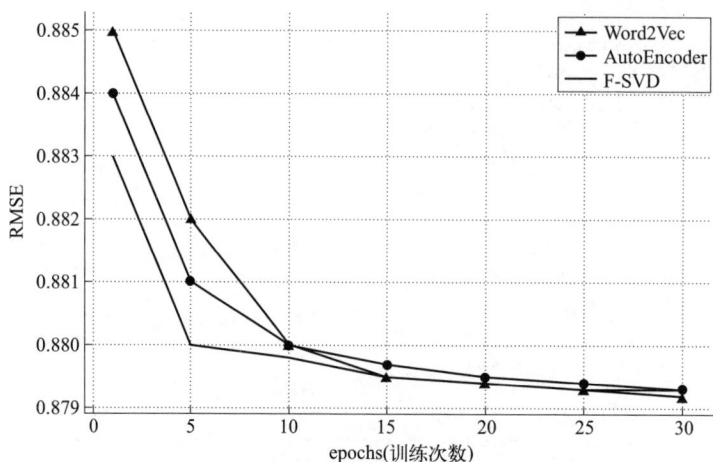

图3-16　BERT模型RMSE值的比较

图3-17为加入BERT模型后在MovieLens-small数据集上的精确度随epochs（训练次数）的变化趋势实验结果图。同样，选择近邻用户数为20。随着训练次数的增加，预测的精确度先逐渐提升，在达到最高值后，再大体呈现略微下降的趋势。当训练次数为10的时候，三种算法的精确度均达到了最高值。本章所提F-SVD算法的次数预测精确度为0.881，Word2Vec算法的次数预测精确度为0.877，AutoEncoder算法的次数预测精确度为0.878。

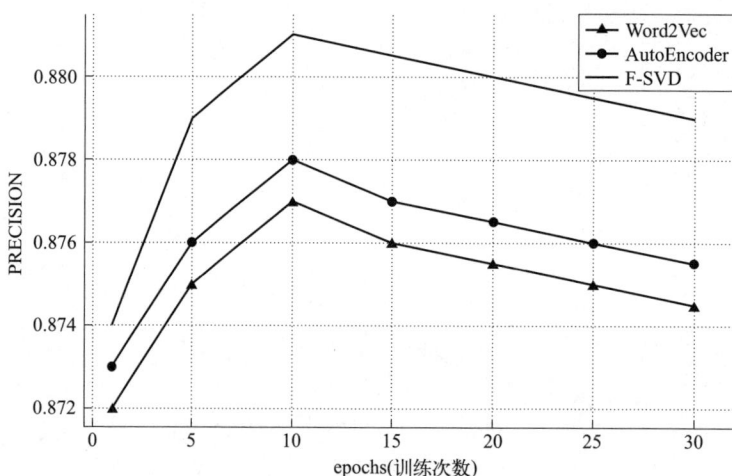

图3-17　BERT模型PRECISION值的比较

综上，在MovieLens-small数据集下，本章所提F-SVD算法在RMSE、MAE上的误差值比其他算法总体上都要低，可以有效地减小预测误差，运行时间更短，表现最好。在预测精确度PRECISION上，随着维度的增加，F-SVD算法的预测精确度要高于其他算法，故能够提供更加精确的推荐。当加入BERT模型后，相比于Word2Vec和AutoEncoder，F-SVD算法同样具有更低的预测误差和更高的预测精确度。综上，F-SVD算法能保持较低的预测误差，保证较好的预测精确度，还能够减少运行时间，加快运行速度。

3.1.9　边缘和终端计算的优势

3.1.9.1　减少通信成本

在现代分布式计算系统中，特别是在处理大规模数据集和复杂机器学习模型时，通信成本成为了一个不可忽视的关键因素。边缘计算和终端计算技术的引入，为解决这一问题提供了创新的思路。通过在网络的边缘执行数据处理和模型训练，可以显著减少通信成本，提升整体系统的效率和响应速度。

在传统的中心化计算架构中，大量原始数据需要从边缘设备或终端传输到中心服务器进行处理。这一过程不仅增加了网络流量，还可能导致通信延迟和数据丢失。而边缘学习通过在网络边缘（如基站、边缘服务器或终端设备本身）进行数据处理和初步分析，仅将必要的、处理后的数据传输到中心服务器，从而大大减少了需要传输的数据量。这种数据本地化的处理方式不仅减轻了网络负担，还降低了数据传输的能耗和成本。

在分布式机器学习场景中，模型的更新通常需要多个节点之间协同工作。传统方法要求所有节点都与中心服务器进行同步，这不仅增加了通信成本，还可能导致模型更新的延迟。边缘学习则提供了一种更加灵活的模型更新方式——在边缘设备上进行本地训练后，可以根据需要选择性地与边缘服务器或中心服务器进行同步。这种策略允许更频繁、更灵活地进行模型更新，而不必每次都进行全局同步，从而减少了全局模型更新的轮数，提高了训练效率。

边缘学习中的同步过程也得到了优化。通过采用联邦学习等先进技术，可以在边缘设备上进行本地训练，并将训练结果（如模型更新）汇总到中心服务器进行全局聚合。这一过程中，只需传输模型参数的更新信息，而非整个数据集或模型本身，从而大大减少了同步所需的数据量。此外，结合模型压缩技术（如剪枝、量化等）和异步通信协议，可以进一步降低同步的复杂性和开销，提高系统的可扩展性和鲁棒性。

综上所述，边缘学习通过在网络边缘执行数据处理和模型训练，实现了通信成本的显著降低。这一优势不仅提高了系统的效率和响应速度，还降低了运行成本和能耗，为大规模分布式计算和实时应用提供了强有力的支持。

3.1.9.2　减少每轮通信开销

边缘学习作为一种创新的计算范式，通过优化数据处理和模型训练的位置，显著降低了每轮通信的开销。这一目标的实现依赖于以下多个关键技术和策略。

数据本地化处理是减少每轮通信开销的基础。在边缘学习架构中，数据在源头或靠近源头的边缘服务器上进行预处理和分析，这意味着只有处理后的数据或关键特征被发送到中心服务器，而非原始的、未经处理的大量数据。这种方法不仅减少了网络传输的数据量，还减轻了中心服务器的处理负担，提高了整体系统的效率。

与传输整个数据集相比，边缘学习更倾向于仅同步模型的参数更新。这种参数级别的同步方式极大地减少了每轮通信所需的数据量。在训练过程中，边缘设备或边缘服务器会基于本地数据进行模型训练，并将训练得到的参数更新发送给中心服务器进行聚合。这种方式不仅加快了训练速度，还降低了通信成本。

计算卸载是边缘学习减少通信开销的另一个重要手段。通过将一些计算密集型任务从边缘设备卸载到边缘服务器，边缘设备只需将必要的信息或中间结果发送给中心服务器，从而减少了通信数据量。这种方式不仅减轻了边缘设备的计算压力，还优化了资源利用，提高了系统的整体性能。

为了进一步降低通信开销，边缘学习还引入了各种数据压缩技术。这些技术可以在不显著降低模型性能的前提下，减少模型参数更新的数据量。例如，梯度稀疏性技术通过仅传输非零的梯度值来减少通信数据量；量化技术则通过降低模型参数的精度（如从32位浮点数降低到8位整数）来减少通信负载。这些技术共同作用，使得每轮通信更加高效。

在联邦学习框架中，边缘学习进一步利用了本地更新和模型聚合策略来减少全局模型更新的轮数。本地更新允许边缘设备在本地进行多轮训练后再将更新发送给中心服务器，从而降低了同步的频率。同时，模型聚合策略通过优化聚合算法来减少通信过程中的信息损失，提高了全局模型的性能。

最后，异步通信协议也是减少每轮通信开销的重要手段。与传统的同步通信协议不同，异步通信协议允许边缘设备在准备好时与中心服务器进行通信，而不是在严格的同步周期内。这种方式不仅提高了系统的灵活性，还减少了因等待同步而造成的资源浪费。

综上所述，边缘学习通过数据本地化处理、模型参数同步、计算卸载、通信压缩技术、联邦学习中的优化策略以及异步通信协议等多种手段，有效地减少了每轮通信的开销。这些技术和策略共同构成了边缘学习在提升系统效率、降低通信成本方面的核心优势。

3.1.9.3 提高算法收敛速度

另一种降低通信成本的方法是通过修改训练算法来提高收敛速度。在每一轮训练中，参与者接收全局模型，并将其固定为训练过程中的参考。在训练过程中，参与者不仅会从本地数据中学习，还会参考固定的全局模型从其他参与者那里学习。这是通过将最大平均差异（MMD）并入损失函数来实现的。通过最小化局部模型和全局模型之间的MMD损失，参与者可以从全局模型中提取更多的广义特征，从而加速训练过程的收敛，减少通信回合。然而，虽然收敛速度提高了，但对于上述方法，终端设备必须消耗更多的计算资源。

在传统的中心化学习架构中，数据需要从各个终端或设备传输到中心服务器进行处理，这一过程往往伴随着显著的网络延迟。而边缘学习通过将数据处理和模型训练任务部署在靠近数据源的边缘设备上，极大地缩短了数据在网络中的传输距离和时间。这种"即产即消"的数据处理方式，减少了数据在网络中的传输时间，进而降低了等待数据传输的延迟，使得模型能够更快地接收到最新的数据进行训练和迭代，从而加速算法的收敛过程。

边缘学习允许模型在边缘设备上进行多轮本地迭代，仅在关键节点或达到特定条件时才与中心服务器进行同步。这种"懒惰更新"策略降低了全局模型更新的频率，避免了频繁的通信。同时，由于本地迭代能够基于最新数据进行，因此每次同步时模型参数的改变更为显著，这也有助于加快算法的收敛速度。此外，降低通信频率还意味着减少了因网络波动或中断对训练过程的影响，提高了训练的稳定性和可靠性。

边缘设备通常具备一定的计算能力，能够利用本地计算资源进行模型训练。相比于将所有数据发送到中心服务器进行集中处理，边缘学习能够并行处理本地数据，充分利用边缘设备的计算资源。这种分布式计算方式不仅提高了计算效率，还减小了中心服务器的负载压力。此外，由于边缘设备更了解本地数据的分布特性，因此能够更高效地执行模型训练和参数优化，进一步提升算法的收敛速度。

边缘学习架构允许更灵活的资源分配策略。边缘服务器可以根据当前的任务需求、设备能力以及网络状况等因素，动态调整计算资源和通信带宽的分配。例如，在资源紧张时优先保障关键任务的计算需求；在网络拥堵时减少非必要的通信开销；等等。这种优化的资源分配策略有助于提升算法的整体运行效率，从而加快算法的收敛速度。

边缘设备能够基于本地数据的特性进行模型优化。由于不同边缘设备所收集到的数据可能具有独特的分布特性和噪声模式，因此直接在边缘设备上进行模型训练和优化能够更好地适应这些本地特性。这种本地化的模型优化策略有助于提升模型在特定场景下的表现能力，并可能通过更精确的参数调整来加速算法的收敛过程。

在边缘学习中，由于数据在本地进行预处理和分析，因此可以避免对重复或冗余数据的传输和处理。这不仅减少了通信开销、减轻了计算负担，还提高了算法的整体效率。同时，减少数据冗余处理还有助于降低因数据冗余而导致的模型过拟合风险，从而提升模型的泛化能力和收敛速度。

综上所述，边缘学习通过减少数据传输延迟、降低通信频率、提高计算效率、优化资源分配、本地模型优化以及减少数据冗余处理等多个方面共同作用，显著提升了算法的收敛速度。这一优势使得边缘学习在实时性要求高、带宽受限或通信成本较高的应用场景中展现出巨大的潜力和价值。

3.2
模型压缩

在探索如何高效应对联邦学习中的通信成本挑战时，模型压缩技术如同一把锋利的刀，精准地削减了数据传输的冗余与低效。随着深度学习模型日益复杂，尤其是卷积神经网络（CNN）等大规模模型的广泛应用，模型参数的庞大体积已成为制约联邦学习效率的关键因素之一。每一次模型参数的更新，都伴随着数以百万计的数据传输，这不仅加剧了网络带宽的压力，也延长了训练周期，增加了系统的整体成本。

在这样的背景下，模型压缩技术应运而生，力求在保持模型性能的同时，最大限度地减少其体积和复杂度。通过稀疏化、量化、子采样等创新手段，模型压缩技术能够将原本庞大的模型参数转换为更为紧凑、高效的表示形式，从而在不影响模型精度的前提下，显著降低通信过程中的数据传输量。

这一技术的引入，不仅为联邦学习中的通信优化开辟了新的路径，也为边缘和终端计算、算法收敛速度的提升等研究奠定了坚实的基础。因为，当模型参数得以有效压缩后，通信成本的大幅降低使得边缘计算和终端计算变得更加可行和高效。它们能够更自如地在网络边缘或终端设备上执行数据处理和模型训练任务，进一步减少数据在网络中的传输距离和次数，从而加速模型训练过程，提升整体系统的性能和效率。

3.2.1 结构化更新与概略化更新

在边缘学习的背景下，模型的更新机制对于系统的整体性能和算法收敛速度至关重要。结构化更新与概略化更新作为两种优化策略，旨在提高模型更新的效率和准确性。

结构化更新是一种将模型更新过程组织成具有明确层次和逻辑关系的更新策略。它强调在更新过程中保持模型结构的一致性和完整性，确保每次更新都能够有效地提升模型性能，同时避免引入不必要的复杂性或冲突。

结构化更新通常将模型划分为多个层次或模块，每个层次或模块负责不同的功能或特性。在更新过程中，系统会根据实际需要选择性地更新特定层次或模块，而不是对整个模型进行全面更新。这种层次化的更新方式有助于减少不必要的计算开销和通信成本，同时提高更新的针对性和效率。

结构化更新还涉及对模型内部依赖关系的精细管理。系统需要识别不同模块或参数之间的依赖关系，并在更新过程中确保这些依赖关系得到妥善处理。例如，当某个模块的参数发生变化时，系统需要自动调整与之相关的其他模块或参数，以保持模型的整体一致性和性能。

增量更新是结构化更新的一种重要形式。它只更新模型中发生变化的部分，而不是重新训练整个模型。这种方法可以显著减少计算量和时间成本，同时保留模型中已经学习到的有用信息。在边缘学习环境中，增量更新尤其重要，因为它允许边缘设备在资源受限的情况下仍然能够进行有效的模型更新。

结构化更新限制参与者更新具有预先指定的结构，即低秩和随机掩码。对于低秩结构，每次更新被强制为一个低秩矩阵，表示为两个矩阵的乘积。一个矩阵是随机生成的，并在每一轮通信中保持不变，而另一个是优化的，因此，只有优化后的矩阵才需要发送到服务器。对于随机掩码结构，每次参与者更新都被限制为一个稀疏矩阵，遵循每轮独立生成的预定义随机稀疏性模式。因此，只有非零的条目才需要发送到服务器。

概略化更新是一种通过简化或概括模型更新内容来降低通信成本和计算复杂度的策略。它强调在保持模型性能基本不变的前提下，尽量减少更新过程中需要传输的数据量和计算量。

概略化更新通常采用数据压缩技术来减少更新过程中需要传输的数据量。例如，可以使用量化、稀疏化或低秩分解等方法来压缩模型参数或梯度信息。这些压缩技术可以在不显著损失模型性能的情况下显著降低通信成本。

除了数据压缩外，概略化更新还可以通过参数抽象来简化更新过程。参数抽象是指将模型中的多个参数或特征组合成一个更高级别的抽象表示（如特征向量、子空间等）。在更新过程中，系统只需传输这些抽象表示，而非原始参数或特征本身，从而减少了通信量和计算量。

增量概略化更新是概略化更新的一种扩展形式，它结合了增量更新和概略化更新的优点，在保持模型性能的同时进一步降低通信成本和计算复杂度。在增量概略化更新中，系统首先识别模型中发生变化的部分并进行增量更新；然后对这些更新内容进行概略化处理并传输到中心服务器进行全局聚合。这种方法可以在保证模型性能的同时实现高效的模型更新。

概略化更新还需要根据实际应用场景和模型特性进行适应性调整。例如，在不同的任务或数据集上可能需要采用不同的压缩率或抽象级别；在资源受限的边缘设备上可能需要更频繁地进行概略化更新以减少通信开销；等等。因此，系统需要具备一定的自适应能力来根据实际情况调整更新策略以达到最佳效果。

综上所述，结构化更新和概略化更新作为两种优化策略在边缘学习的模型更新过程中发挥着重要作用。它们通过不同的方式提高了模型更新的效率和准确性，从而加快了算法的收敛速度，提升了系统整体性能。

上述两项研究提出了有用的模型压缩方法，可以降低服务器到参与者和参与者到服务器通信的通信成本。正如预想的那样，通信成本的降低伴随着模型准确性的牺牲。因此，形式化压缩-精度权衡将是有用的，尤其是考虑到这对于不同的任务或涉及不同数量的联邦学习参与者是不同的。

3.2.2 量化权重压缩

在边缘学习系统中，量化权重压缩是一种高效的数据压缩技术，用于减少模型参数在通信过程中的数据量，从而加快传输速度并降低带宽需求。这种方法通过降低模型权重的精度（即减少权重的比特数）来实现压缩，同时尽可能保持模型的性能。

以下是对量化权重压缩的详细阐述。

量化是将连续的浮点数权重映射到一组离散值的过程。在深度学习模型中，权重通常以32位浮点数（float32）表示，以提供足够的精度来训练高性能模型。然而，在模型部署和更新过程中，这些高精度的权重会占用大量的存储空间和带宽。量化通过减少每个权重的比特数（如使用8位整数int8、4位整数int4，甚至更低位整数）来减小权重的大小，从而实现压缩。

以下为一些量化权重压缩的方式。

（1）均匀量化：将权重的值域均匀划分为若干个区间，每个区间映射到一个离散值。这种方法的优点是简单且易于实现，但可能无法很好地保留权重的分布特性。

（2）非均匀量化：根据权重的实际分布情况进行量化，以减少量化误差。例如，可以使用对数量化、K均值聚类等方法来优化量化器的设计。

（3）动态量化：在模型推理或更新过程中动态调整量化参数（如量化区间、量化步长等），以适应不同的输入数据和任务需求。

（4）训练后量化：在模型训练完成后，直接对模型权重进行量化。这种方法简单易行，但可能无法完全保留模型的精度。

根据模型的不同部分或层对精度的不同需求，采用不同的量化精度。例如，对敏感层使用较高的量化精度，对非敏感层使用较低的量化精度。量化过程中可能会引入一定的精度损失，这取决于量化方法、量化策略、量化精度等因素。通常，通过选择合适的量化方法和策略，可以在保持模型性能的同时实现较高的压缩比。量化后的模型权重占用更少的存储空间，同时可以使用更高效的硬件加速器进行推理计算，从而提高推理速度。在边缘设备上，量化还可以降低模型的能耗，延长设备的续航时间。

量化权重压缩在边缘学习系统中具有广阔的应用前景。它可以与模型剪枝、低秩分解等其他压缩技术结合使用，以实现更高的压缩比和更好的模型性能。同时，随着硬件加速器对量化模型支持的不断完善，量化权重压缩将在更多实际场景中发挥作用，推动边缘学习技术的进一步发展。

3.2.3　模型剪枝

模型剪枝是深度学习中一种重要的优化技术，旨在通过删除模型中的冗余参数或连接来降低模型复杂度、减少计算和存储需求，同时尽量保持模型的性能。

以下是对模型剪枝的详细阐述。

模型剪枝是一种在保持或提高模型性能的同时减小模型规模的方法。它通过移除对模型性能贡献较小的神经元、连接、卷积核或通道等来实现。剪枝可以显著提高模型的推理速度和降低资源消耗，特别是在边缘设备和移动设备上部署时尤为重要。

深度模型剪枝是一种通过去除神经网络冗余参数，实现模型压缩的广泛使用的技术，一般来说，分为训练前剪枝、训练中剪枝、训练后剪枝三类。

训练前剪枝是在初始化时对给定的网络进行一次修剪，以减小待训练的模型大小。代表性工作包括：根据连接重要性，提出了训练前剪枝算法SNIP和Synflow，以实现不依赖训练数据，达到目标稀疏度；提出了Edge-Popup算法，以实现在初始化时找到具有很高精度的子模型，实现更高的效率和模型准确度。

训练中剪枝是在网络训练过程中通过迭代训练调整神经网络连接，从初始化训练开始平衡性能和剪枝深度。

训练后剪枝通常是在预训练网络的基础上，对不重要的权值进行裁剪，早期的剪枝策略一般都是训练后剪枝。近年来，通过结合组合搜索方法和坐标下降方法的有效性，提出了新的基于块分解的剪枝算法。针对现有方法使用预定义的修剪策略，提出了LFPC算法，以实现不同功能层自适应选择合适的剪枝标准。

显然，训练前剪枝更有利于在联邦学习场景中减少通信开销，提高通信效率。

联邦学习分布式架构支持将工作负载从服务器分配到资源有限的边缘设备，但对于边缘设备来说，推理和训练目前的深度网络模型所需的计算和存储资源开销很大，特别是在无线通信场景中，在带宽受限的无线网络上进行深度模型的多轮交互更新所需通信开销过大，严重影响了无线场景下联邦学习的应用性能。而深度模型剪枝算法可以通过减少模型参数，进而减少模型多轮交互的通信量。可利用稀疏增强隐私的联邦学习架构，通过随机剪枝造成的梯度波动来增强各终端侧的数据隐私。分别在服务器端和客户端进行全局迭代幅度剪枝实验，提出对应的联邦学习全局稀疏化和局部稀疏化算法。在上行通信之前应用本地稀疏化，并提出三种局部稀疏化策略，在提高稀疏训练性能的同时降低了通信成本。将权重冻结在初始随机值上，并学习如何稀疏随机网络以获得最佳性能。另外，训练前剪枝算法也常被应用于联邦学习架构下的一次性剪枝策略，旨在通过训练前剪枝来减少无线场景下深度模型多轮交互的通信量。然而目前对于如何在无线场景下通过联邦学习剪枝策略有效地提高通信效率的研究尚不充分。例如，如何在保持模型性能的前提下，在起始的通信轮次就尽可能减少模型大小；如何有效避免深度稀疏化时模型坍塌现象的发生。因此，无线场景下通信高效的联邦学习剪枝技术值得深入讨论。

剪枝类型主要分为结构化剪枝和非结构化剪枝这两类。结构化剪枝主要关注整体结构的优化，如删除整个神经元、卷积核或通道。这种剪枝方式保持了网络的整体架构，便于后续的推理和部署。非结构化剪枝则针对模型中的单个参数或连接进行剪枝，形成不规则的稀疏结构。虽然非结构化剪枝能够取得更高的压缩比，但其不规则的稀疏性需要专门的算法和硬件支持来加速推理。

剪枝策略主要分为基于重要性评估、逐层剪枝和全局剪枝三种策略。基于重要性评估是通过计算权重、梯度、激活值等指标来评估模型参数或连接的重要性，然后移除重要性较低的部分。常用的评估指标包括L1范数、L2范数、梯度幅度等。逐层剪枝是对模型的每一层独立进行剪枝，控制每层的稀疏度。这种方法可以避免剪枝对模型性能造成过大的影响。全局剪枝则是对整个模型进行剪枝，移除对整个模型性能影响最小的参数或连接。全局剪枝通常需要更多的计算资源和时间来评估所有参数的重要性。

如图3-18所示，通信高效的联邦学习模型剪枝（CEMP-FL）架构中包括一个中心服务器和N个边缘设备组成的联邦学习系统，服务器只存储小批量训练样本用于一次性网络剪枝，边缘设备客户端以分布式方式存储训练数据集，用于本地的深度模型训练，而无须传输。通信高效的联邦学习模型剪枝CEMP-FL训练过程由多个通信轮次组成，总共包括以下7个步骤。

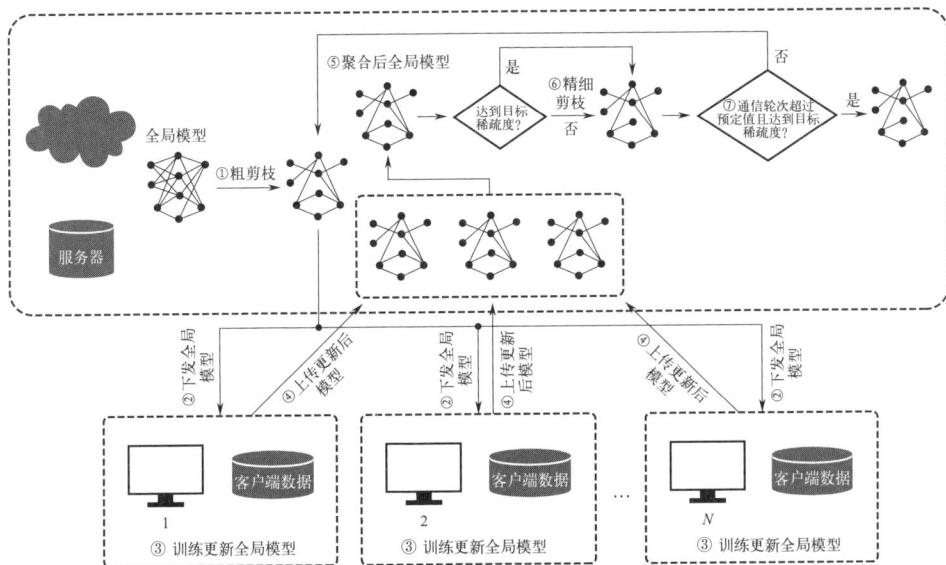

图3-18　通信高效的联邦学习模型剪枝架构

① 服务器运行单次层平衡网络剪枝算法（SBNP）进行粗剪枝，即利用小批量训练样本，在考虑层间参数相对平衡的情况下，以单次方式对全局深度模型进行初步深度剪枝。值得注意的是，粗剪枝只在首轮通信中执行，目的是使得深度模型剪枝稀疏度尽量接近目标稀疏度，从而最大程度地减少随后通信轮次的参数传输量。

② 随机选择一部分客户端，将轻量化后的全局模型分发给指定的客户端。

③ 客户端在接收到服务器端剪枝后的深度模型参数后，利用本地存储的训练数据集进行模型训练，以更新模型参数。

④ 客户端将更新后的全局模型参数上传到服务器。

⑤ 服务器在收集所有客户端更新的深度模型参数后，利用联邦学习汇聚方法形成全局的深度模型。

⑥ 判断模型剪枝后的稀疏度是否达到目标稀疏度，如果没有达到，则服务器继续运行SBNP算法进行精细剪枝，即利用小批量训练样本，在避免层坍塌的情况下，以单次方式对深度模型进行微细剪枝，以递进的方式逐步逼近模型的目标稀疏度。

⑦ 判断是否达到目标稀疏度且通信轮次超过预定值，如果不满足，返回第2步继续下发剪枝后的模型参数，否则直接输出达成目标稀疏度且训练收敛的深度模型。

其中，在第①步中，服务器只在首轮通信中运行SBNP算法进行粗剪枝，剪枝比例相对较大，剪枝稀疏度尽量接近目标稀疏度，以确保轻量化模型下发到各终端，尽量减少模型交互过程中的通信开销，提高联邦学习的通信效率。与此相反，在每轮通信中，只要没有达到目标稀疏度，在第⑥步中运行SBNP算法进行精细剪枝，每次剪枝比例相对较小，以利用客户端本地存储的训练数据集分布信息，减少因为终端训练样本分布差异所带来的剪枝偏差。总之，通信高效的联邦学习模型剪枝CEMP-FL在多个通信轮次中，通过首轮粗剪枝和每轮精细剪枝的组合，可以显著减少通信过程中传输的深度模型参数量，同时有效地减小了终端侧训练样本分布差异所带来的剪枝偏差，实现了通信和模型训练性能的联合优化。并且，通信高效的联邦学习模型剪枝CEMP-FL运行SBNP算法，确保了深度模型层之间的参数量平衡，在稀疏度很大的情况下，有效地避免了深度模型坍塌，有利于在实际场景中实现通信有效的联邦学习应用。

剪枝过程有以下步骤：

（1）训练初始模型：首先训练一个初始的大模型，以达到足够的性能水平。

（2）评估参数重要性：利用权重的绝对值、梯度信息等方法，深入剖析模型各参数的作用，为优化决策提供有力支撑。

（3）剪枝：根据评估结果，剪枝掉不重要的参数或连接。剪枝可以是结构化的，也可以是非结构化的。

（4）微调：剪枝后，对模型进行微调以恢复和提升性能。微调过程中可以调整剩余参数，使模型在新的参数空间中达到最佳性能。

（5）迭代剪枝：为了避免一次性剪枝过多导致模型性能大幅下降，通常采用迭代剪枝的方式，即每次剪枝后都进行微调，然后评估模型性能，根据需要，再次进行剪枝和微调，直到达到满意的模型大小和性能。

现代深度学习框架，如TensorFlow、PyTorch和MXNet等，提供了丰富的剪枝工具和接口，使得模型剪枝变得更加容易和高效。例如，TensorFlow的Model Optimization Toolkit提供了多种剪枝算法和接口，可以方便地应用于各种模型。PyTorch也提供了类似的剪枝功能，如torch.nn.utils.prune模块。

模型剪枝在图像分类、自然语言处理、语音识别、自动驾驶等多个领域都有广泛的应用。通过剪枝，可以显著减少模型的存储需求和计算量，提高推理速度，降低部署成本。特别是在资源受限的边缘设备和移动设备上，模型剪枝更是不可或缺的优化手段。

尽管模型剪枝已经取得了显著的成果，但仍面临一些挑战。例如，如何更准确地评估模型参数的重要性，如何在剪枝过程中保持模型的性能，如何设计高效的剪枝算法和硬件加速器等。未来，随着深度学习技术的不断发展和硬件性能的提升，模型剪枝将变得更加高效和智能，为深度学习应用带来更加广阔的前景。

3.2.4　有损压缩技术在模型压缩中的应用

在深度学习领域，模型压缩是一个关键的技术方向，旨在通过减小模型的大小和降低复杂度来提高其在实际应用中的部署效率和性能。有损压缩技术作为模型压缩的重要手段之一，通过牺牲一定的模型精度来换取更高的压缩率，特别适用于资源受限的环境，如移动设备、嵌入式系统等。

随着深度学习模型的日益复杂和庞大，其部署和推理过程中的计算资源消耗和存储需求也显著增加。为了将深度学习模型应用于实际场景中，特别是资源受限的环境，模型压缩技术显得尤为重要。有损压缩技术作为模型压缩的一种有效手段，通过平衡模型精度和压缩率之间的关系，为模型的高效部署提供了可能。常见的有损压缩技术有剪枝、知识蒸馏、低秩分解等。

剪枝技术通过移除神经网络中不重要的权重或神经元来减小模型的大小。这些不重要的权重或神经元通常对模型的最终输出影响较小，因此可以在不影响模型整体性能的前提下进行剪枝。剪枝技术可以显著降低模型的复杂度和计算量，但也可能导致轻微的精度下降。

知识蒸馏通过教师模型指导学生模型训练。在这个过程中，一个大型、性能良好的教师模型被用来指导一个小型学生模型的训练，使学生模型能够学习到教师模型的知识和泛化能力。通过知识蒸馏，可以在保持较高性能的同时显著减小模型的大小。

低秩分解技术将模型中的大矩阵分解为几个低秩矩阵的乘积，从而有效减少模型参数的数量。这种方法不仅减少了模型的存储需求，还降低了计算复杂度。然而，低秩分解可能会引入一定的精度损失，需要仔细设计分解策略以平衡压缩率和模型性能。

在实际应用中，选择哪种有损压缩技术取决于具体的应用场景、模型类型和性能要求。开发者需要在模型大小、推理速度和模型精度之间做出权衡。例如，在对实时性要求较高的应用中，可能会更倾向于选择量化或剪枝技术来加速推理过程；而在对精度要求较高的应用中，则可能需要采用知识蒸馏或低秩分解等技术来保持模型的性能。

总而言之，有损压缩技术是模型压缩中不可或缺的一部分，它通过牺牲一定的模型精度来换取更高的压缩率和更高的部署效率。随着深度学习技术的不断发展和应用场景的不断拓展，有损压缩技术将在模型压缩领域发挥越来越重要的作用。

无损压缩作为一种不发生信息损失的压缩方式，与有损压缩相比，一般会带来更高的计算成本或者较低的压缩率。模型压缩是提高联邦学习通信效率常用的一种方式，有损模型压缩通过减小模型大小降低了通信开销，但可能会损失一定的模型精度；而无损模型压缩在保持模型精度的前提下降低了通信开销，但计算成本较高。未来的研究可以探索如何在有损和无损模型压缩之间寻找平衡，结合其他优化策略，进一步提高联邦学习的通信效率。

3.2.5 基于模型压缩的优化方法

模型压缩也称为稀疏化，更新的模型结构用更少的变量刻画，压缩方案可以是随机稀疏模式、概率量化、梯度量化、子抽样、低秩等方法的一种或多种组合。压缩方案可以在联邦学习的不同阶段执行：参与方训练本地模型之前（下行链路），即中央服务器压缩全局模型的规模后广播给各参与方；参与方上传更新模型之前（上行链路），即各参与方压缩本地训练模型参数的规模后上传给中央服务器。

研究者为了减少上行链路的通信消耗，考虑通过结合低秩、稀疏化、随机分散和概率量化，设计结构化更新和压缩更新的方法。结构化更新即直接在受限空间内学习，并使用较少数量的变量进行参数更新；压缩更新即学习完整的更新模型后，进行压缩再发送给服务器。在卷积网络和递归网络上进行实验的结果表明，该算法与传统FedAvg算法相比，可实现通信回合次数减少两个数量级，不过其收敛速度略有下降。其他研究者的实验结果表明，所有参与者的梯度稀疏程度共同影响了全局收敛性和通信复杂性。下面介绍随机稀疏、量化、知识蒸馏与联邦蒸馏、低秩与子抽样等基本策略。

3.2.5.1 随机稀疏

随机稀疏是根据预先设定的随机稀疏模式，由稀疏矩阵刻画本地更新的模型。该模式在每一轮中为每个客户端独立重新生成矩阵。研究者将训练算法与本地计算、梯度稀疏相结合，提出更灵活的柔性稀疏法（Flexible Sparsification, Flexible Spar）：对参与方施加误差补偿，本地计算允许在每两个全局模型更新之间，对5G移动设备执行更多的本地计算，从而减少通信回合的总次数；梯度稀疏允许参与者只上传一小部分具有显著特性的梯度，从而减少每一轮的通信有效载荷。在5G移动设备上进行实验，结果发现该方法能耗更低，适用于异质移动设备，在收敛速度和最终精度方面表现出与统一稀疏化（Unifed Sparsification, Unifed Spar）非常相似的性能特征，但二者的最终精度都略低于FedAvg算法，这也反映了模型压缩的缺点：在降低通信开销的前提下，不可避免地牺牲部分精度，最终造成模型性能的下降。

研究者基于非独立同分布、不平衡和小规模batch（批量）的本地数据，提出一种新型稀疏三元压缩（Spatio-Tempora Context，STC）框架，其中STC通过稀疏化、三元化、错误累积和最佳Golomb编码扩展当前的Top-k梯度稀疏化的上行和下行压缩方法，在减少每一通信轮次传输数据量的同时，还可以降低通信频率。然后，其他研究者运用了类似的思想，集成局部计算和梯度稀疏，提出了具有动态批处理大小FT-LSGD-DB（Flexible Top-k Local Stochasti Gradient Descent with Dynamic Batching）算法，在进行性能评估时，同样以FedAvg算法作为基准，并加入了贪婪压缩法（Greedy Sparsification，Greedy Spar）作对比。在CIFAR-10数据集上使用ResNet20模型进行训练时，随着参与方数量更多、参与方异构性水平更高，FT-LSGD-DB算法相较于其他算法节省的能耗更多；而在MNIST数据集上使用LeNet5-Caffe模型进行训练，体现了FT-LSGD-DB算法在节省通信消耗方面的优势，该方法在适应异质移动边缘设备和提高联邦学习边缘的能量效率方面具有很大潜力。

3.2.5.2 量化

量化最初用于数据压缩，对需要数百万参数的深度学习至关重要，它能够显著降低通信成本，但依旧有损模型性能。量化一般分为概率量化与梯度量化。前者是本地更新模型向量化后，对其权重进行量化；后者是将梯度量化成低精度值，以降低通信带宽，应用更为广泛。通过量化本地计算梯度，将梯度量化为低精度值，而非直接上传原始梯度值，能降低每回合通信代价、通信比特数，但这样会降低精度，反而增加总体计算能耗。

最开始提出的量化方案是线性的，但最基本的线性量化方法的性能往往表现得不够好。因此，有研究者以非线性的方式划分空间，提出了一种基于cosine函数的非线性量化方案cos SGD（cosine SCD），不需要误差反馈等额外梯度恢复信息来调整梯度，与之前的线性量化以及低比特压缩方案相比，能够在更新客户端梯度时将数据量压缩至原来的0.1%，极大地节省了通信开销。此外，研究者将能量最小化问题描述为混合整数非线性规划问题，融合无线传输和权重量化，以最小化全局模型的损失函数为目标，应用广义弯曲分解（Generalized Benders Decomposition，GBD）算法，提出不同于5G移动设备的带宽分配和灵活权重量化（Flexible Weight Quantification，FWQ）的压缩策略。在CIFAR-100、CIFAR-10测试集上进行实验，得出灵活权重量化与随机量化（Rand Quantification，Rand Q）、全精度（Full Precision）、统一量化（Unified Quantification，Unified Q）策略相比，在保证精度的前提下，实现了总体计算和通信能耗最小化的目标。同样地，研究者结合多个接入信道（Multiple Access Channel，MAC）技术，提出了MAC感知梯度量化方案：根据各用户梯度信息和底层信道条件，基于MAC的容量区域优化进行参数优化，这种信道感知量化与均匀量化相比，能够更加充分地利用信道，但未来需要与随机稀疏等策略相结合，降低其通信开销，进一步提升性能。

3.2.5.3 知识蒸馏与联邦蒸馏

2015年，Hinton等提出知识蒸馏法（Knowledge Distillation，KD）：先利用大规模数据训练得到一个教师网络，将教师网络的知识迁移到学生网络上，使得学生网络的性能表现和教师网络相似；并以手写数字识别和语音识别为例，验证了知识蒸馏方法的有效性及模型的泛化能力。而后，Jeong等提出了联邦蒸馏（Federated Distillation），其基础是只交换局部模型输出，而非交换传统联邦学习采用的模型参数。这些输出的尺寸通常比模型尺寸小得多，因此可以减少通信消耗。联邦蒸馏与联邦平均有着完全不同的通信轮廓，更适用于异构客户端，同时颇具新颖性，但其基本原理较为复杂。

联邦蒸馏的工作流程如下：①在本地训练期间，每个工作节点存储每个标签的平均logit向量；②每个工作节点定期将其本地平均logit向量上传到参数服务器，并对接收到的其他工作节点的本地平均logit向量进行平均；③每个工作节点从服务器下载构建所有标签的全局平均logit向量；④在基于知识蒸馏的本地训练中，每个工作节点选择其教师网络的logit向量作为全局平均logit向量，标记为与当前训练样本的基本事实（ground-truth）相同的标签。

Sattler等利用知识蒸馏的协同蒸馏（Cooperated Distillation，CD）的关键原理，提出压缩联邦蒸馏方法（Compressed Federated Distillation，CFD），可以将实现固定性能目标所需的累积通信量从8570 MB减少到 0.81 MB，相当于通信量减少至原来的0.009%。目前，联邦蒸馏可以大幅减少通信代价，适用于缺少标签的异质数据、异构模型的场景，但由于方法要求较为苛刻（如当两个网络模型大小相差太大时，知识蒸馏会失效）且交换输出还可能增加用户隐私泄露的风险，联邦蒸馏的收敛性和应用性需要进一步研究。

3.2.5.4 低秩与子抽样

目前主流的压缩方法是随机稀疏和量化，子抽样和低秩等方法研究尚少。其中，子抽样的方法是本地更新模型由其随机子矩阵刻画；低秩是本地更新模型由秩最多是 k 的矩阵刻画，其中 k 小于本地更新模型的秩，与随机稀疏方法类似，低秩中每一通信轮次均为每个客户端独立生成刻画矩阵。研究者基于MAC的自然信号叠加，针对模型聚合问题，提出了一种稀疏和低秩建模方法。

3.3

联邦学习增强隐私安全

3.3.1 隐私安全

为解决联邦学习中存在隐私泄露风险的问题，学术界作了大量研究来增强隐私安全性。根据隐私保护细粒度的不同，联邦学习的隐私安全被分为全局隐私（global privacy）和本地隐私（local privacy），如图3-19所示。全局隐私假定中心服务器是安全可信任的，即中心服务器可以看见每轮通信的模型更新。而本地隐私假定中心服务器同样可能存在恶意行为，因此本地模型更新在上传到中心服务器之前需要进行加密处理。

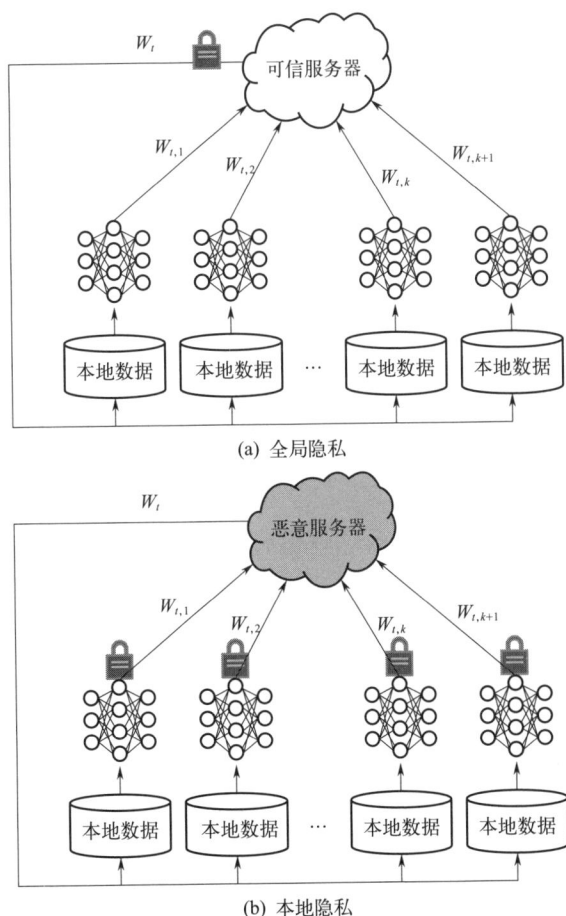

(a) 全局隐私

(b) 本地隐私

图3-19 两种不同的隐私保护方案

3.3.1.1 典型隐私保护技术

现有的隐私保护方案主要通过结合典型的隐私增强技术，如差分隐私、安全多方计算和同态加密等，进一步提升隐私保护能力。这些技术已经被广泛应用于传统机器学习的隐私保护研究中。

1）差分隐私

差分隐私是一种保障数据隐私的随机化算法。设随机化算法A对于两个数据集D和D'，它们之间至多只有一条数据不同。对于任意可能的输出集合S，若算法A满足如下条件：

$$P\left(A(D) \in S\right) \leqslant \mathrm{e}^{\varepsilon} \times P\left(A(D') \in S\right) + \delta \qquad (3\text{-}11)$$

则称该算法A满足（ε，δ）-差分隐私保护。其中，ε是隐私保护预算，代表隐私泄露的风险程度；δ是算法允许的误差，通常为一个很小的常数。研究者Dwork等于2006年提出了差分隐私的概念，并通过严格的数学推导给出了其安全性证明。差分隐私算法的噪声机制通常分为三种类型：指数噪声、Laplace噪声和高斯噪声。其中，指数噪声主要用于处理离散数据集，Laplace噪声和高斯噪声主要用于处理连续数据集。

2）安全多方计算

假设有n个参与方P_1，P_2，$\cdots$，P_n，每个参与方拥有自己的敏感数据m_1，m_2，$\cdots$，m_n。这些参与方在不泄露各自输入数据的前提下，能够共同执行一个协议函数$f(m_1$，m_2，$\cdots$，$m_n)$。安全多方计算的研究重点是在没有可信第三方的情况下，参与方如何安全地计算这个约束函数。1983年，姚期智提出了安全多方计算的概念，并通过混淆电路、不经意传输、秘密分享等技术实现了多方共同运算，确保各方数据的安全性。

3）同态加密

同态加密是一种能够直接对密文数据进行运算的加密方式。设有明文数据d_1，d_2，$\cdots$，d_n，这些数据对应的加密结果为m_1，m_2，$\cdots$，m_n。若加密算法满足以下条件：

$$\mathrm{Enc}\left(f(d_1, d_2, \cdots, d_n)\right) = f\left(\mathrm{Enc}(d_1), \mathrm{Enc}(d_2), \cdots, \mathrm{Enc}(d_n)\right) \qquad (3\text{-}12)$$

则称该加密算法满足同态加密。也就是说，同态加密允许对密文直接进行运算，运算结果在解密后与直接对明文运算的结果一致。研究者Rivest等在1978年提出了同态加密的概念。同态加密分为全同态加密和部分同态加密，部分同态加密又可分为乘法同态和加法同态。详细介绍如1.7.1.2节中所述。

3.3.1.2 全局隐私

在全局隐私中，假设存在一个受信任的服务器，外部攻击者可能是恶意客户端、分析师、使用学习模型的设备或它们的任何组合。恶意客户端可以从中心服务器接收到它们参与轮的所有模型迭代信息，分析师可以在不同的训练轮中使用不同的超参数来研究模型迭代信息。因此，对中间迭代过程和最终模型进行严格的加密保护十分重要。在联邦学习进程中，恶意客户端能够通过对分布式模型的分析，获得客户端在训练过程中的贡献及数据集信息。研究者提出一种针对客户端的差分隐私保护联邦优化算法，实现了对模型训练期间客户端贡献的隐藏，在有足够多客户端参与的情况下，能够以较小的模型性能成本来达到用户级差分隐私。另有研究者同样使用差分隐私加密全局模型更新，证明了如果参与联邦学习的客户端数量足够多，对模型更新信息的加密就会以增加计算量为代价而不会降低模型精度。还有研究者利用差分隐私技术，通过限制潜在对手的能力，在提供同等隐私保护程度的同时保证了更好的模型性能。但是，上述方案中都存在许多影响通信效率和精度的超参数，用户必须谨慎选择才能达到预期效果。其他研究者针对这个缺点提出自适应梯度裁剪策略，对特定层添加不同的噪声，同时对迭代差分隐私机制应用自适应分数裁剪，有效解决了差分隐私算法中超参数过多的问题。

3.3.1.3 本地隐私

针对不可信服务器和恶意攻击者反演攻击的问题，结合传统的安全多方计算和同态加密等技术，能实现模型信息的无损解密，但大大增加了通信成本与计算开销。

有研究者提出安全聚合（Secure Aggregation）模型，结合秘密分享等技术使服务器无法解密单一客户端的梯度信息，仅能执行聚合操作得到全局模型，从而实现对恶意服务器的信息隐藏。也有研究者在此工作基础上做了通信效率的改进，引入非交互式成对密钥交互（Non-Interactive Key Exchange，NIKE）计算技术，在离线阶段计算主密钥的同时，限定用户最多与 L 个邻居进行掩码操作，从而有效减少了秘密分享的时间开销。研究者将秘密分享与同态加密应用于通信效率算法（TernGrad），解决了隐私泄露问题，但大幅提升了框架的通信和计算开销。更有研究者通过改进 BGV 同态加密算法，消除了密钥交互操作并增加了纯文本空间，提供后量子安全性的同时避免了交互密钥导致的通信负担。

在纵向联邦学习场景中，各部门进行训练数据对齐时可能造成标签信息和私有数据的泄露。研究者通过改进 XGBoost 树模型提出 SecureBoost 算法，其利用 RSA 和哈希函数实现各方数据的共有样本 ID 对齐，同时使用加法同态加密保护各方交互的标签信息和梯度直方图信息，最终实现了与不添加隐私保护的联邦学习相同的模型精度。也有研究者基于深度神经网络模型进行同态加密的思想为联邦学习提供了新方向。

另一个研究热点是联邦学习与差分隐私的融合，由于差分隐私不增加客户端通信成本，因此被广泛应用于模型更新的隐私保护。学术界的研究主要致力于在保护隐私信息的前提下，尽可能地减少噪声对模型训练的影响，进而提升模型性能。有研究者提出一种自适应隐私保护的APFL方案，通过分析数据集的特征向量x_i对输出模型的影响，为不同贡献的特征向量分配不同的隐私预算ε，同时减少贡献较少的数据集的噪声，在实现严格差分隐私的同时高效保证了全局模型精度与性能。也有研究者针对客户端之间的不平衡数据提出DP-FL框架，其根据每个用户的数据量设置不同的差分隐私预算ε，设计具有自适应梯度下降算法的差分隐私专用卷积神经网络来更新每个用户的训练参数，结果证明相较于传统的联邦学习框架，该方案在不平衡数据集中表现较好。更有研究者对差分隐私与联邦学习的结合做了深入的分析，证明存在最优的K值（$1 \leq K \leq$ 总客户端数N），可以在固定的隐私保护级别上实现最佳的收敛性能。研究者从通信效率和隐私保护的结合出发，结合本地差分隐私，为物联网终端低算力设备提供了平衡资源消耗和隐私保护的框架。

但是，上述方案主要致力于解决服务器不可信的问题，没有考虑服务器是否正确执行指定聚合操作，恶意服务器很有可能会回传虚假全局模型，蓄意破坏特定客户端对全局模型的使用。针对这类信任问题，有研究者提出具有隐私保护和模型可验证的联邦学习框架VerifyNet，通过双掩码协议保证客户端本地梯度的保密性，同时将中心服务器欺骗客户端的难度转移到解NP-hard数学难题上，保证了全局模型的完整性和正确性。

随着联邦学习在移动边缘计算和物联网中的广泛应用，其存在的安全与隐私问题开始受到关注。研究者提出了一种差分隐私异步联邦学习（DPAFL）方案，通过将本地差分隐私引入到联邦学习中，在本地模型的SGD更新中加入高斯噪声以保护隐私性，同时开发了一个新的异步联邦学习架构，它利用分布式的点对点更新方案，而不是集中式更新，以减轻集中式服务器带来的单点安全威胁，更适用于移动边缘计算环境。后来，也有研究者将这种方案应用于车载网络物理系统，解决车辆物联网环境下敏感数据泄露的问题。更有研究者在异构物联网环境中使用联邦学习，结合差分隐私保护用户隐私，提出一种对用户设备异质性具有鲁棒性的联邦学习算法。

3.3.2　模型更新检测

对于模型更新的异常检测同样是确保训练过程安全的重要方式，研究者通过客户端的本地模型发起中毒攻击使全局模型具有较大的测试错误率，并对4种拜占庭鲁棒性联邦学习框架进行了攻击研究，证明了联邦学习对局部模型中毒防御的必要性。在联邦学习环境中，通常有数以万计的设备参与训练，如果服务器无法及时检测恶意客户端，很容易造成全局模型被污染甚至出现隐私泄露问题。也有研究者提出基于检测的算法，通过一个预先训练的自动编码器神经网络来检测异常的客户行为，并消除其负面影响，给出各客户端信用评分并拒绝恶意客户端的连接。研究者通过在服务器端部署GAN，通过客户端模型参数生成审计数据集，并利用该数据集检查参与者模型的准确性，确定是否存在中毒攻击。实验证明，该方法相比于传统的模型反演方法，生成的审计数据集质量更高。但是，上述提出的检测算法需要消耗服务器大量的算力来审核客户端本地模型，这导致在全诚实客户端参与的联邦学习中，资源遭到极大的浪费。

对此，为减少算力消耗，有研究者通过经典的RONI中毒攻击检测算法，通过比较数据库中有没有相似的本地模型更新效果来判断是否中毒，然后给出客户端信誉分以供任务发布者选择信誉分高的客户端参与训练，进而排除恶意客户端攻击的可能。研究者将这种比较放在本地模型与上一轮全局模型上，通过比较本地模型更新与全局模型更新向量方向的相似性，判断客户端是否存在恶意。研究者基于受信任的执行环境，设计了训练完整性协议，用于检测不诚实的行为，如篡改本地训练模型和延迟本地训练进程，实验证明该方案具有训练完整性与实用性。

第 4 章

联邦学习中
激励机制设计

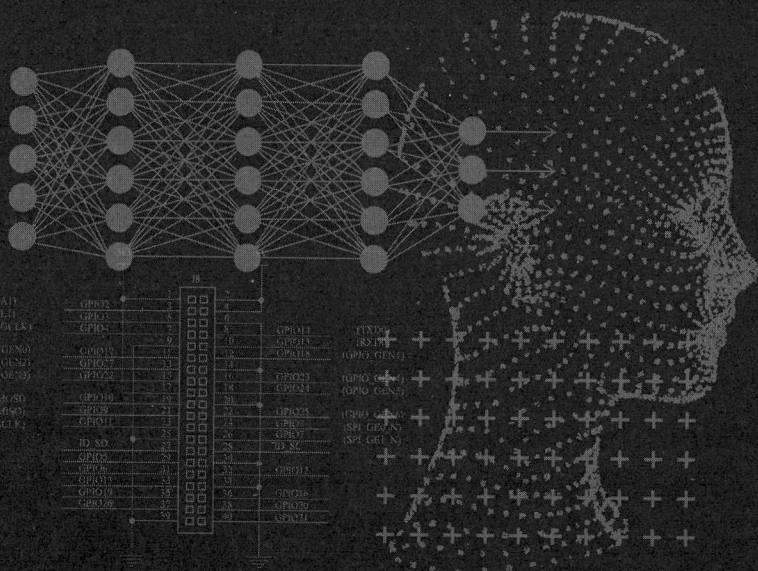

4.1
联邦学习中引入激励机制的必要性

早期无线网络主要关注设计高效的资源分配算法来提高系统的吞吐效率，而这种方法带来的系统性能增益有限。然而随着无线网络中资源共享和复用的概念逐渐得到重视，一些新型的网络架构和技术也被提出，如D2D网络、非正交多址（NOMA）接入。基于这些新型网络和技术，人们逐渐认识到网络中经济分析的重要性。一方面，参与这些网络的移动用户（MU）如果没有奖励，可能不愿意分享他们的资源，因为这不可避免地会带来能源消耗，增加通信、计算资源的使用成本。另一方面，由于移动用户通常是智能且自私的，他们可能会策略性地来最大化自己的利益，从网络管理角度来看应当阻止这样的行为发生。因此，激励机制设计可能是规范移动用户行为的最佳方式。

类似的，联邦学习需要大量的终端，如移动用户、IoT设备等，去合作训练一个全局模型。而训练过程需要消耗终端自己的资源，因此如果没有合适的激励机制，这些终端是不会主动地加入到联邦学习中的。总之，在联邦学习中设计合适的激励机制显得非常重要且十分有必要。

4.2
激励机制简介

4.2.1 激励机制基本概念

激励机制设计属于博弈理论的一种，其主要目的是设计出一种可以规范参与者行为的准则，以达到设计者的目标。一般而言，激励机制应该包含以下几个基本要素：

- 玩家 $i \in N$，集合大小记为 $|N|$，以及他们的私有信息记为 $b_i \in \mathcal{B}_i$；
- 决策空间 $\mathcal{S} = \mathcal{S}_1 \times \mathcal{S}_2 \times \cdots \times \mathcal{S}_N$，其中玩家 i 选择决策 $s_i(b_i) \in \mathcal{S}_i$；
- 效益函数 $u_i(s_i(b_i), s_{-i}(b_{-i}))$，表示玩家 i 选择决策 $s_i(b_i)$ 能够获得的收益，$s_{-i}(b_{-i})$ 表示除了玩家 i 以外所有玩家决策的集合。

为了数学表达方便，在本章中将用 $u_i(b_i, b_{-i})$ 直接表示 $u_i(s_i(b_i), s_{-i}(b_{-i}))$。

拍卖理论也经常被称作激励机制设计的一种，是用于联邦学习中设计激励机制的主要手段之一。因此，在本章中拍卖机制设计也被称为激励机制设计，这两个概念可以相互混用。"拍卖"一词来源于拉丁语"augeo"，意为价格上涨。一般来说，拍卖由两个主要组成部分构成，也就是分配规则（allocation rule），即 $\mathcal{A}$，以及支付规则（定价策略），即 $\mathcal{P}$。接下来，将介绍拍卖中的一些基本术语和定义。

· 拍卖者：拍卖者是实施拍卖中分配和支付规则的中介代理。在联邦学习中，拍卖者通常是基站（Base Station，BS）。

· 卖方：卖方提供物品出售。在联邦学习中，这些物品可能是计算资源、本地训练精度等。

· 买方：买方希望在经济市场中获取物品。在联邦学习中买方经常是模型拥有者。

· 竞拍者：竞拍者是希望从卖方（向买方）购买（出售）物品的买方（卖方）。在本章中，竞拍者也被称为请求者或移动用户（MU）。

· 竞价：竞价通常包括竞拍者愿意支付的最高价格及其对应的需求。需要注意的是，在本章中，竞价一词有时被称为请求。一般而言，在拍卖过程中，卖方需要发布竞价，拍卖的赢家和所获得的奖励是由所设计的分配规则和支付规则来决定的。

4.2.2　激励机制常见评价指标

本小节将介绍激励机制需要满足的一些性质和常见的评价指标，包括激励相容性、个人理智性、预算平衡性、竞争比。

（1）激励机制是相容的（Incentive Compatibility，IC），也就是对于任何类型 $b_i = v_i$，无论其他玩家的类型如何，该策略都是主导策略，即需要满足

$$u_i(b_i, b_{-i}) \geqslant u_i(b_i', b_{-i}), \quad \forall\, b_i, b_i' \in \mathcal{B}_i;\ \ \forall b_{-i} \in \mathcal{B}_{-i} \tag{4-1}$$

其中，v_i 是玩家 i 的真实报价信息。激励相容性保证了不管其他玩家的报价如何，对于任意一个玩家，当其报告真实价格时所获得的收益总是不小于报告其他类型的收益。这就保证了每一个玩家将会通过报告真实价格来获得最大的收益。

（2）激励机制满足个人理智性（Individual Rationality，IR），也就是每一个玩家所获得的收益不小于零，即

$$u_i(b_i, b_{-i}) \geqslant 0, \quad \forall i \tag{4-2}$$

个人理智性保证了如果玩家参与拍卖，其所获得的收益一定不小于零。

（3）如果玩家所付的总价不超过自己的总预算，那么激励机制是预算平衡的，即

$$\sum_i p_i \leqslant B_i,\ \forall i \tag{4-3}$$

式中，p_i是玩家i支付给卖家的价格；B_i表示玩家i的总预算。

（4）收入（Revenue）被定义为所有支付总价之和，其数学上可以表示为

$$\sum p_i \tag{4-4}$$

在激励机制设计中，收入最大化也经常作为目标函数，因为它能够代表卖方所能够取得的收益。而有时需要关心整个系统所获得的额外收益，社会福利也经常被采用作为目标函数。

（5）社会福利（Social Welfare，SW）被定义为所有玩家所获得的收益之和。当买家和卖家把支付的价格相消后，在拍卖中社会福利数学上可以表示成

$$\sum_i v_i x_i \tag{4-5}$$

（6）对于最小化（或最大化）在线算法 $\mathcal{F}$，若其满足：

$$\mathcal{F}(I) \leqslant \alpha \text{OPT}_{\{\text{offline}\}}(I)，或者 \mathcal{F}(I) \geqslant \alpha \text{OPT}_{\{\text{offline}\}}(I) \tag{4-6}$$

则称算法 $\mathcal{F}$ 具有α-竞争比（Competitive Ratio，CR）。式中，$\alpha \geqslant 1$ 是常数，被称为竞争比；$\mathcal{F}(I)$ 表示目标函数值；$\text{OPT}_{\{\text{offline}\}}(I)$ 表示输入为I状态下目标函数的最优值。

值得注意的是，竞争比分析是描述算法在最坏情况下的性能，而实际中所得到的系统目标值要远远优于竞争比分析下的目标值。这是因为实际中系统的输入往往局限在某一个可行的空间范围内，而竞争比分析则考虑了各种可能的输入情况。

4.3
联邦学习中激励机制设计类别

4.3.1　同步联邦学习激励机制

同步联邦学习的激励机制设计主要采用两种建模方式进行分析：第一种是按模型训练轮数进行分析，本章称其为按轮建模（Round by Round）；第二种是从全局模型训练的角度进行建模，被称为全局建模。如图4-1所示，按轮建模只考虑本轮性能的最优化，包括计算资源、通信资源、以及所考虑的目标函数，而可能会忽略掉全局的训练精度问题。全局建模方式则需要考虑整个模型训练过程中的最优性，而不是某一轮训练中的最优性。因此相比于按轮建模，全局建模将会使得系统模型显得更为复杂，求解过程也变得比较困难。

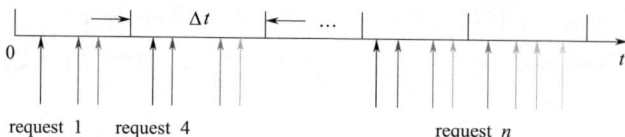

图4-1　同步联邦学习激励机制按轮建模

同步联邦学习广泛应用在手写键盘识别、自动驾驶以及"Hey Siri"人声分类器等方面，虽然同步联邦学习具有操作方便、易于实施和管理、实现简单等众多优点，但是同步联邦学习存在掉队者效应（Straggler Effect）的问题。掉队者效应是指由于通信网络条件的差异、终端设备的异构（包括计算资源异构、存储能力差异以及参与学习时间的异步性），导致同步联邦学习中，有些终端用户能力较强，很早提交了局部模型，而有些终端将会一直无法提交自己训练的局部模型。为了解决这个问题，异步联邦学习就逐渐被提出来。

4.3.2　异步联邦学习激励机制

异步联邦学习允许终端设备不同时参与联邦学习。当终端设备发起参与联邦学习请求（request）后，联邦学习平台将会给该终端设备发送最新的全局模型，同时如果某一时刻有终端设备向平台上传了训练好的模型，联邦学习平台也会单独地将上传的模型与当前全局模型进行聚合，而不需要等待其他终端设备提交模型。如图4-2所示，异步联邦学习的详细步骤可以总结如下：

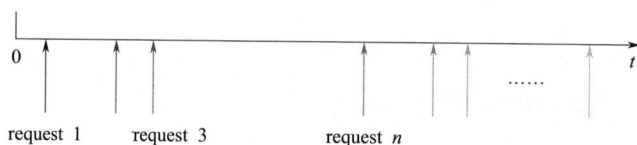

图4-2　异步联邦学习建模

· 终端设备 i 提交参与联邦学习请求；
· 联邦学习平台将发送当前最新全局模型给该终端设备 i；
· 设备 i 接收到全局模型后，利用自身数据和计算资源对模型进行训练；
· 在前面三个步骤过程中，如果有终端用户上传训练好的模型，联邦学习平台将利用设计好的聚合算法实现对当前全局模型的更新；
· 整个过程一直进行，直到全局模型精度达到要求或者超过总的训练时间。

值得注意的是，对于同步联邦学习而言，设计的激励机制基本是线下的，而对于异步联邦学习而言，通过上面的分析可以看到，所设计的激励机制必须是线上的。这是因为异步联邦学习需要及时地对终端设备的请求接入做出处理。本章通过调查发现目前大部分联邦学习激励机制设计工作都集中在同步联邦学习上，采用的方法基本是拍卖理论、合同理论、博弈论等，而极少有研究对于异步联邦学习激励机制进行探讨。下一节将详细介绍如何在异步联邦学习中设计在线的激励机制。

4.4
设计案例分析：异步联邦学习在线激励机制设计

4.4.1 系统建模与问题表述

本小节首先描述所考虑的异步联邦学习系统模型，包括终端用户与中央控制器（联邦学习平台）之间的交互，然后将这一过程通过数学建模转化为一个激励机制设计问题。

4.4.1.1 网络架构

如图4-3所示是一个支持异步联邦学习的5G边缘计算网络。该系统由多个移动

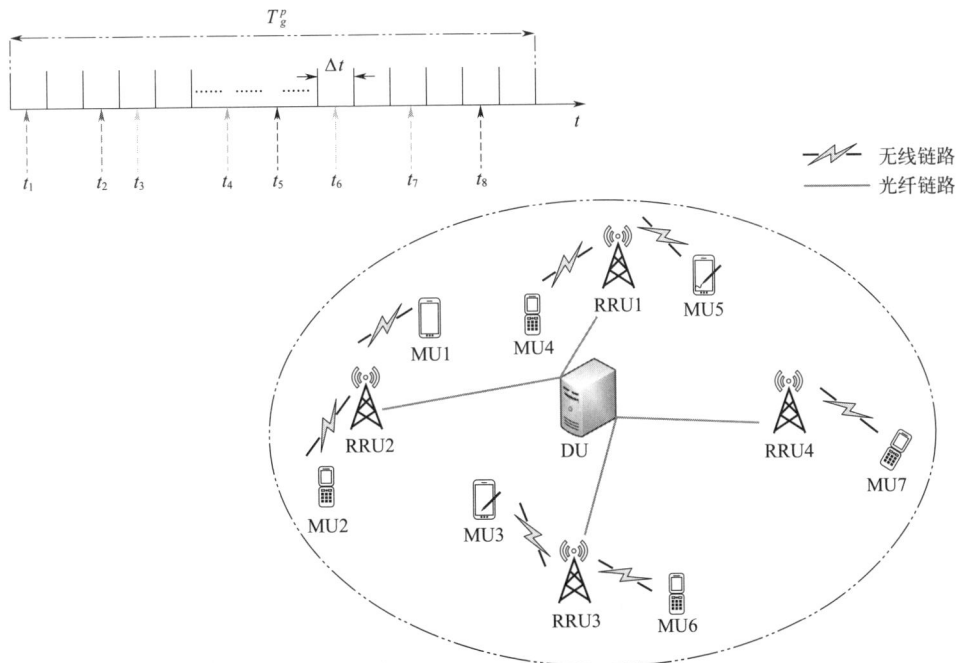

图4-3 5G边缘计算网络下异步联邦学习系统模型

用户（Mobile Users，MU），记为 $m \in \mathcal{M}$，多个远程无线单元（Remote Radio Units，RRU），记为 $r \in \mathcal{R}$，以及一个分布式单元（Distributed Unit，DU）组成。MU具有强大的计算能力，并通过RRU接入网络，而DU作为中央控制器协调整个学习过程。每个RRU通过光纤连接到DU，因此它们之间的传输时间可以忽略不计。每个移动用户 m 存储一个本地数据集 $\mathcal{D}_m$，数据集的大小记为 D_m。对于每个数据集 $\mathcal{D}_m = \{x_{ml}, \ y_{ml}\}_{l=1}^{D_m}$，$x_{ml}$ 是移动用户 m 的输入，y_{ml} 是相应的标签数据。需要注意的是，联邦学习的重要特征之一是移动用户的数量应该足够大，与DU的平均训练数据量相当。

在异步联邦学习中，来自多个用户的参与模型训练的请求是即时到达的，数据分布单元在接收到某个用户训练好的本地模型后进行模型聚合。需要注意的是，每个用户可以在不同的时间点提交多个请求。例如，图4-3中，用户5在时间点 t_5 和 t_8 分别提交了两个请求。因此，假设集合 $\mathcal{M}$ 中的每个用户 m 总共提交 n_m 个模型训练请求，但它们的到达时间和 n_m 对于DU来说是事先未知的。因此，总共有 $|\mathcal{U}| = \sum_{m \in \mathcal{M}} n_m$ 个请求由 $|\mathcal{M}|$ 个用户提交，这些请求按照 $\mathcal{U} = \{1, \ 2, \ 3, \ \cdots, \ i, \ \cdots\}$ 的顺序排列，假设到达时间事先已知。这里用 i 表示第 i 个请求由某一个用户提交。使用用户本地数据集进行模型训练的过程被称为本地模型训练，而DU上学习模型聚合的过程称为全局模型更新。

4.4.1.2　异步联邦学习模型

定义参数 z 与全局联邦学习模型 $\mathcal{G}$ 相关联，$F_i(z, \ x_{il}, \ y_{il}, \ \cdots, \ x_{iD_i}, \ y_{iD_i})$ 是请求者 i 的损失函数。为了符号上的方便，我们使用 $F_i(z)$ 来表示 $F_i(z, \ x_{il}, \ y_{il}, \ \cdots, \ x_{iD_i}, \ y_{iD_i})$。因此，一个联邦学习问题是要最小化以下全局损失函数

$$\min_z F(z) = \sum_{i \in \mathcal{U}} \frac{D_i}{D} F_i(z) \tag{4-7}$$

式中，$D = \sum_{m \in \mathcal{M}} n_m D_m$ 是总训练数据量。为了以异步方式解决上述问题，这里采用基于过期度（staleness）的异步联邦学习，下面详细描述训练过程。

（1）MU上的本地模型训练。定义 $z^{(t)}$ 为 t 时刻全局模型参数，假设请求者 i 在时间点 t 请求参与联邦学习，则有 $z_{\tau_i,0}^{(i)} = z^{(t)}$，其中 $\tau_i = t$ 是请求者 i 的时间戳，第二个下标0表示请求者 i 训练本地模型的迭代次数。在联邦学习中，MU需要解决以下问题：

$$\min_z G_{i,z_{\tau_i,0}^{(i)}}(z) = F_i(z) + \frac{\rho}{2}\left\|z - z_{\tau_i,0}^{(i)}\right\|^2 \tag{4-8}$$

式中，$\rho \geqslant 0$ 是一个常数值。注意，式(4-8)中的本地优化问题仅依赖于本地数据和当前全局模型。一旦本地训练收敛，结果将被传输到DU进行全局模型聚合。

为了解决式(4-8)中的优化问题，可以使用以下梯度下降方法。

假设 N_i^ℓ 是请求者 i 想要训练本地模型的迭代次数，有 ϵ_i 与 N_i^ℓ 之间的关系如下：

$$N_i^\ell = v_i \ln \frac{1}{\epsilon_i} \qquad (4\text{-}9)$$

式中，v_i 是正数，与训练目标函数有关。此外，对于任意请求者 i，假设 $N_{\min}^\ell \leqslant N_i^\ell \leqslant N_{\max}^\ell$，其中 $N_{\min}^\ell$ 和 $N_{\max}^\ell$ 分别代表最坏和最好情况下本地模型训练所需要的迭代次数。

（2）DU上的全局模型更新。如果一个本地新模型（$z_{\tau_i,\text{new}}^{(i)} = z_{\tau_i,N_i^\ell}^{(i)}$）在 t 时刻被 DU 接收了，其将会立刻采用如下方式更新全局模型：

$$\alpha_t = \alpha \times s(t - \tau_i), \quad z^{(i)} = (1 - \alpha_t)z^{(t)} + \alpha_t z_{\tau_i,\text{new}}^{(i)} \qquad (4\text{-}10)$$

$$z^{(t)} = z^{(i)} \qquad (4\text{-}11)$$

式中，$s(\bullet)$ 是陈腐性函数，它能够衡量请求者 i 对全局模型的贡献度；α 是混合超参数。在异步联邦学习中，因为 DU 会不断地接收 MU 上传的模型来更新全局模型，使得全局模型能够达到一定的训练精度 ϵ_g^p，也就是需要满足：

$$F(z_{\tau_i}^{(i)}) - F(z^*) \leqslant \epsilon_g^p \qquad (4\text{-}12)$$

式中，z^* 代表全局模型的最优解。

定理4-1　当参与的请求者数量满足如下条件时，异步联邦学习算法可以实现全局模型训练的精度达到 ϵ_g^p。

$$N^g \geqslant \frac{C_g \ln \dfrac{1}{\epsilon_g^p - \xi_0}}{N_{\min}^\ell} \qquad (4\text{-}13)$$

其中，$C_g = \dfrac{1}{\alpha\beta\theta\gamma}$，$\xi_0 = \alpha\beta^2$。证明过程如下。

在证明定理之前，需要证明 $\|\nabla F_i(z)\|^2 \leqslant R_1$ 和 $\|\nabla G_{i,z_x}\|^2 \leqslant R_2$。由于函数 $F_i(z)$ 是 L-利普西茨光滑，因此很容易推断出函数 $G_{i,z_x}(z)$ 是 $(L+\rho)$-利普西茨光滑。此外，由于模型参数 z 与最优值 z^* 之间的马氏距离将会越变越小，因此马氏距离的最大值应该在模型参数初始点 z_0，记为 $\|z_0 - z^*\|^2 = P_0$。根据拉格朗日中值定理，存在一个 $\hat{z}$ 使得

$$\nabla F_i(z) - \nabla F_i(z^*) = \nabla^2 F_i(\hat{z})(z - z^*)$$
$$\nabla G_{i,z_x}(z) - \nabla G_{i,z_x}(z^*) = \nabla^2 G_{i,z_x}(\hat{z})(z - z_x) \qquad (4\text{-}14)$$

进一步可以得到

$$\left\|\nabla F_i(z) - \nabla F_i(z^*)\right\|^2 \leqslant \left\|\nabla^2 F_i(\hat{z})\right\|^2 \left\|(z - z^*)\right\|^2 \leqslant L^2 P_0 \triangleq R_1 \qquad (4\text{-}15)$$

考虑到 $\nabla F_i(z^*) = 0$，因此有 $\left\|\nabla F_i(z)\right\|^2 \leqslant R_1$。对于任意给定的 z_x，有

$$
\left\|\nabla G_{i,z_x}(z)\right\|^2 - \left\|\nabla G_{i,z_x}(z^*)\right\|^2
$$

$$
\leqslant \left\|\nabla G_{i,z_x}(z) - \nabla G_{i,z_x}(z^*)\right\|^2 \leqslant \left\|\nabla^2 G_{i,z_x}(\hat{z})\right\|^2 \left\|(z - z_x)\right\|^2
$$

$$
\Rightarrow \left\|\nabla G_{i,z_x}(z)\right\|^2 \leqslant (L+\rho)^2 P_0 + \rho^2 \left\|z_x - z^*\right\|^2 \tag{4-16}
$$

$$
\leqslant (L+\rho)^2 P_0 + \rho^2 P_0 = \left[(L+\rho)^2 + \rho^2\right] P_0 \triangleq R_2
$$

此外，总可以选择足够大的 ρ，对于 $z_{\tau_i,n-1}^{(i)}$ 和 $z_{\tau_i,0}^{(i)}$ 满足

$$
\rho^2 \left\|z_{\tau_i,n-1}^{(i)} - z_{\tau_i,0}^{(i)}\right\|^2 - \frac{\rho}{2}\left\|z_{\tau_i,n-1}^{(i)} - z_{\tau_i,0}^{(i)}\right\|^2 - (1+2\rho+\theta)V_1 \geqslant 0 \tag{4-17}
$$

其中，$\theta(0 \leqslant \theta \leqslant 1)$ 是提前确定的参数。因此，对于任意请求者 i，在第 n 次本地模型训练时，有

$$
F(z_{\tau_i,n}^{(i)}) - F(z^*) \leqslant G_{z_{\tau_i,0}^{(i)}}(z_{\tau_i,n}^{(i)}) - F(z^*)
$$

$$
\leqslant G_{z_{\tau_i,0}^{(i)}}(z_{\tau_i,n-1}^{(i)}) + \frac{L\beta^2}{2}\left\|\nabla G_{i,z_{\tau_i,0}^{(i)}}(z_{\tau_i,n-1}^{(i)})\right\|^2 - F(z^*) - \beta(\nabla G_{z_{\tau_i,0}^{(i)}}(z_{\tau_i,n-1}^{(i)}))^{\mathrm{T}}\nabla G_{i,z_{\tau_i,0}^{(i)}}(z_{\tau_i,n-1}^{(i)})
$$

$$
\leqslant F(z_{\tau_i,n-1}^{(i)}) - F(z^*) - \beta(\nabla G_{z_{\tau_i,0}^{(i)}}(z_{\tau_i,n-1}^{(i)}))^{\mathrm{T}}\nabla G_{i,z_{\tau_i,0}^{(i)}}(z_{\tau_i,n-1}^{(i)}) + \beta^2 O(\rho N_{\max}^{\ell} R_2)
$$

$$
\tag{4-18}
$$

以上不等式成立是因为

$$
\left\|z_{\tau_i,n-1}^{(i)} - z_{\tau_i,0}^{(i)}\right\|^2 \leqslant \left\|z_{\tau_i,0}^{(i)} - z_{\tau_i,0}^{(i)}\right\|^2 + \left\|z_{\tau_i,0}^{(i)} - z_{\tau_i,1}^{(i)}\right\|^2 + \cdots + \left\|z_{\tau_i,n-2}^{(i)} - z_{\tau_i,n-1}^{(i)}\right\|^2 \leqslant \mathcal{O}(\beta^2 N_{\max}^{\ell} R_2)
$$

和

$$
\frac{\rho}{2}\mathcal{O}(\beta^2 N_{\max}^{\ell} R_2) + \frac{L\beta^2}{2}\mathcal{O}(R_2) = \beta^2 \mathcal{O}(\rho N_{\max}^{\ell} R_2)
$$

进一步可以得到

$$
(\nabla G_{z_{\tau_i,0}^{(i)}}(z_{\tau_i,n-1}^{(i)}))^{\mathrm{T}}\nabla G_{i,z_{\tau_i,0}^{(i)}}(z_{\tau_i,n-1}^{(i)}) - \theta\left\|\nabla F(z_{\tau_{i-1}}^{(i-1)})\right\|^2
$$

$$
= (\nabla F(z_{\tau_i,n-1}^{(i)}) + \rho(z_{\tau_i,n-1}^{(i)} - z_{\tau_i,0}^{(i)}))^{\mathrm{T}}(\nabla F_i(z_{\tau_i,n-1}^{(i)}) + \rho(z_{\tau_i,n-1}^{(i)} - z_{\tau_i,0}^{(i)})) - \theta\left\|\nabla F(z_{\tau_{i-1}}^{(i-1)})\right\|^2
$$

$$
\geqslant -\frac{1}{2}\left\|\nabla F(z_{\tau_i,n-1}^{(i)})\right\|^2 - \frac{1}{2}\left\|\nabla F_i(z_{\tau_i,n-1}^{(i)})\right\|^2
$$

$$
-\frac{\rho}{2}\left\|\nabla F(z_{\tau_i,n-1}^{(i)}) + \nabla F_i(z_{\tau_i,n-1}^{(i)})\right\|^2 - \theta\left\|\nabla F(z_{\tau_{i-1}}^{(i-1)})\right\|^2
$$

$$
-\frac{\rho}{2}\left\|z_{\tau_i,n-1}^{(i)} - z_{\tau_i,0}^{(i)}\right\|^2 + \rho^2 \left\|z_{\tau_i,n-1}^{(i)} - z_{\tau_i,0}^{(i)}\right\|^2
$$

$$
\geqslant -\frac{1}{2}\left\|\nabla F(z_{\tau_i,n-1}^{(i)})\right\|^2 - \frac{1}{2}\left\|\nabla F_i(z_{\tau_i,n-1}^{(i)})\right\|^2 - \rho\left\|\nabla F(z_{\tau_i,n-1}^{(i)})\right\|^2
$$

$$
-\rho\left\|\nabla F_i(z_{\tau_{i-1}}^{(i-1)})\right\|^2 - \theta\left\|\nabla F(z_{\tau_{i-1}}^{(i-1)})\right\|^2
$$

$$-\frac{\rho}{2}\left\|\boldsymbol{z}_{\tau_i,n-1}^{(i)}-\boldsymbol{z}_{\tau_i,0}^{(i)}\right\|^2+\rho^2\left\|\boldsymbol{z}_{\tau_i,n-1}^{(i)}-\boldsymbol{z}_{\tau_i,0}^{(i)}\right\|^2 \tag{4-19}$$

$$=-(1+2\rho+\theta)R_1+\rho^2\left\|\boldsymbol{z}_{\tau_i,n-1}^{(i)}-\boldsymbol{z}_{\tau_i,0}^{(i)}\right\|^2-\frac{\rho}{2}\left\|\boldsymbol{z}_{\tau_i,n-1}^{(i)}-\boldsymbol{z}_{\tau_i,0}^{(i)}\right\|^2\geqslant0$$

其中，式(4-19)中第一个不等式成立是由于 $\boldsymbol{a}^{\mathrm{T}}\boldsymbol{b}\geqslant-\frac{1}{2}\left(\|\boldsymbol{a}\|^2+\|\boldsymbol{b}\|^2\right)$，而第二个不等式成立是因为 $\|\boldsymbol{a}+\boldsymbol{b}\|^2\leqslant\|\boldsymbol{a}\|^2+\|\boldsymbol{b}\|^2$。根据式(4-18)和式(4-19)，可以进一步得到

$$F(\boldsymbol{z}_{\tau_i,n}^{(i)})-F(\boldsymbol{z}^*)\leqslant F(\boldsymbol{z}_{\tau_i,n-1}^{(i)})-F(\boldsymbol{z}^*)-\beta\theta\left\|\nabla F(\boldsymbol{z}_{\tau_i}^{(i-1)})\right\|^2+\beta^2\mathcal{O}(\rho N_{\max}^\ell R_2) \tag{4-20}$$

假设本地迭代次数是 1，2，$\cdots$，N_i^ℓ，因此有

$$F(\boldsymbol{z}_{\tau_i,N_i^\ell}^{(i)})-F(\boldsymbol{z}_{\tau_i,0}^{(i)})\leqslant-\beta\theta\sum_{n=1}^{N_i^\ell}\left\|\nabla F(\boldsymbol{z}_{\tau_i}^{(i-1)})\right\|^2+\beta^2\mathcal{O}(\rho (N_{\max}^\ell)^2 R_2) \tag{4-21}$$

通过以上不等式，进一步有

$$\begin{aligned}
F(\boldsymbol{z}_{\tau_i}^{(i)})-F(\boldsymbol{z}_{\tau_{i-1}}^{(i-1)})&\leqslant G_{\boldsymbol{z}_{\tau_i}^{(i-1)}}(\boldsymbol{z}_{\tau_i}^{(i)})-F(\boldsymbol{z}_{\tau_{i-1}}^{(i-1)})\\
&\leqslant(1-\alpha)G_{\boldsymbol{z}_{\tau_i}^{(i-1)}}(\boldsymbol{z}_{\tau_{i-1}}^{(i-1)})+\alpha G_{\boldsymbol{z}_{\tau_i}^{(i-1)}}(\boldsymbol{z}_{\tau_i,N_i^\ell}^{(i)})-F(\boldsymbol{z}_{\tau_{i-1}}^{(i-1)})\\
&=\alpha(F(\boldsymbol{z}_{\tau_i,N_i^\ell}^{(i)})-F(\boldsymbol{z}_{\tau_{i-1}}^{(i-1)}))+\frac{\alpha\rho}{2}\left\|\boldsymbol{z}_{\tau_i,N_i^\ell}^{(i)}-\boldsymbol{z}_{\tau_{i-1}}^{(i-1)}\right\|^2\\
&\leqslant\alpha(F(\boldsymbol{z}_{\tau_i,N_i^\ell}^{(i)})-F(\boldsymbol{z}_{\tau_{i-1}}^{(i-1)}))+\alpha\rho\beta^2 N_{\max}^\ell\mathcal{O}(R_2)\\
&\leqslant\alpha(F(\boldsymbol{z}_{\tau_i,N_i^\ell}^{(i)})-F(\boldsymbol{z}_{\tau_{i-1}}^{(i-1)}))\\
&=\alpha(F(\boldsymbol{z}_{\tau_i,N_i^\ell}^{(i)})-F(\boldsymbol{z}_{\tau_i,0}^{(i)})+F(\boldsymbol{z}_{\tau_i,0}^{(i)})-F(\boldsymbol{z}_{\tau_{i-1}}^{(i-1)}))\\
&=\alpha(F(\boldsymbol{z}_{\tau_i,N_i^\ell}^{(i)})-F(\boldsymbol{z}_{\tau_i,0}^{(i)}))\\
&\leqslant-\alpha\beta\theta\sum_{n=1}^{N_i^\ell}\left\|\nabla F(\boldsymbol{z}_{\tau_{i-1}}^{(i-1)})\right\|^2+\alpha\rho\beta^2\mathcal{O}(N_{\max}^\ell R_2)+\alpha\beta^2\mathcal{O}(\rho(N_{\max}^\ell)^2 R_2)\\
&\leqslant-\alpha\beta\theta\gamma N_{\min}^\ell(F(\boldsymbol{z}_{\tau_{i-1}}^{(i-1)})-F(\boldsymbol{z}^*))+\alpha\beta^2\mathcal{O}(\rho(N_{\max}^\ell)^2 R_2)
\end{aligned} \tag{4-22}$$

根据式(4-22)中最后一个不等式，可以得到

$$\begin{aligned}
F(\boldsymbol{z}_{\tau_i}^{(i)})-F(\boldsymbol{z}^*)&\leqslant F(\boldsymbol{z}_{\tau_{i-1}}^{(i-1)})-F(\boldsymbol{z}^*)-\alpha\beta\theta\gamma N_i^\ell(F(\boldsymbol{z}_{\tau_{i-1}}^{(i-1)})-F(\boldsymbol{z}^*)+\alpha\beta^2\mathcal{O}(\rho(N_{\max}^\ell)^2 R_2)\\
&\leqslant(1-\alpha\beta\theta\gamma N_{\min}^\ell)(F(\boldsymbol{z}_{\tau_{i-1}}^{(i-1)})-F(\boldsymbol{z}^*))+\alpha\beta^2\mathcal{O}(\rho(N_{\max}^\ell)^2 R_2)\\
&\leqslant(1-\alpha\beta\theta\gamma N_{\min}^\ell)^i(F(\boldsymbol{z}_{\tau_{i-1}}^{(0)})-F(\boldsymbol{z}^*))+\alpha\beta^2\mathcal{O}(\rho(N_{\max}^\ell)^2 R_2)\\
&\leqslant\mathrm{e}^{-i\alpha\beta\theta\gamma N_{\min}^\ell}(F(\boldsymbol{z}_{\tau_{i-1}}^{(0)})-F(\boldsymbol{z}^*))+\alpha\beta^2\mathcal{O}(\rho(N_{\max}^\ell)^2 R_2)
\end{aligned}$$

$$\tag{4-23}$$

不等式(4-23)成立，是因为 $1-x\leqslant\mathrm{e}^{-x}$。值得注意的是，可以找到合适的参数 β 和 α 使得式(4-23)小于等于 ϵ_g^p，因此有

$$F(z_{\tau_i}^{(i)}) - F(z^*) \leqslant \mathrm{e}^{-i\alpha\beta\theta\gamma N_{\min}^{\ell}} F_0 + \xi_0 \leqslant \epsilon_g^p$$

$$\Rightarrow N_g = i \geqslant \frac{C_g \ln \dfrac{F_0}{\epsilon_g^p - \xi_0}}{N_{\min}^{\ell}} \tag{4-24}$$

式中，$\xi_0 = \alpha\beta^2 \mathcal{O}(\rho(N_{\max}^{\ell})^2 R_2)$；$C_g = \dfrac{1}{\alpha\beta\theta\gamma}$；$F_0 = F(z_{\tau_{i-1}}^{(0)}) - F(z^*)$。根据式(4-

12)定义，有 $N_g \geqslant \dfrac{C_g \ln \dfrac{1}{\epsilon_g^p - \xi_0}}{N_{\min}^{\ell}}$，其中令 $F_0 = 1$。

证明完成。

从定理4-1可以看出，当请求者定义了迭代次数 $N_{\min}^{\ell}$ 时，参与的请求者越多，全局模型的精度就越高。此外，由于本章更多地关注激励机制的设计，而不是联邦学习中数据的特征，例如独立同分布(IID)，因此，假设所有移动用户（MUs）的数据都是IID的。

4.4.1.3 在线激励机制模型

如网络架构中所述，每个请求者 i 随时间提交其请求 $\boldsymbol{\Theta}_i = \{t_i, c_{i,k}, f_{i,k}, B_{i,k}, \epsilon_{i,k}, k \in \mathcal{K}_r, r \in \mathcal{R}\}$ 给DU，其中：$\mathcal{K}_r$ 是请求者 i 对第 r 个RRU的所有请求集合；t_i 是开始学习过程的到达时间；$c_{i,k}$ 是每单位数据大小的总体服务成本；$f_{i,k}$ 是可用于训练的计算资源；$B_{i,k}$ 是传输训练结果所需的带宽；$\epsilon_{i,k}$ 是提供的本地训练精度。服务成本 $c_{i,k}$ 可以根据其提供的计算和通信资源、本地训练精度，甚至本地训练数据获得。在收到请求者 i 的请求后，DU将决定是否接受当前请求 $x_{i,j}$，以及应给予该请求者的总体报酬 $\pi_{i,j}$，这是对请求者 i 用于模型训练消耗计算资源和利用通信资源而给予的补偿。因此，请求者 i 的收益函数可以表示为

$$u_i(\boldsymbol{\Theta}_i) = \sum_{j \in J_i} (\pi_{i,j} - \omega c_{i,j}) x_{i,j} \tag{4-25}$$

式中，ω 是全局模型的大小；$u_i(\boldsymbol{\Theta}_i)$ 代表了请求者 i 能够获得的收益。直观上来说，由于请求者是自私的和智能的，因此他们可能有策略地故意虚报 $c_{i,k}$，以此来获得更高的利益。因此，应设计一种激励机制以防止请求者提交不真实的请求。令 $c_i = \{c_{i,j}\}_{j \in \mathcal{J}_i}$。由于 $u_i(\boldsymbol{\Theta}_i)$ 仅是 $c_{i,j}$ 的函数，使用 $u_i(c_i)$ 而不是 $u_i(\boldsymbol{\Theta}_i)$ 来表示请求者 i 的收益。此外，即使一个请求者可以在任何时候提交多个请求选项，但DU只会选择其中一个。因此，对于任何请求者 i，会有如下约束：

$$\sum_{j \in J_i} x_{i,j} \leqslant 1, \ \forall i \tag{4-26}$$

在收到DU的决策结果后，请求者将采用本地计算资源$f_{i,j}$来训练全局模型。因此，一轮本地模型训练消耗的时间为

$$T_{i,j}^O = \frac{\mu D_i}{f_{i,j}} \tag{4-27}$$

其中，μ（单位周期/样本）是CPU周期数，可能因不同的模型训练过程而有所不同。此外，根据请求者i的本地训练精度，通过结合式(4-9)，本地总体训练时间可以表示为

$$T_{i,j}^\ell = N_{i,j}^\ell \times T_{i,j}^O = v_i \ln \frac{1}{\epsilon_{i,j}} \times \frac{\mu D_i}{f_{i,j}} \tag{4-28}$$

本章中仅考虑上行链路（从MU到DU）的数据传输，而忽略了控制信令和下行链路（从DU到MU）传输时间的开销。这是因为下行链路传输通常具有更快的传输速率，由于更大的带宽和更高的传输功率的可用性，并且控制信令的数据量较小，可以通过专用信道传输。（假设DU具有完美的信道状态信息。）此外，考虑一种多信道无线通信系统，其中系统的总带宽被分为不同的信道，每个MU与RRU之间的数据传输将被分配一个独占信道。然后，请求者i返回结果给DU的可实现上行链路传输速率可以表示为：

$$r_{i,j} = B_{i,j} \log_2 \left(1 + \frac{p_{i,j} g_{i,j}}{\sigma^2} \right) \tag{4-29}$$

式中，$p_{i,j}$是请求者i的传输功率；$g_{i,j}$是请求者i与其关联的RRU之间的信道增益；σ^2是背景噪声的平均功率。本章考虑平坦静态信道的情况，也就是说当前到达的请求者及其信道状态信息在提交其训练结果之前保持不变。因此，返回本地模型的预期上传传输时间为

$$T_{i,j}^T = \frac{\omega}{r_{i,j}} \tag{4-30}$$

请求者i参与联邦学习过程的总时间消耗为

$$T_{i,j} = T_{i,j}^\ell + T_{i,j}^T \tag{4-31}$$

在实际训练过程中，异步联邦学习需要在一定时间内达到预定的全局训练精度，因此有

$$\sum_{j \in J_i} (t_i + T_{i,j}) x_{i,j} \leqslant T_g^p, \quad \forall i \tag{4-32}$$

其中，T_g^p是异步联邦学习的预定时间。此外，为了确保在任何时间t分配给请求者的传输带宽小于总带宽，本工作将时间T_g^p离散化。令T^d为总时隙的集合，时

隙长度为 Δt 。因此有以下约束条件：

$$\sum_{\substack{i \in U: \\ t_i + T_{i,j}^{\ell} \leqslant t^s \leqslant t_i + T_{i,j}}} \sum_{j \in J_i} B_{i,j} x_{i,j} \leqslant W, \forall t^s \in T^d \tag{4-33}$$

在式(4-33)中，可以得到在任何时隙 t^s 中，分配给已接受请求者的总带宽不会超过系统的总带宽。对于我们的联邦学习系统，为了选择"有益"的请求者并保证学习性能，应该直接拒绝那些报告的本地训练精度 $\epsilon_{i,j}$ ，$\forall j \in J_i$ 不低于 ϵ_{th} 的请求者。此外，全局模型应达到预定义的最小训练精度 ϵ_g^p 。因此，根据定理4-1，我们有

$$\sum_{i \in U} \sum_{j \in J_i} x_{i,j} = N^g \geqslant \left\lceil \frac{C_g \ln \dfrac{1}{\epsilon_g - \xi_0}}{N_{th}^{\ell}} \right\rceil = \Omega \tag{4-34}$$

4.4.1.4 问题描述

在正式描述问题前，应当指出所涉及的激励机制需要满足激励相容性和个人理智性。本章设计的在线激励机制，其目标是最大化社会福利。社会福利也就是所有请求者效用的总和减去它们的总体报酬，即 $\sum_{i \in U} \sum_{j \in J_i} \pi_{i,j} x_{i,j}$ 。因此，这个目标等价于最小化

$$\sum_{i \in U} \sum_{j \in J_i} \omega c_{i,j} x_{i,j} \tag{4-35}$$

如果可以获取所有必要的信息，例如所有请求者的成本、到达时间和所有信道信息，那么异步联邦学习的离线激励机制设计问题可以表述为：

$$[\mathcal{P}1]: \min_{X, \Pi} \sum_{i \in U} \sum_{j \in J_i} \omega c_{i,j} x_{i,j}$$

$$\text{s.t.} \ \text{式}(4\text{-}25)、\text{式}(4\text{-}31)、\text{式}(4\text{-}32)、\text{式}(4\text{-}33)，以及IC、IR$$

$$x_{i,j} \in \{0,1\}, \pi_{i,j} \geqslant 0, \forall i \in U, j \in J_i$$

其中 $X = \{x_{i,j}\}_{i \in U, j \in J_i}$ 和 $\Pi = \{\pi_{i,j}\}_{i \in U, j \in J_i}$ 都是决策变量，它们需要在线求解。为了解决问题 $[\mathcal{P}1]$ ，本章介绍一种新方法来同时考虑异步联邦学习中的全局模型训练精度和总体训练时间。

4.4.2 在线激励机制设计

本小节将详细介绍如何利用主对偶去设计适合异步联邦学习的在线激励机制（Online Incentive Mechanism for Asynchronous FL，OIMAF），并从理论上分析所设

计的激励机制。

4.4.2.1 OIMAF设计方案

通过观察问题 $[\mathcal{P}1]$，总体报酬项不在目标函数中，因此可以暂时忽略约束条件 IC 和 IR 而不失去最优性，并在稍后满足它们。然后，离线问题 $[\mathcal{P}1]$ 在没有约束条件 IC 和 IR 的情况下可以表示为

$$[\mathcal{P}2]: \min_{X} \sum_{i \in U} \sum_{j \in J_i} \omega c_{i,j} x_{i,j}$$

$$\text{s.t.} \sum_{j \in J_i} x_{i,j} \leq 1, \ \forall i \in U \tag{4-36}$$

$$\sum_{j \in J_i} (t_i + T_{i,j}) x_{i,j} \leq T_g^p, \ \forall i \in U \tag{4-37}$$

$$\sum_{i \in U} \sum_{j \in J_i} x_{i,j} \geq \Omega \tag{4-38}$$

$$\sum_{\substack{i \in U: \\ t_i + T_{i,j}^{\ell} \leq t^s \leq T_{i,j}}} \sum_{j \in J_i} B_{i,j} x_{i,j} \leq W, \ \forall t^s \in T^d \tag{4-39}$$

将变量 X 在 0 和 1 之间实数化后，$[\mathcal{P}2]$ 的对偶问题可以表示为

$$[D\mathcal{P}2]: \max_{z_i, y_i, d, b_{t^s}} \Omega d - \sum_{i \in U} (z_i + T_g^p y_i) - \sum_{t \in T_g^p} W b_t$$

$$\text{s.t.} \, d - z_i - (t_i + T_{i,j}) y_i - \sum_{t_i + T_{i,j}^{\ell} \leq t^s \leq t_i + T_{i,j}} b_{t^s} B_{i,j} \leq \omega c_{i,j},$$

$$\forall i \in U, j \in J_i, t^s \in T^s; \tag{4-40}$$

$$z_i \geq 0, y_i \geq 0, d \geq 0, b_{t^s} \geq 0, \forall i \in U, j \in J_i, t^s \in T^d$$

其中，z_i、y_i、d 和 b_{t^s} 分别是约束条件式(4-36)、式(4-37)、式(4-38)和式(4-39)的对偶变量。在 $[D\mathcal{P}2]$ 中，注意到对偶变量 y_i 表示总训练时间约束。因此，为了满足互补松弛条件，可以令 $y_i = 0$，$\forall i$。此外，为了满足约束条件式(4-37)，当训练时间达到 T_g^p 时，所设计的 OIMAF 将终止。因此，在对偶问题 $[D\mathcal{P}2]$ 中的约束条件式(4-40)可以重写为

$$d - z_i - \sum_{t_i + T_{i,j}^{\ell} \leq t^s \leq t_i + T_{i,j}} b_{t^s} B_{i,j} \leq \omega c_{i,j} \tag{4-41}$$

基于式(4-41)，可以设计出如下选择规则和一个定价策略用来满足 IC 和 IR 条件。

• 选择规则：从式(4-25)可以看出，式(4-41)中 z_i 的物理意义是请求者 i 的收益。考虑到 IC 和 IR，选择规则的设计应满足请求者 i 的收益不小于零。此外，根据

KKT条件，如果请求者 i 被允许以请求选项 j^* 参与联邦学习，即 $x_{i,j^*}=1$，那么式 (4-41)中的小于等于号应改为等号。定义

$$z_i = \max_{j \in J_i}\left\{ d - \sum_{t_i+T_{i,j}^\ell \leq t^s \leq t_i+T_{i,j}} b_{t^s}B_{i,j} - \omega c_{i,j}\right\} \tag{4-42}$$

因此选择规则是，如果 $z_i \geq 0$，则请求者 i 被接受参与联邦学习训练；否则，被拒绝。

· 定价策略设计：如前所述，定价策略设计应基于带宽的利用率和参与联邦学习的人数。因此，根据式(4-42)，可以得到请求者 i 的总体报酬为

$$\pi_{i,j^*} = p_1 - p_2 = d - \sum_{t_i+T_{i,j^*}^\ell \leq t^s \leq t_i+T_{i,j^*}} b_{t^s}B_{i,j^*} \tag{4-43}$$

式中，b_{t^s} 是时间段 t^s 的单位带宽价格；d 是由于训练联邦学习模型而对请求者的补偿。值得注意的是，请求者 i 不仅是训练全局模型的卖方，还需要从DU获取传输带宽，因此也是买方。为了获得在线激励机制较好的竞争比，需要对 d 和 b_{t^s} 的更新规则进行设计，分别表示如下：

$$d^{(i+1)} = d^{(i)}\mathrm{e}^{-\frac{x_{i,j}}{\Omega}c_1} + \mathrm{e}^{-\frac{x_{i,j}}{\Omega}c_1} - 1 \tag{4-44}$$

$$b_{t^s}^{(i+1)} = b_{t^s}^{(i)}\mathrm{e}^{\frac{B_{i,j}x_{i,j}}{W}c_2} + \frac{1}{s_{\max}}(\mathrm{e}^{\frac{B_{i,j}x_{i,j}}{W}c_2} - 1) \tag{4-45}$$

式中，$c_1 = \ln\dfrac{d^{(0)}}{\omega c_{\min}}$，$c_2 = \dfrac{\ln(1+s_{\max}\omega c_{\max})}{1-\dfrac{1}{r}}$，$r = \min\limits_{i,j}\left\{\dfrac{W}{B_{i,j}}\right\}$，$s_{\max} = \max\limits_{\substack{(i,j):\\x_{i,j}=1}}\left\{B_{i,j}, T_{i,j}\right\}$，

$c_{\min} \leq \min\limits_{i,j} c_{i,j}$，以及 $c_{\max} \geq \max\limits_{i,j} c_{i,j}$。

总而言之，所设计的OIMAF基本思想可以描述如下：一开始，参与异步联邦学习的请求者数量有限，因此给予请求者的总体报酬设置得足够高，以吸引更多的参与者。随着参与请求者数量的增加，这些报酬将逐渐减少。相反，请求者需要向DU支付分配带宽的使用费用，该费用是所有单位价格乘以传输期间请求带宽的总和，即每个 b_{t^s}。显然，这样的单位价格应根据可用带宽的实际利用情况随时间段变化。因此，由于系统中可用带宽充足，初始时段对DU的单位价格应非常小，随后在该时段的请求者数量增加时，单位价格也将相应增加。

4.4.2.2 OIMAF方案性能分析

下面将从算法竞争比、主对偶解的可行性、IC和IR来说明OIMAF的相关性能。

定理4-2 所设计的在线激励机制OIMAF的竞争比是 $\Omega + (2\Omega\mathrm{e}^{-\frac{1}{\Omega}c} + r - \Omega)(2\sigma+1)$

，其中 $\sigma = \min\{\sigma_1, \sigma_2\}$ 以及 $c = \max\{c_1, c_2\}$ 。

证明：定义 $Tk = \{t^s \mid t_k + T_{k,j}^\ell \leqslant t^s \leqslant t_k + T_{k,j}\}$ ，因此有

$$\Delta D^{(i)} = \Omega(d^{(i)} - d^{(i-1)}) - z_i - \sum_{Tk} W(b_{t^s}^{(i)} - b_{t^s}^{(i-1)})$$

$$= \Omega(\mathrm{e}^{-\frac{1}{\Omega}c_1} - 1)(d^{(i-1)} + 1) - \sum_{Tk} W\left(b_{t^s}^{(i-1)} + \frac{1}{s_{\max}}\right)(\mathrm{e}^{\frac{B_{i,j}}{W}c_2} - 1)$$

$$- (d^{(i-1)} - \sum_{Tk} B_{i,j} b_{t^s}^{(i-1)} - \omega c_{i,j})$$

$$= \omega c_{i,j} + \Omega(\mathrm{e}^{-\frac{1}{\Omega}c_1} - 1)(d^{(i-1)} + 1) - (d^{(i-1)} - \sum_{Tk} B_{i,j} b_{t^s}^{(i-1)})$$

$$- \sum_{Tk} W\left(\frac{b_{t^s}^{(i-1)} B_{i,j}}{W} + \frac{B_{i,j}}{s_{\max} W}\right)\frac{W}{B_{i,j}}(\mathrm{e}^{\frac{B_{i,j}}{W}c_2} - 1)$$

$$\geqslant \omega c_{i,j} + \Omega(\mathrm{e}^{-\frac{1}{\Omega}c_1} - 1)(d^{(i-1)} + 1) - r(\mathrm{e}^{\frac{c_2}{r}} - 1)d^{(i-1)}$$

$$- \sum_{Tk}\left(b_{t^s}^{(i-1)} B_{i,j} + \frac{B_{i,j}}{s_{\max}}\right)r(\mathrm{e}^{\frac{c_2}{r}} - 1) + \Omega(\mathrm{e}^{-\frac{1}{\Omega}c_1} - 1)\sum_{Tk} B_{i,j} b_{t^s}^{(i-1)} \tag{4-46}$$

$$\geqslant (\Omega(\mathrm{e}^{-\frac{1}{\Omega}c_1} - 1) - r(\mathrm{e}^{\frac{1}{r}c_2} - 1))(d^{(i-1)} + \sum_{Tk} B_{i,j} b_{t^s}^{(i-1)} + 1) + \omega c_{i,j} \tag{4-47}$$

$$\geqslant (1 + (\Omega\mathrm{e}^{-\frac{1}{\Omega}c} + \Omega(\mathrm{e}^{-\frac{1}{\Omega}c} + r - \Omega)(\sigma_1 + \sigma_2 + 1)))\omega c_{i,j} \tag{4-48}$$

$$= (1 + (2\Omega\mathrm{e}^{-\frac{1}{\Omega}c} + r - \Omega)(2\sigma + 1))\Delta P^{(i)} \tag{4-49}$$

不等式 (4-46) 成立是由于函数 $x(\mathrm{e}^{\frac{a}{x}} - 1)$ 单调递减（当 $a > 0$），并且函数 $\Omega(\mathrm{e}^{-\frac{1}{\Omega}c_1} - 1) \leqslant 0$ 以及函数 $r(\mathrm{e}^{\frac{c_2}{r}} - 1) \geqslant 1$ 。不等式 (4-48) 成立是因为 $\max\limits_{i,j} \dfrac{d^{(i)}}{\omega c_{i,j}} = \sigma_1$ 和

$\max\limits_{i,j} \dfrac{\sum\limits_{Tk} B_{i,j} b_{t^s}^{(i)}}{\omega c_{i,j}} = \sigma_2$ 。因为 $\Delta D^{(i)} = D^{(i)} - D^{(i-1)}$ 和 $\Delta P^{(i)} = P^{(i)} - P^{(i-1)}$ ，可以得到

$$D^{(i)} - D^{(0)} \geqslant (1 + (2\Omega\mathrm{e}^{-\frac{1}{\Omega}c} + r - \Omega)(2\sigma + 1))(P^{(i)} - P^{(0)}) \tag{4-50}$$

在式 (4-50) 中，$P^{(0)} = 0$ 以及 $D^{(0)} = \Omega d^{(0)} - \left(d^{(0)} - \sum\limits_{Tk} B_{i,j} b_{t^s}^{(i)} - \omega c_{1,j}\right)x_{i,j} \geqslant (\Omega - 1)d^{(0)} \geqslant (\Omega - 1)\omega c_{i,j}$ 。最后一个不等式成立是因为初始值 $d^{(0)}$ 应该不小于最大的服务成本。因此，最后有以下式子成立：

$$D^{(i)} \geqslant (\Omega + (2\Omega\mathrm{e}^{-\frac{1}{\Omega}c} + r - \Omega)(2\sigma + 1))P^{(i)}$$

证明过程结束。

定理4-3 所设计的在线激励机制OIMAF求出的解是主问题 $[\mathcal{P}2]$ 的可行解。

证明：为了证明定理4-3成立，需要检查约束条件式(4-32)、式(4-33)和式(4-34)。对于约束条件式(4-32)，由于OIMAF在时间超过 T_g^p 后停止，因此该条件是满足的。对于约束条件式(4-33)，可以证明当全局训练精度达到预定义值，即 $\sum_{i\in U}\sum_{j\in J_i}x_{i,j}=\Omega$ 时，补偿 $d^{(i)}$ 将小于最小成本 $\omega c_{\min}$，这意味着所提出的机制将不再接受任何请求者。对于式(4-34)，首先证明以下不等式：

$$d^{(i)} \leqslant d^{(0)}\mathrm{e}^{-\dfrac{\ln\frac{d^{(0)}}{\omega c_{\min}}}{\Omega}\sum_{k\in U/i}\sum_{j\in J_i}x_{k,j}} \qquad (4\text{-}51)$$

不等式(4-51)的证明采用归纳法。当 $i=0$ 时，有 $d^{(i)}=d^{(0)}$，这意味着不等式(4-51)成立。因此，假设当对于第 i 个请求者时，不等式(4-51)成立，那么对于第 $i+1$ 个请求者，则有

$$d^{(i+1)} = d^{(i)}\mathrm{e}^{-\frac{1}{\Omega}c_1 x_{i,j}} + \mathrm{e}^{-\frac{1}{\Omega}c_1 x_{i,j}} - 1$$

$$\leqslant d^{(0)}\mathrm{e}^{-\dfrac{\ln\frac{d^{(0)}}{\omega c_{\min}}}{\Omega}\sum_{k\in U/i}\sum_{j\in J_i}x_{k,j}}\mathrm{e}^{-\frac{1}{\Omega}c_1 x_{i,j}} + \mathrm{e}^{-\frac{1}{\Omega}c_1 x_{i,j}} - 1$$

$$\leqslant d^{(0)}\mathrm{e}^{-\dfrac{\ln\frac{d^{(0)}}{\omega c_{\min}}}{\Omega}\sum_{i\in U}\sum_{j\in J_i}x_{i,j}}$$

最后一个不等式成立是由于 $\mathrm{e}^{-\frac{1}{\Omega}c_1 x_{i,j}}-1\leqslant 0$。因此，不等式(4-51)成立，这意味着当准确率达到预定义的阈值时，在线激励机制将拒绝未来的请求；否则，机制将继续考虑新的请求，直到时间达到要求。同样，对于约束条件式(4-34)，让带宽的单位价格 b_{t^s} 不低于最大成本 $\omega c_{\max}$，当每个时间段 t^s 中分配的总体带宽至少为 $\left(1-\dfrac{1}{r}\right)W$。因此，在这种高单位带宽价格下，不会接受任何请求者进行模型训练。基于此，证明以下不等式：

$$b_{t^s}^{(i)} \geqslant \frac{1}{s_{\max}}\left(\mathrm{e}^{\alpha\beta_i^-}-1\right) \qquad (4\text{-}52)$$

式中，$\alpha = \dfrac{\ln(1+s_{\max}\omega c_{\max})}{(1-1/r)W}$，$\beta_i^- = \sum_{\substack{k\in U/i:\\Tk}}\sum_{j\in J_k}B_{k,j}x_{k,j}$，以及 $Tk=\{t^s\,|\,t_k+T_{k,j}^\ell\leqslant t^s$ $\leqslant t_k+T_{k,j}\}$。因为 $s_{\max}$ 在迭代过程中不会减少，所以首先证明式(4-52)中的 $b_{t^s}^{(i)}$ 始终是 $s_{\max}$ 有界的。这可以通过证明随着 $s_{\max}$ 的变化，式(4-52)右侧项的导数是非正的来实现。令 $L=\dfrac{\alpha\beta_i^-}{(1-1/r)W}\leqslant 1$ 以及 $B=1+s_{\max}\omega c_{\max}\geqslant 1$，可以得到

$$b_{t^s}^{(i)} \geqslant \frac{1}{s_{\max}} e^{L \ln B - 1} \tag{4-53}$$

进一步地，需要证明

$$\frac{1}{s_{\max}} \times \frac{L \omega c_{\max}}{B} e^{L \ln B} - \frac{1}{s_{\max}^2} (e^{L \ln B} - 1) \leqslant 0 \tag{4-54}$$

其中，式(4-54)左边项是式(4-53)右边项对 $s_{\max}$ 的一阶导数，经过进一步化简后可得

$$L(B-1) e^{L \ln B} - B(e^{L \ln B} - 1) \leqslant 0$$

上式等效于证明

$$\ln B \leqslant \ln(B + L - LB) + L \ln B \tag{4-55}$$

当 $L=0$ 和 $L=1$ 时，可以得到不等式(4-55)取等号。此外，由于式(4-55)中右侧关于 L 的二阶导数被证明为 $-\dfrac{(1-B)^2}{(B+L-LB)^2} < 0$，其是一个凹函数。因此，当 $0 \leqslant L \leqslant 1$ 时，式(4-55)的右侧大于左侧，这意味着在 $s_{\max}$ 更新时，不等式(4-53)仍然成立。然后，类似于约束条件式(4-33)的证明过程，将使用归纳法来证明不等式(4-52)。假设不等式(4-52)对于第 i 个请求者成立，对于第 $i+1$ 个请求者，有

$$
\begin{aligned}
b_{t^s}^{(i+1)} &= b_{t^s}^{(i)} e^{\frac{B_{i,j} x_{i,j}}{W} c_2} + \frac{1}{s_{\max}} \left(e^{\frac{B_{i,j} x_{i,j}}{W} c_2} - 1 \right) \\
&\geqslant \frac{1}{s_{\max}} \left(e^{\frac{c_2}{W} \beta_i} - 1 \right) e^{\frac{B_{i,j} x_{i,j}}{W} c_2} + \frac{1}{s_{\max}} \left(e^{\frac{B_{i,j} x_{i,j}}{W} c_2} - 1 \right) \\
&= \frac{1}{s_{\max}} (e^{\alpha \beta} - 1),
\end{aligned}
$$

其中 $\beta = \sum\limits_{\substack{k \in U: \\ Tk}} \sum\limits_{j \in J_k} B_{k,j} x_{k,j}$。因此，不等式(4-52)成立，这意味着当分配的带宽几乎耗尽时，将不再接受请求者，证明过程结束。

定理4-4 所设计的在线激励机制OIMAF求出的解是对偶问题的可行解。

证明：考虑到对偶变量 y_i 赋值为0，因此考虑以下两种情况。

· 情况 I：第 i 个请求者被拒绝加入联邦学习，这意味着不等式 $d^{(i)} - \sum\limits_{\substack{i \in U: \\ t_i + T_{i,j^*}^\ell \leqslant t^s \leqslant t_i + T_{i,j^*}}} B_{i,j} b_{t^s}^{(i)} - \omega c_{i,j^*} \leqslant 0$ 成立，对于最优的请求选项 j^* 以及 $z_i = 0$。在这种情况下约束条件式(4-40)成立。

· 情况 II：第 i 个请求者被接受加入联邦学习，这意味着等式 $z_i = d^{(i)} -$

$$\sum_{\substack{i \in U: \\ t_i + T_{i,j^*}^{\ell} \leqslant t^s \leqslant t_i + T_{i,j^*}}} B_{i,j^*} b_{t^s}^{(i)} - \omega c_{i,j^*}$$ 成立。在这种情况下约束条件式(4-40)也成立。

证明过程结束。

定理4-5 所设计的在线激励机制OIMAF满足激励相容性（IC）。

证明：根据激励相容性的定义，需要证明以下不等式成立。

$$c_{i,j'} - c_{i,j'} \leqslant c_{i,j} - c_{i,j} \tag{4-56}$$

其中，$c_{i,j}$ 表示具有私人成本 $c_{i,j}$ 的请求者 i 报告了第 j' 个请求选项，而 $c_{i,j}$ 表示具有私人成本 $c_{i,j}$ 的请求者 i 报告了第 j 个请求选项。令 $\pi_{i,j}$ 和 $\pi_{i,j'}$ 分别为报告第 j 个和第 j' 个请求选项时的总报酬。通过将 $\pi_{i,j}$ 和 $\pi_{i,j'}$ 代入式(4-56)，有

$$\pi_{i,j'} - \omega c_{i,j'} - (\pi_{i,j'} - \omega c_{i,j'}) \geqslant \pi_{i,j} - \omega c_{i,j} - (\pi_{i,j} - \omega c_{i,j})$$

进一步地，需要证明以下式子成立：

$$\pi_{i,j'} - \omega c_{i,j'} - (\pi_{i,j} - \omega c_{i,j}) \geqslant \pi_{i,j'} - \omega c_{i,j'} - (\pi_{i,j} - \omega c_{i,j})$$

基于OIMAF的选择规则，请求者 i 的单位价格是相同的，无论他的私人成本是 $c_{i,j}$ 还是 $c_{i,j'}$。此外，由于当请求者 i 的私人成本为 $c_{i,j}$ 时，他被分配到第 j 个请求选项，$\pi_{i,j} - \omega c_{i,j}$ 是请求者 i 根据所设计的选择规则可以获得的最大收益。那么有

$$\pi_{i,j} - \omega c_{i,j} \geqslant \pi_{i,j'} - \omega c_{i,j}$$
$$\Rightarrow \pi_{i,j'} - \omega c_{i,j} - (\pi_{i,j} - \omega c_{i,j}) \leqslant 0 \tag{4-57}$$

同样，当请求者 i 的私人成本为 $c_{i,j'}$ 时，他被分配到第 j' 个请求选项。因此，$\pi_{i,j'} - \omega c_{i,j'}$ 是请求者 i 可以获得的最大收益。因此有

$$\pi_{i,j'} - \omega c_{i,j'} \geqslant \pi_{i,j} - \omega c_{i,j'}$$
$$\Rightarrow \pi_{i,j'} - \omega c_{i,j'} - (\pi_{i,j} - \omega c_{i,j'}) \geqslant 0 \tag{4-58}$$

通过结合式(4-57)和式(4-58)，不等式(4-56)成立。证明过程结束。

4.4.3 改进OIMAF

根据定理4-2，竞争率（CR）将受到私有成本大小（即 $c_{\min}$ 和 $c_{\max}$）的影响。这里假设已知私有信息 $c_{\min}$ 和 c_{sec}（报告的 $c_{i,j}$ 中的第二低成本）的先验信息，因此基

于前述OIMAF框架，可以设计出一个改进的在线激励机制，称为基于两次选择的在线激励机制（TOIM）。

为了增强OIMAF的鲁棒性，c_1和c_2的值最好与c_{min}和c_{max}无关。然而这样做可能会引发两个问题：①原始问题$[\mathcal{P}2]$的解不可行性；②请求者的不满足激励相容性。

第一个问题源于c_1和c_2是更新规则的参数，即式(4-44)和式(4-45)，因此它们的值会影响选择结果。例如，考虑将c_1和c_2设置得过大，而补偿d和单位价格b_{t^s}的初始值较小的情况。根据选择规则，只能接受早到的请求者，因为总体报酬不足以接受后续的请求者。这违反了主问题中的约束条件式(4-38)。

第二个问题源于选择规则和总体报酬依赖于d和b_{t^s}的初始值及更新规则，这些又受到请求者报告成本的影响。因此，c_{min}的请求者可以操纵他们自己的成本以影响选择和总体报酬结果。为解决第一个问题，将单位价格分别初始化为$d^{(0)} = \Omega \omega c_{min}$和$b_{t^s}^{(0)} = \dfrac{\Omega \omega c_{min}}{W}$，这样除非系统带宽耗尽或全局训练精度满足，否则总体报酬将足够低。为了确保真实性，初始值和更新规则必须与请求者提交的成本无关。为此，将设计一种新算法，称为TOIM。在介绍TOIM之前，定义三种类型的请求者：

- 普通请求者：其提交信息不是c_{min}或c_{sec}；
- 最小请求者：其提交成本为c_{min}；
- 关键请求者：其提交成本为c_{sec}。

TOIM包括两轮OIMAF，分别称为主轮和副轮。这两轮并行运行，并遵循相同的网络配置，如总带宽、信道条件和报告的请求。但是它们的初始值不同，主轮的初始值为$d^{(0)} = \Omega \omega c_{min}$和$b_{t^s}^{(0)} = \dfrac{\Omega \omega c_{min}}{W}$，副轮的初始值为$d^{(0)} = \Omega \omega c_{sec}$和$b_{t^s}^{(0)} = \dfrac{\Omega \omega c_{sec}}{W}$。在TOIM中，当请求者到达时，考虑以下三种不同的情况：

- 情况Ⅰ：对于普通请求者，主副两轮均采用OIMAF。
- 情况Ⅱ：对于关键请求者，仅主轮继续执行OIMAF，副轮将忽略这些请求者。
- 情况Ⅲ：当遇到最小请求者时，主轮暂停而副轮继续执行OIMAF。

在情况Ⅰ和Ⅱ中，只保留主轮的结果，而在情况Ⅲ中，考虑以下两种不同的情景。

如果最小请求者的收益大于分数选择的收益，则情况Ⅲ的结果由副轮确定。在这里，分数选择定义为分配的带宽为$\dfrac{W}{r}$，报酬改为c_{sec}。此外，这个最小请求者利用的资源将计算在主轮中。

否则，情况Ⅲ的结果将由分式选择结果决定。

4.4.4　仿真分析

本小节将进行数值仿真来证明设计激励机制的有效性。由于两种在线激励机制 OIMAF 和 TOIM 是在异步联邦学习框架下运行的，因此本小节首先通过 PyTorch 评估异步联邦学习算法的性能和收敛性。随后，进一步验证 OIMAF 和 TOIM 的有效性。假设总共有 100 个移动用户（MU），每个 MU 有 $n_m = 2$ 个子数据集，因此在异步联邦学习中将模拟产生 200 个请求者，这些请求者的请求时间服从参数为 λ 的泊松过程。此外，本小节将在经典的 MNIST 数据集上采用 CNN 模型来训练手写数字识别系统。将 MNIST 数据集分为 100 个子数据集，每个请求者上传训练模型时间 $t - \tau_i$ 服从均匀分布。为了比较性能，还仿真了同步联邦学习和传统的集中式机器学习算法，其中随机选择了 5 个请求者进行同步联邦学习的本地训练。为了测试不同延迟函数下异步联邦学习的性能，采用了三种不同的聚合策略：

（1）常数聚合：$s(t - \tau_i) = 1$。

（2）多项式聚合：$s_\alpha(t - \tau_i) = (t - \tau_i + 1)^{-\alpha}$。

（3）铰链聚合：$s_{a,b}(t - \tau_i) = 1$，如果 $t - \tau_i \leq b$；否则，$s_{a,b}(t - \tau_i) = \dfrac{1}{a(t - \tau_i + b) + 1}$。

为了验证设计激励机制的有效性，仿真过程中主要关注总社会福利和 CR。此外，模型精度损失 ξ_0 设定为 0.01。RRU 和 MU 之间的无线信道服从瑞利衰落，所有信道系数均为零均值、圆对称复高斯（CSCG）随机变量，方差为 $d^{-\frac{v}{2}}$，其中 d 为发射机和接收机之间的距离，$v = 4$。表 4-1 列出了两个仿真的主要参数。结果中，每个性能点通过对 30 次独立运行进行平均得到。

表4-1　主要仿真参数

参数名称	值
蜂窝半径	1km
DU，RRU，MU 数量	1,4,50
发射功率 p_i	从 [2，20]dBm 中随机选择
背景噪声 σ^2	−60dBm
时隙长度	0.2s
批数据大小	16
ρ, a, b	0.5,4,10
训练数据个数	1600
全局模型大小 ω	0.5Kbits
私有信息 $c_{i,j}$	从 [\$0.5，\$1] 中随机选择
本地计算资源 $f_{i,j}$	从 [4GHz，20GHz] 中随机选择
上行带宽 $B_{i,j}$	从 [0.1MHz，0.5MHz] 中随机选择
本地训练精度 $\epsilon_{i,k}$	从 [0.05，0.2] 中随机选择

图4-4评估了通过异步联邦学习算法训练的模型性能，即当延迟时间 $t-\tau_i$ 不大于5时，随着到达请求者数量的变化，该模型的表现。在图例中TA和TL分别代表测试准确率和测试损失。从图中可以看出，无论 α 的值和聚合策略如何，测试准确率随着到达请求者数量的增加而逐渐增加，直到在大约50个请求者处达到饱和。

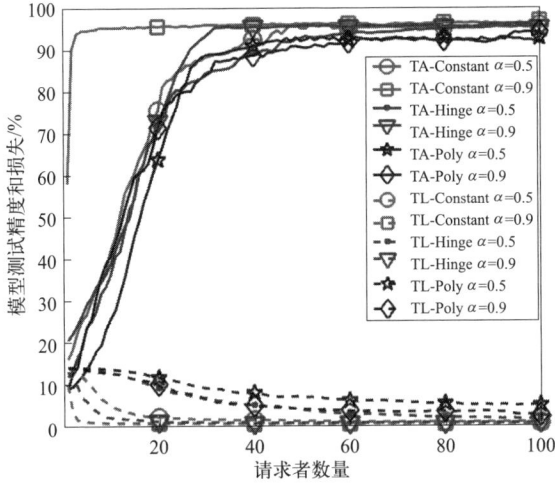

图4-4　请求者数量与模型性能的关系

这验证了以下两点：①定理4-1的正确性，即随着请求者数量的增加，训练准确率也会增加；② 异步联邦学习算法的收敛性。

此外，值得注意的是，当延迟函数为常数且 α 的值为0.9时，测试准确率收敛速度较快。其原因如下所述：由于每个请求者的本地训练准确率足够高，如95%，本地模型在聚合后将得到良好的训练。此外，$\alpha = 0.9$ 意味着新聚合模型将从调整良好的本地模型中获得更多信息，而不是之前的全局模型。因此，全局模型的参数在几次聚合后几乎保持不变。最后，从图4-4中可以看出，全局模型的测试损失最终降至接近零，进一步证明了异步联邦学习算法的有效性。

为了更好地比较四种情况，即传统机器学习、同步联邦学习以及本章中两种不同参数设置下的异步联邦学习（即 $t-\tau \leqslant 5$ 和 $t-\tau \leqslant 15$），图4-5重新评估了当 $\alpha = 0.5$ 时，更新的梯度次数对全局模型的测试准确率的影响。如图所示，可以观察到所有情况下的测试准确率随着更新的梯度次数增加而提高。这是直观的，因为对全局模型进行更多次的梯度下降步骤会生成进一步优化的全局模型，即更高的测试准确率。此外，由于传统机器学习采用集中式模型训练方式且没有性能损失，其性能最佳。有趣的是，当最大延迟时间为15时，异步联邦学习的收敛速度几乎与同步联邦学习相同；而当最大延迟时间为5时，异步联邦学习的收敛速度甚至比同步联邦学习更快。这可以解释如下：当 $t-\tau_i < 5$ 时，延迟函数会更多地将新更新的本地模

型权重整合到全局模型中。然而，当 $t-\tau_i < 15$ 时，更新信息较少地融合到全局模型中，这导致需要更多的请求者才能收敛。因此，我们认为如果延迟足够大，异步联邦学习的收敛速度将比同步联邦学习更慢。

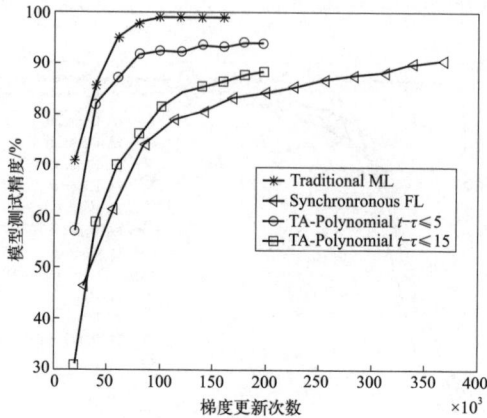

图4-5　请求者本地模型梯度更新次数与模型测试精度的关系

图4-6展示了在每个RRU提交的请求选项数量不同的情况下，当到达请求者数量不同时，OIMAF和TOIM所得到的总社会福利。当 $\lambda = 5$ ，$\epsilon_g^p = 0.05$ ，$T_g^p = 10\ \text{min}$ 时，从图中可以观察到以下几点：

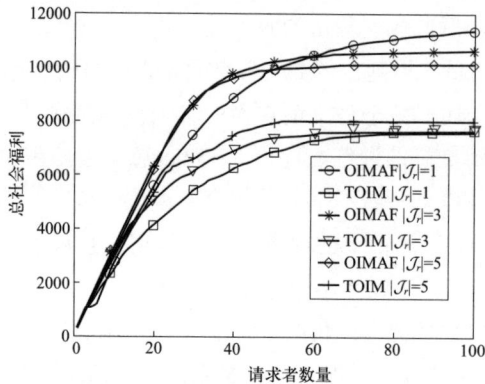

图4-6　请求者数量与总社会福利的关系

· OIMAF和TOIM获得的总社会福利逐渐增加，并在参与请求者数量足够大时（例如50个请求者）达到平台。这是因为提出的两种激励机制允许更多的请求者训练联邦学习模型，如果接受的请求者数量远少于预定义值 Ω_0 ，这将导致总社会成本的快速增加。满足 Ω_0 后，提出的算法将拒绝大多数未来到达的请求者，这意味着总社会成本几乎保持不变。

· 此外，TOIM优于OIMAF。原因是直观的：TOIM比OIMAF利用更多的先验信息做出决策。

· 对于OIMAF和TOIM，随着请求选项数量的增加，需要满足全局模型准确性的请求者数量减少。这是因为有了更多的请求选项，每个请求者有更多的机会被接受进入异步联邦学习，从而减少了未来到达请求者的需求。

这些观察结果显示了OIMAF和TOIM在管理请求者和优化总社会福利方面的效果和优势。

图4-7展示了在不同预定义全局模型准确性条件下，当请求者数量为100，$\lambda = 5$，$|\mathcal{J}_r| = 2$，$T_g^p = 10 \text{ min}$时，OIMAF和TOIM所得到的总社会福利。如图所示，对于OIMAF和TOIM，随着全局模型准确性的降低，即ϵ_g^p的增加，总社会福利逐渐减少。这是因为较差的全局模型准确性要求较少的参与请求者，从而导致总社会福利的降低。此外，TOIM优于提出的OIMAF。这进一步证明了设计算法的有效性。这些观察结果显示了在不同全局模型准确性条件下，OIMAF和TOIM在管理请求者和优化总社会福利方面的效果和优势。

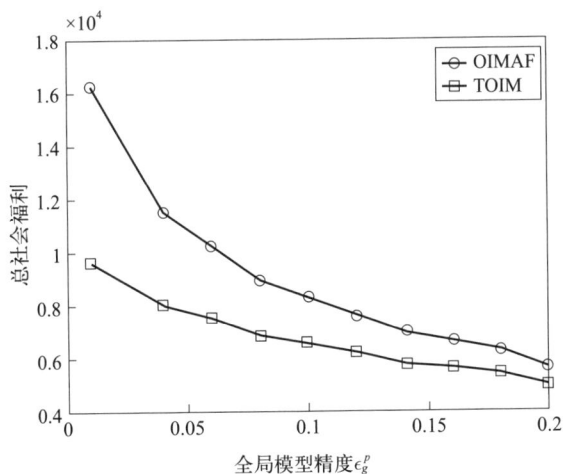

图4-7　全局模型精度要求与总社会福利的关系

图4-8展示了在不同的请求者到达率λ和全局模型训练时间T_g^p条件下，当请求者数量为100，$\epsilon_g^p = 0.05$，$|\mathcal{J}_r| = 2$时，OIMAF和TOIM所得到的总社会福利的变化。从图中可以观察到以下几点：

· 当请求者的到达率λ非常小，例如小于0.3时，随着预定义的全局模型训练时间T_g^p的增加，总社会成本会先增加然后保持稳定。这是因为较小的λ意味着每秒到达的请求者数量较少，即使所有请求者都被允许参与联邦学习模型训练，全局

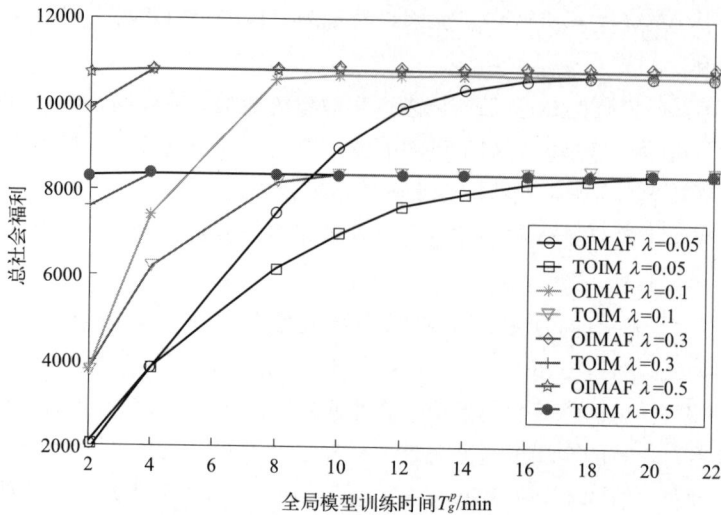

图4-8 全局模型训练时间要求与总社会福利的关系

模型准确性仍然无法达到目标。

· 当请求者的到达率较大，例如 $\lambda \geqslant 0.5$ 时，在我们的模拟中总社会福利始终保持不变。这说明随着请求者到达率的增加，即使增加 T_g^p，总社会福利也保持不变。

· TOIM表现出比OIMAF更优异的性能。这进一步证明了本章设计算法的有效性。

这些观察结果展示了在不同的请求者到达率和全局模型训练时间条件下，OIMAF和TOIM在管理请求者和优化总社会福利方面的表现和优势。

图4-9展示了在 $|\mathcal{J}_r| = 2$，$\lambda = 5$，$\epsilon_g^p = 0.05$ 和 $T_g^p = 10\ \text{min}$ 条件下，OIMAF和TOIM在竞争比方面的性能。数值计算中，通过intlinprog优化器和VCG机制获得了最优离线解。对于OIMAF和TOIM，竞争比首先略微增加，然后趋于稳定，分

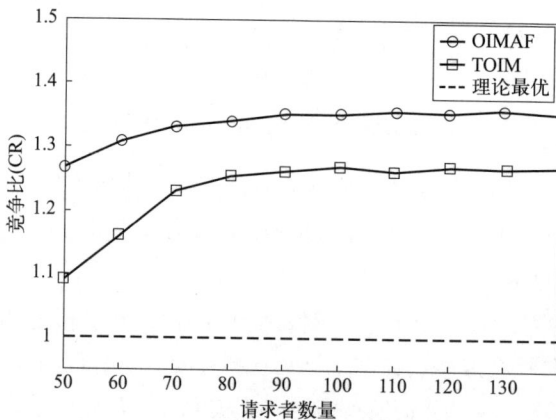

图4-9 请求者数量与竞争比的关系

别约为1.35和1.25。这是因为在请求者总数有限的情况下，由提出的机制接受的大部分请求者数量可能与最优解相同，例如只有50或60个请求者。这导致OIMAF和TOIM的解接近最优解。然而，随着到达请求者数量的增加，最优机制有更多的潜在请求者可供选择，从而导致更低的总社会福利。因此，竞争比略有增加。这些结果揭示了在不同到达请求者数量条件下，OIMAF和TOIM相对于最优离线解的竞争比表现，显示出它们在有效管理请求者并优化总社会福利方面的效果和局限性。

第 5 章

联邦学习
对资源分配的优化

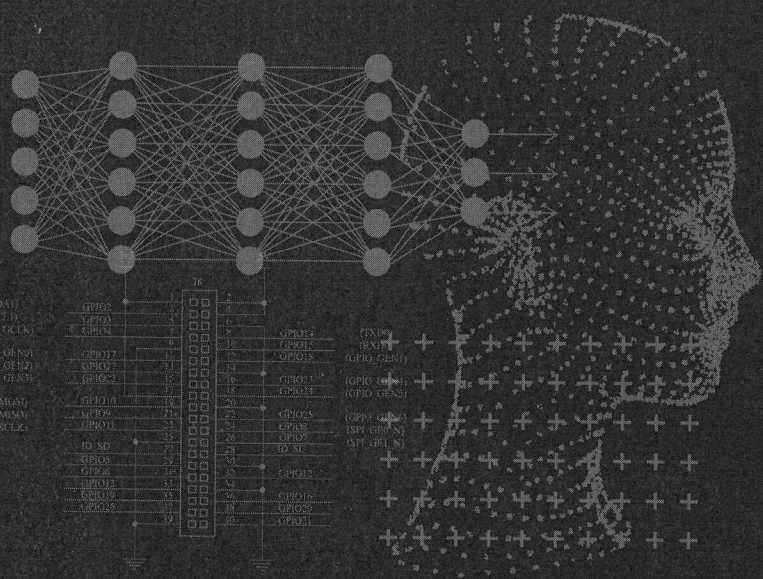

5.1

网络资源分配模型

5.1.1　网络资源分配

网络资源分配是网络系统运行的核心要素之一，网络服务质量的高低通常也依赖于网络资源分配的策略。在网络系统中，资源可以被划分为多种类型。从系统整体角度来看，包括软件资源、硬件资源、基础设备资源和信息资源；从网络结构角度来看，涉及带宽资源、计算资源和存储资源。在带宽资源中，可以进一步细分为传输带宽资源和接口带宽资源等。

在无线网络中，接口带宽资源中的时间和功率、频率、空间等都是资源的不同表现形式，这些资源是一次性的，无法再生，因而是有限的。时间资源指的是时间维度上的每一个时隙、帧和子帧；功率资源指的是设备在本地计算或发送信号时所消耗的功率；频率资源包括带宽、频谱、载波和子载波资源；空间资源指的是天线阵列中的物理单元。

在分布式学习模型中，研究如何进行合理的网络资源分配以高效地完成学习任务，使无线网络资源得到充分利用。对于分布式学习而言，资源分配的研究主要集中于通信和本地计算资源。通信资源主要指的是在训练过程中用户上传模型所需的无线资源，包括带宽和功率等。计算资源则主要指的是设备在进行本地计算时的CPU频率以及服务器中的资源块。

5.1.2　用户选择

网络中的用户选择同样是确保网络系统高效运行的关键因素。在网络中，如果用户数量过多，可能会导致网络延迟增加，效率降低。相反，如果用户数量较少，则可能导致训练过程变慢，训练收敛所需时间增长。用户选择可以基于网络对训练的具体要求来进行，例如根据通信带宽、通信时间等条件选择部分用户参与训练，以满足网络的需求。因此，对一个网络进行合理的用户选择，优化网络的整体结构，既可以减少网络资源的消耗，又可以加速训练任务的完成。

5.1.3　分布式学习模型

分布式学习通过将数据和计算任务分散到多个计算节点上，实现并行处理，从而显著提高处理速度和效率。数据被划分成多个部分，并分配到不同的计算节点上进行处理。这种数据分布方式有助于处理大规模数据集，并减轻单个节点的计算负担。在分布式学习中，每个计算节点都会训练一个局部模型。这些局部模型的结果需要被聚合起来，以形成一个全局模型。聚合方法可能包括参数服务器、全局模型聚合和模型融合等。分布式系统可能会遇到节点故障、网络延迟等问题。因此，分布式学习模型需要设计有效的容错机制，以保证系统的稳定性。

分布式学习模型由以下部分构成：

·计算节点：分布式学习模型中的基本单元，负责处理部分数据和计算任务。计算节点可以是单独的计算机、服务器或云实例。

·协调节点（可选）：在某些分布式学习模型中，存在一个中央协调节点，负责收集各计算节点的模型更新，并进行全局模型的聚合。然而，在一些去中心化的模型中，可能不存在明确的协调节点，而是通过节点间的对等通信来实现模型参数的交换和聚合。

·数据划分：在分布式学习中，数据需要被划分成多个部分，以便分配到不同的计算节点上进行处理。数据划分的方法可能包括随机划分、按照特征划分和按照样本划分等。

·通信机制：计算节点之间需要通过某种通信机制来交换数据和模型参数。这通常涉及网络传输和数据加密等技术，以确保数据的安全性和隐私性。

当前分布式学习模型主要有两种并行方式，分别是数据并行和模型并行。

·数据并行（Data Parallelism）。在这种方式中，每个计算节点都持有数据的一个子集，并独立地计算模型参数的梯度。然后，这些梯度被汇总到协调节点，用于更新全局模型参数。

·模型并行（Model Parallelism）。在这种方式中，模型的不同部分被分配到不同的计算节点上进行处理。每个节点负责计算模型的一部分，并通过节点间的通信来交换中间结果。这种方式适用于模型规模非常大，单个节点无法完整存储或计算整个模型的情况。

分布式学习模型在多个领域具有广泛的应用。

·互联网服务：用于处理海量用户数据，进行广告推荐、搜索排序、用户画像等任务。

·科学研究：在基因组学、天文学、气象学等领域，用于处理和分析大规模数据集，支持复杂的科学计算和模型训练。

·金融服务：用于风险评估、欺诈检测、市场预测等，通过处理大量的交易数据和客户信息，提高决策准确性。

·智能制造和工业物联网：用于预测性维护、质量控制和生产优化，通过分析海量传感器数据，实现智能制造的目标。

综上所述，分布式学习模型是一种将数据和计算任务分布在多个计算节点上进行并行处理和训练的方法。它具有并行处理、数据分布、模型聚合和容错机制等特点，并通过计算节点、协调节点（可选）、数据划分和通信机制等构成部分来实现其功能。

5.1.4 分布式学习模型对网络资源分配的优化作用

分布式学习模型在优化网络资源分配方面起到了显著的作用，这些作用主要体现在提高资源利用效率、降低网络延迟和增强系统可扩展性等方面。

分布式学习模型的并行处理方式，有效提高了资源利用效率。通过将学习任务分配到多个计算节点上，每个节点负责处理部分数据或模型的一部分，这种并行化处理方式使得网络资源能够得到更高效的利用。首先，通过合理的任务分配和负载均衡，可以确保各个节点的计算资源得到充分利用，避免某些节点过载而其他节点空闲的情况。其次，分布式学习模型中的数据传输通常经过优化处理，如采用数据压缩技术减少传输数据量，或使用梯度累积等方法减少通信次数，从而降低对网络带宽的占用。这些措施共同提高了网络资源的利用效率，使得系统能够在有限的资源下完成更多的学习任务。

网络延迟是影响分布式学习模型性能的关键因素之一。在分布式学习中，节点之间的通信延迟可能会导致梯度更新不同步、模型收敛速度减慢等问题。为了降低网络延迟，分布式学习模型在资源分配方面进行了多项优化。首先，通过选择合适的通信协议和硬件设备（如高速交换机、低延迟网络等），可以缩短节点之间的通信时间。其次，通过优化数据分割和传输策略，可以减少不必要的数据传输和冗余通信，从而降低整体的网络延迟。此外，一些分布式学习框架还提供了动态调整通信频率和数据传输量的功能，以适应不同的网络环境和任务需求。这些优化措施共同降低了网络延迟，提高了系统的实时性和响应速度。

分布式学习模型的一个重要优势是增强了可扩展性。随着计算资源的增加，分布式学习系统能够线性地提高处理能力和训练速度。为了充分发挥这一优势，分布式学习模型在资源分配方面进行了精心设计。首先，通过模块化设计和松耦合的架构，系统能够灵活地扩展更多的计算节点。其次，通过合理的资源调度和负载均衡机制，可以确保新加入的节点能够快速地融入系统并发挥作用。此外，分布式学习模型还支持多种并行模式和架构选择（如数据并行、模型并行、中心化架构、去中心化架构等），以适应不同的任务需求和数据规模。这些特性共同增强了系统的可扩展性，使得分布式学习模型能够应对更复杂、更大规模的学习任务。

综上所述，分布式学习模型通过提高资源利用效率、降低网络延迟和增强系统可扩展性等，对网络资源分配进行了优化。这些优化措施不仅提高了系统的整体性能和效率，还使得分布式学习模型成为处理大规模数据集和复杂学习任务的重要工具。

5.2
联邦学习中的资源分配问题

联邦学习涉及具有不同数据集质量、计算能力、能量状态和参与意愿的异构设备的参与。考虑到设备异构性和资源约束，即在设备能量状态和通信带宽的限制下，必须对资源分配进行优化，以最大程度地提高训练过程的效率。特别是需要考虑四类资源分配问题：参与者选择、无线与计算资源管理、适应性聚合、激励机制。

5.2.1 参与者选择

在联邦学习的架构中，参与者选择问题是一个至关重要的环节，对于整个学习过程的效率、性能以及结果的准确性都有着深远的影响。首先，选择合适的参与者可以提高模型的性能和准确性。如果选择数据质量高、代表性强的参与者，他们提供的数据能够为模型训练提供更有价值的信息，有助于训练出更精准、更鲁棒的模型。其次，参与者的选择还能够影响模型的训练效率。具有强大计算能力和快速网络带宽的参与者能够更快地完成本地模型的训练和参数上传，从而加速整个联邦学习的迭代过程，缩短模型训练时间。此外，合理的参与者选择还能够在一定程度上保证数据的隐私安全。选择信誉良好、安全措施到位的参与者，可以降低数据泄露的风险。

联邦学习的参与者选择中主要需要考虑如下几个因素。

（1）数据质量。数据质量是选择参与者的首要考虑因素。高质量的数据具有较低的噪声、较高的准确性和完整性，能够为模型训练提供可靠的依据。例如，在医疗领域的联邦学习中，如果一个医疗机构的数据具有完整的病例信息、准确的诊断结果和详细的治疗记录，那么该机构就是一个理想的参与者。

（2）数据量。数据量的大小也会影响参与者的选择。拥有大量数据的参与者能够为模型训练提供更丰富的信息，有助于模型更好地学习数据中的特征和模式。比如，在图像识别的联邦学习任务中，拥有大量图像数据的企业或机构能够为模型的训练提供更有力的支持。

（3）计算能力。参与者的计算能力决定了其本地模型训练的速度。计算能力强的参与者能够更快地完成本地模型的训练和更新，从而加快联邦学习的整体进程。对于一些需要快速迭代的学习任务，选择具有高性能计算设备的参与者尤为重要。

（4）网络带宽。网络带宽影响着参与者与中心服务器之间的数据传输速度。网络带宽高的参与者能够快速上传本地模型的参数和梯度，降低数据传输的延迟，提高联邦学习的效率。

（5）数据分布。数据分布的多样性对于模型的泛化能力至关重要。选择数据分布具有差异性的参与者，能够使模型学习到不同场景下的数据特征，从而提高模型的泛化能力和适应性。例如，在针对不同地区用户行为的预测任务中，选择来自不同地区、具有不同用户群体的参与者，可以使模型更好地捕捉到用户行为的多样性。

（6）隐私保护能力。在联邦学习中，数据隐私保护是一个关键问题。选择具有良好的隐私保护措施和技术的参与者，能够降低数据泄露的风险，确保联邦学习过程的安全性。

根据前文所述，参与者选择指的是参与每一轮训练的本地设备的选择。联邦学习旨在让多个参与者在不共享原始数据的情况下，共同协作训练一个机器学习模型。然而，不同的参与者在数据质量、数据量、计算能力、网络带宽以及数据分布等方面存在着显著的差异。通常情况下，每一轮的参与者由服务器随机选择。服务器将聚合所有参与该轮训练的设备的参数更新，然后对模型进行加权平均。因此，联邦学习的训练进度受到速度最慢的参与设备训练时间的限制。为了解决这一联邦学习的瓶颈问题，需要形成新的参与者选择协议。

FedCS模型是一种针对参与者的选择方法和策略优化的联邦学习模型，旨在通过改变参与者选择的策略，解决参与者资源异质性导致的服务器聚合更新步骤延迟、网络模型更新效率低的问题。该系统模型是一个移动边缘计算框架，其中移动边缘计算的运营商充当联邦学习服务器，在蜂窝网络中协调训练，蜂窝网络由具有异构资源的移动设备组成。该模型的运转流程大致如下：

① 信息初始化。

② 资源请求（Resource Request）：联邦学习的服务器进行资源请求步骤，从随机选择的参与者中收集无线信道状态和计算能力等信息。

③ 用户选择：移动边缘计算服务器基于收集到的信息，评估本地设备完成训练步骤所需要的时间，为后续的全局聚合阶段选择能够在预先指定的截止日期内完成训练的最大可能参与者数量。通过在每一轮中选择最大可能的参与者人数，保留了训练的准确性和效率。为了解决最大化问题，提出了一种贪婪算法，即迭代选择模

型上传和更新时间最少的参与者进行训练。

④ 模型分发：联邦学习将全局模型的参数分发给参与者设备。

⑤ 本地模型更新、参数上传。

⑥ 全局聚合、更新全局模型参数。

⑦ 迭代：重复前述步骤②至⑥，直至迭代到模型设定的精度阈值。

与传统的联邦学习模型相比，FedCS模型增加了资源请求步骤，这一步骤可以帮助移动边缘计算服务器根据设备上传的信息评估本地设备的"优劣性"，从而过滤掉本地数据集规模不合适、计算能力弱、信道状况差等情况的参与设备，从而提升全局模型的训练效率。仿真结果表明，与只考虑训练截止日期而不进行参与者选择的联邦学习协议相比，FedCS能够在每个训练轮中选择更多的参与者，从而获得更高的准确率。然而，FedCS只在简单的DNN模型上进行了测试，当扩展到更复杂的模型上进行训练时，可能很难估计应该选择多少参与者。例如，复杂模型的训练可能需要更多的训练轮次，考虑到训练过程中可能会有部分参与者退出，选择太少的参与者可能会导致表现不佳。此外，存在偏向于选择具有更好计算能力的设备的参与者，而这些参与者可能不会持有能够代表人口分布的数据的情况。

Hybrid-FL协议是另一种优化参与者选择的协议。该协议可以处理数据集为Non-IID的客户端数据，解决基于Non-IID数据在FedAvg算法上性能不好的问题。Hybrid-FL协议使得服务器通过资源请求的步骤来选择部分客户端，从而在本地建立一种近似独立同分布的数据集用于联邦学习的训练和迭代。由于联邦学习的参与者数据集形式为Non-IID形式，这会降低传统联邦学习算法的性能，因此，Hybrid-FL协议旨在使用来自有限数量的隐私不敏感参与者的输入构建一个近似的IID数据集。在Hybrid-FL协议的资源请求步骤中，移动边缘计算服务器询问随机参与者是否允许他们的数据被上传。在参与者选择阶段，除了基于计算能力选择参与者外，还对参与者进行选择，使上传的数据可以在服务器中形成一个近似的IID数据集，即每个类收集的数据量有接近的值。随后，联邦学习服务器在收集的IID数据集上训练一个模型，并将该模型与参与者训练的全局模型合并。仿真结果表明，即使只有1%的参与者共享数据，与上述完全不上传数据的FedCS基准相比，对Non-IID数据的分类精度也可以得到显著提高。然而，建议的协议可能侵犯用户的隐私和安全，特别是如果联邦学习服务器是恶意的。在参与者是恶意的情况下，数据可以在上传之前被伪造。此外，Hybrid-FL协议可能会带来高昂的成本，特别是在采用视频和图像的情况下。因此，参与者自愿上传数据的积极性有可能被削弱。就可行性而言，需要一个精心设计的激励和声誉机制以确保只有值得信任的参与者才能上传数据。

5.2.2　无线与计算资源管理

近年来，移动设备的计算能力迅速提升，但是许多设备仍然面临无线资源短缺的问题。考虑到本地模型传输是联邦学习的重要组成部分之一，越来越多的研究开始着手开发能够实现更高效联邦学习的无线通信技术。

虽然大多数联邦学习研究之前都假设正交接入方案，如正交频分多址接入（Orthogonal Frequency-division Multiple Access，OFDMA），但有学者提出了一种多接入宽带模拟聚合（Broadband Analog Aggregation，BAA）设计，以减少联邦学习中的通信延迟。BAA方案建立在空中计算的概念上，通过利用多址信道的信号叠加特性来集成计算和通信。所提出的BAA方案允许整个带宽的复用，而OFDMA实现了带宽的正交分配。因此，对于正交接入方案，通信延迟会随着参与者的数量的增加成正比上升，而对于多接入方案，延迟与参与者的数量无关。BAA传输过程中的信噪比瓶颈是传播距离较近的设备必须降低发射功率才能与传播距离较远的设备进行幅度校准，而参与设备的最长传播距离是BAA传输的制约因素。为了提高信噪比，必须减少传播距离较长的参与者，然而，这导致了模型参数的截断。为了管理信噪比截断权衡，有三种不同的调度方案：一是单元内部调度（Cell-interior Scheduling），超出距离阈值的参与者不被调度；二是全包调度（All-inclusive Scheduling），所有参与者都被考虑；三是交替调度（Alternating Scheduling），边缘服务器在上述两种方案之间进行交替调度。仿真结果表明，BAA方案可以达到与OFDMA方案相似的测试精度，同时将延迟从 $\frac{1}{10}$ 降低到 $\frac{1}{1000}$。对于三种调度方案的比较，在参与者位置快速变化的高移动性网络中，单元内部调度方案在测试精度方面优于全包调度方案。对于低移动性网络，交替调度方案优于单元内部调度方案。

此外，有学者提出了一种通过空中计算将计算和通信结合起来的方法。然而，在空中计算过程中产生的聚合误差会由于信号失真而导致模型精度下降。为此，研究者提出了一种参与者选择算法，其中选择用于训练的设备数量被最大化，以提高统计学习性能，同时将信号失真保持在阈值以下。

5.2.3　适应性聚合

FedAvg算法同步聚合模型如图5-1（a）所示，该算法容易受到离散者效应的影响，即每轮训练的速度受限于最慢的设备，因为联邦学习服务器要等待所有设备完成局部训练后才能进行全局聚合。此外，该模型没有考虑到当训练轮已经进行到一半时加入的参与者。因此，为了提高联邦学习的可扩展性和效率，应使用异步模型。

对于异步联邦学习，服务器在接收到本地更新时更新全局模型［图5-1（b）］。从经验中发现，异步方法对于在训练轮中途加入的参与者，以及当联邦学习涉及具有异构处理能力的参与设备时，有着良好的工作表现。然而，当数据不平衡时，发现模型收敛明显延迟。作为改进，提出了FedAsync算法，每个新接收到的本地更新根据陈旧度自适应加权，其中陈旧度定义为接收到的更新所属的当前训练轮次与迭代之间的差值。例如，当本应该在之前的训练轮中被接收到的数据延迟接收时，更新数据是过时的，因此，它的权重较低。此外，当前FedAsync算法的超参数仍然需要调整，以确保在不同设置下的收敛性，因此，该算法仍然无法泛化以适应异构设备的动态计算约束。事实上，考虑到异步联邦学习可靠性的不确定性，同步联邦学习仍然是目前最常用的方法。

对于大多数现有的FedAvg算法实现，全局聚合阶段发生在固定数量的训练轮之后。在更好地管理动态资源约束条件下，存在一种自适应全局聚合方案，该方案改变全局聚合频率，以确保理想的模型性能，同时确保在联邦学习训练过程中有效利用可用资源，例如能源。仿真结果表明，在相同的时间预算内，自适应聚合方案在损失函数最小化和精度方面优于固定聚合方案。然而，自适应聚合方案的收敛性保证目前仅针对凸损失函数进行了考虑。

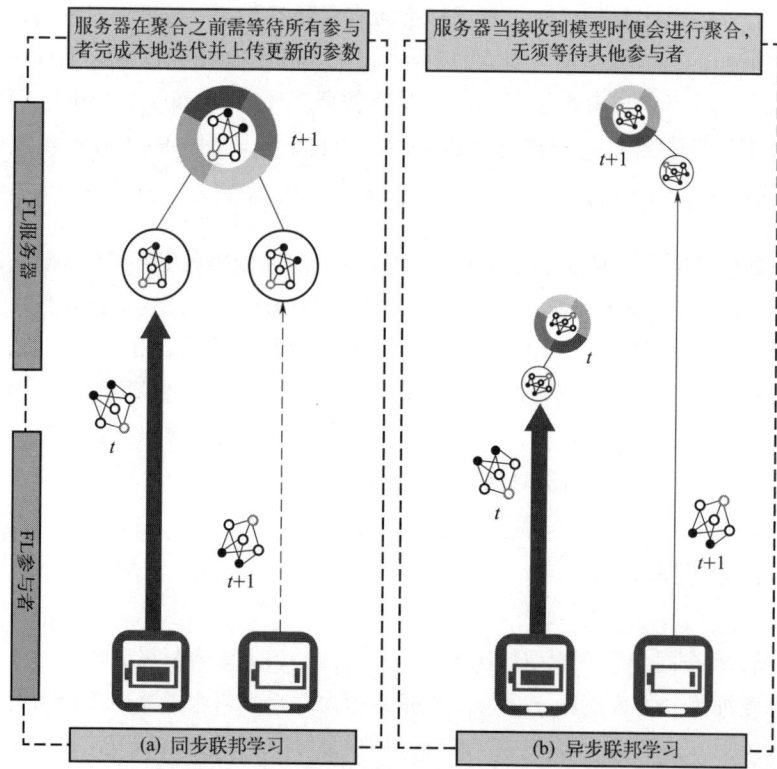

图5-1　同步联邦学习与异步联邦学习的区别

5.2.4 激励机制

有研究者提出了一种服务定价方案，参与者作为模型所有者的培训服务提供者。此外，为了克服模型更新传输中的能源低效问题，提出了一个合作中继网络来支持模型更新传输和交易。参与者和模型所有者之间的互动被建模为Stackelberg博弈，其中模型所有者是买方，参与者是卖方。每个理性参与者都能以非合作的方式，决定自己的利润最大化价格。在较低级的子博弈中，模型所有者考虑模型的学习精度与训练数据的大小之间的凹关系，确定训练数据的大小以实现利润最大化。在上层子博弈中，参与者依据自身利润最大化原则，来决定每单位数据的价格。仿真结果表明，该机构能够保证Stackelberg均衡的唯一性。例如，在Stackelberg均衡下，包含有价值信息的模型更新定价更高。此外，借助合作中继网络，模型更新可以协同传输，从而减少通信中的拥塞，提高能源效率。然而，仿真环境只涉及相对较少的移动设备，这可能在一定程度上限制了研究结果的普适性。

与解决Stackelberg公式的传统方法不同，可采用基于深度强化学习（DRL）的方法和Stackelberg博弈相结合的策略。在DRL公式中，联邦学习服务器作为代理，根据边缘节点的参与水平和支付历史来决定支付政策，目标是将激励费用最小化。然后，边缘节点根据支付政策确定一个最优的参与水平。这种基于学习的激励机制设计使联邦学习服务器能够在不需要任何先验信息的情况下，根据其观察状态推导出最优策略。

另一种思路是使用契约理论方法进行激励设计，以吸引具有联邦学习高质量数据的参与者。设计良好的契约可以通过自我揭示机制减少信息不对称。在这种机制中，参与者只选择为其类型专门设计的契约。从可行性角度考量，每个合约必须满足个体理性（Individual Rationality，IR）和激励兼容性（Incentive Compatibility，IC）约束。对于IR，当参与者参与联合时，每个参与者都被保证具有正效用。对于IC，每个效用最大化的参与者只选择为其类型设计的契约。模型所有者的目标是在IR和IC约束下实现自身利润最大化。导出的最优契约是自我揭示的，使得每个具有较高数据质量的高类型参与者只选择为其类型设计的契约，而每个具有较低数据质量的低类型参与者则没有动机去模仿高类型的参与者。仿真结果表明，所有类型的参与者只有在选择与其类型匹配的契约时，才能获得最大的效用。此外，与基于Stackelberg博弈的激励机制相比，契约理论方法在利润方面对模型所有者也有更好的表现。这是因为在契约理论方法下，模型所有者可以从参与者那里获得更多的利润，而在Stackelberg博弈方法下，参与者可以优化他们的个人效用。事实上，联邦学习服务器和参与者之间的信息不对称使得契约理论成为联邦学习中机制设计的一个强大而有效的工具。作为扩展，在模型中引入一个多维契约，其中每个联邦学习参与者决定其愿意为模型训练贡献的最优计算能力和图像质量，以换取每次迭代中的契约奖励。

在此基础上，可以更进一步引入声誉作为衡量联邦学习参与者可靠性的指标，并设计基于声誉的可靠联邦学习参与者选择方案。在这种情况下，每个参与者的声誉值有两个来源：来自过去与联邦学习服务器交互的直接声誉意见、来自其他任务发布者（即其他联邦学习服务器）的间接声誉意见。间接声誉意见存储在开放访问的声誉区块链中，确保以分散的方式进行安全的声誉管理。在模型训练之前，参与者选择最适合其数据集准确性和资源条件的契约。然后，联邦学习服务器选择信誉分数大于预设阈值的参与者。在联邦学习任务完成后，即达到理想的准确性后，联邦学习服务器更新信誉意见，并将其存储在信誉区块链中。仿真结果表明，该方案能够有效地检测出不可靠的工作人员，从而使联邦学习模型的训练精度得到显著提高。

5.3
联邦学习中的资源分配优化

联邦学习是一种新兴的防止个人信息泄露的技术。与集中式学习不同，集中式学习需要从用户那里收集数据，并将其集中存储在云服务器上，而联邦学习可以在数据分布在用户设备上时学习全局模型。相比于传统的分布式机器学习，联邦学习中的优化需要更注重系统异质性、统计异质性和数据隐私性。系统异质性体现为高通信成本和节点出现故障的风险；统计异质性体现为数据的非独立同分布（Non-IID）和不平衡。由于以上限制，传统分布式机器学习的优化算法便不再适用，需要设计专用的联邦学习优化算法。

5.3.1 单目标优化

单目标优化指在资源分配过程中，仅以一个目标为优化方向。通常情况下，传统的联邦学习旨在实现单目标优化，这一目标往往是效用，即将提高模型训练精度作为唯一目标，通过调整数据分配、计算资源分配等方式来实现。例如，在一个图像识别任务的联邦学习场景中，联邦学习的目标是在有限的资源条件下，尽可能地提高模型对图像的识别准确率。通过优化数据在各个参与方之间的分配，以及计算资源的分配，使模型能够更有效地学习和训练，从而提高识别准确率。

随着技术的不断发展，联邦学习需要同时考虑个人数据隐私的保护、各参与者的公平性以及对抗恶意参与者的鲁棒性等问题，多目标优化成为联邦学习发展的整体趋势。

5.3.2 多目标优化

在联邦学习的实际应用中，往往需要同时考虑多个目标，可能既希望提高模型的精度，又希望降低模型训练的时间和能耗，或者同时考虑数据隐私保护等多个目标。例如，在一个医疗数据的联邦学习场景中，既要保证疾病预测模型的准确率，又要确保患者数据的隐私安全，同时还要尽量减少计算和通信资源的消耗。通过多目标优化算法，可以在这些相互冲突的目标之间找到一个平衡的解决方案。为了实现这一目标，不同的研究者在传统联邦学习模型的算法上开发了不同的多目标优化算法，下面给出两个例子。

针对传统的联邦学习没有考虑公平性的问题（即在实际场景中，参与者之间的数据具有高度异构和数据量差距较大的特点，常规的聚合操作会不经意地偏向一些设备，使得最终聚合模型在不同参与者数据上的准确率表现出较大差距），提出了一种公平算法，称为α-FedAvg。通过引入α参数，该参数能够调节准确率在所有参与者准确率之和上的权重，从而改变聚合权重，使得聚合模型更公平，即其在所有参与者本地数据上的准确率分布更均衡，能够在尽可能保证聚合模型性能的情况下提升其公平性。通过采用α-FedAvg方法，实现效用最大化和公平性的多目标。

其他研究者聚焦于联邦学习中的通信成本上升问题，通过使用多目标进化算法来优化联邦学习中神经网络模型的结构，以同时达到最小化通信开销和全局模型测试误差。为了提高大型神经网络的可扩展性，提出了一种改进的集合方法来间接编码神经网络的连通性。实验结果表明，这些模型具有更好的全局学习精度和更少的连接数，从而在不影响IID和Non-IID数据集上的学习性能的情况下，显著降低通信开销。

在联邦学习中，单目标优化与多目标优化是两种不同的策略，它们在目标设定和优化方法上存在明显差异。

单目标优化通常关注于一个主要的性能指标，如最小化模型训练时间或最大化模型精度。这种方法的特点是实现简单，能够针对特定目标进行深入优化，但在实际应用中可能无法全面考虑系统中的多方面需求，例如，最小化训练时间可能牺牲模型精度。

与单目标优化相比，多目标优化同时考虑多个优化目标，如降低通信成本、提高模型精度和保障用户数据隐私等。这种优化方法更为复杂，但可以提供更全面和平衡的解决方案。例如，多目标优化可以在确保用户之间公平性和对抗恶意对手的鲁棒性的同时，实现联邦学习的目标，如FedMGDA+算法就是针对多目标优化提出的，它保证收敛到帕累托平稳解，并且不会牺牲任何参与用户的性能。在实际应用中，选择合适的优化策略取决于具体的应用场景和需求。例如，在面对数据分布高度异构的联邦学习网络时，多目标优化可以更好地平衡各方的需求和限制。

综上所述，单目标优化和多目标优化各有优势和局限，选择合适的策略需要根据联邦学习的具体环境和目标进行综合考量。在设计联邦学习系统时，需要权衡不同目标之间的优先级和影响，以实现最优的系统性能。

5.3.3 性能分析

为了评估联邦学习在资源分配优化中的效果，需要进行性能分析。第2章中对影响联邦学习性能的因素进行了分析，主要包括延时性、有限资源的利用、大规模设备接入以及设备的异构性四个因素。结合以上影响因素，联邦学习的性能分析指标包括但不限于模型精度、训练时间、资源利用率、能耗等。

通过对不同优化策略和算法的性能分析，可以比较它们在不同场景下的优劣，为实际应用中的资源分配决策提供依据。例如，在一组对比实验中，分别采用不同的联邦学习资源分配策略，观察它们在模型精度、训练时间和能耗方面的表现，从而选择最适合当前应用场景的策略。

第 6 章

联邦学习与其他
大数据技术的结合

6.1

联邦学习与物联网

随着科技的飞速发展，联邦学习与物联网（IoT）作为两个前沿技术领域，正逐渐展现出强大的互补性和协同作用。物联网通过广泛的设备连接和智能化处理，实现了数据的实时采集、传输与分析。它将各种信息传感设备与互联网相结合，形成了一个庞大的智能网络，使得物理世界与数字世界得以深度融合。在这个网络中，无论是智能家居、智慧城市还是工业制造，各种设备都能实时地交换信息、协同工作，极大地提高了生产效率和生活质量。

然而，物联网设备生成的海量数据如何被有效、安全地利用，一直是一个亟待解决的问题。联邦学习技术作为一种新兴的分布式机器学习框架，为物联网数据的处理和应用提供了新的思路。联邦学习的核心思想在于"数据不动，模型动"。它允许各个设备在本地进行模型训练，仅上传加密的模型参数或梯度，而无须上传原始数据。这一特性使得联邦学习在物联网中具有天然的优势。物联网设备种类繁多、分布广泛，其生成的数据包含丰富的个人信息和敏感数据。传统的集中式数据处理方式容易引发数据泄露和隐私侵犯问题，而联邦学习则能够有效保护用户数据的隐私性。

本节将从联邦学习与物联网的基本概念出发，深入探讨两者结合所带来的技术优势。

6.1.1 物联网技术

物联网（Internet of Things，IoT）指的是通过一系列信息传感设备，包括但不限于射频识别（RFID）、红外感应器、全球定位系统（GPS）、激光扫描器等装置，按照特定的协议和标准，将任何物品与互联网相连接，实现物品之间的信息交换和通信。这种网络的形成，使得物理世界中的物体能够被智能化识别、定位、跟踪、监控和管理，从而极大地提升了人类社会的生产效率和生活质量。

物联网技术的核心在于其广泛的设备连接能力和智能化的数据处理与分析能力。通过物联网，各种设备可以被无缝地连接到互联网中，形成一个庞大的智能网络。在这个网络中，设备之间可以实时地交换信息、协同工作，实现对物理世界的全面感知和智能化控制。

物联网的概念最早由凯文·阿什顿于1999年提出，旨在将日常物理对象连接到互联网上，从而实现设备的独立通信和信息共享。物联网的体系架构通常包括感知层、网络层和应用层三个部分：感知层负责收集数据，网络层负责数据传输，应用层负责提供具体的应用服务。物联网具有以下特点：

（1）全面感知：物联网通过射频识别（RFID）、传感器、二维码等技术，可以随时随地获取物体的各种信息。这些感知设备能够实时监测和采集环境信息，为后续的信息处理和决策提供基础数据。

（2）可靠传输：物联网依赖于各种电信网络和互联网的融合，实现对感知信息的实时远程传送。这确保了信息在物与物、人与物之间的交互和共享，并进行有效的处理。

（3）智能处理：利用云计算、数据挖掘和模糊识别等人工智能技术，物联网能够对海量数据进行分析和处理，从而实现智能化的控制和决策。

（4）高度自动化和智能化：物联网通过自动化的数据采集和处理，缩短了决策时间，降低了决策成本，提高了操作效率和准确性。

（5）安全保障：为了确保数据安全和传输安全，物联网采取了多重安全措施，如身份认证、加密等。

（6）异构设备互联：物联网中的设备是异构的，由于其硬件平台和网络的不同，它们可以通过不同的网络协议进行交互。

（7）动态变化：物联网设备的状态是动态的，包括睡眠/唤醒、连接/断开连接以及上下文依赖（例如位置和速度）。此外，设备的数量也可以动态变化。

物联网技术的应用领域非常广泛。在智能家居方面，物联网技术使得家中的各种设备能够互联互通，如智能音箱、智能门锁、智能照明等，实现智能化的家居控制和个性化的用户体验。在智慧城市领域，物联网技术被广泛应用于交通管理、环境监测、公共安全等方面，通过实时采集和分析城市中的各种数据，实现对城市运行的全面感知和智能化管理。在工业制造领域，物联网技术使得生产线上的各种设备能够被实时监控和控制，实现生产过程的自动化和智能化，极大地提高了生产效率和产品质量。

6.1.2 联邦学习与物联网结合的技术优势

6.1.2.1 数据隐私保护

随着物联网技术的迅猛发展，全球范围内数十亿台设备生成并处理着海量的数据，推动着各类智能应用的进步。在物联网环境中，设备生成的海量数据不仅数量庞大，而且包含丰富的个人信息和敏感数据。这些数据一旦泄露或被不当使用，可能会对用户隐私造成严重侵犯。传统的集中式数据处理需要将数据集中存储在中心服务器进行处理，存在一定的风险，容易造成数据泄露和隐私侵犯的问题。而联邦学习作为一种新兴的分布式学习框架，为这些问题提供了一种有效的解决方案，特别是在保护数据隐私方面具有显著的优势。

联邦学习的核心理念之一是将模型训练过程转移到本地设备上进行，它将数据处理和模型训练任务分布在各个设备上，每个设备仅上传加密的模型参数或梯度，而无须上传原始数据。这种分散的数据存储和处理方式意味着原始数据始终保留在终端设备上，不会被上传或存储到中心服务器上。这样一来，即使中心服务器或其他设备被攻击，也无法直接获取到用户的完整原始数据，从而实现了数据隐私的严格保护。

6.1.2.2　分布式计算与资源优化

物联网设备种类繁多、分布广泛，其计算能力、存储资源和网络环境各异。这种异构性使得传统的集中式数据处理方式在物联网环境中面临诸多挑战。而联邦学习则充分利用了这些设备的分布式计算能力，将模型训练任务分散到各个设备上执行。这种方式有效降低了中心服务器的负载和能源消耗，在每个设备完成本地计算之后，只需将轻量级的模型参数上传至中心服务器，而非传输大规模原始数据。这不仅减轻了中心服务器的计算和存储负担，提高了计算效率和物联网系统的可持续性，还使得每个设备都能根据其自身的计算能力和网络环境来参与模型训练，实现了资源的优化配置。同时，通过优化模型参数共享机制，联邦学习进一步减少了数据传输量，降低了通信成本，使得物联网设备能够更加高效地进行数据处理和模型训练。

通过减少数据传输量，联邦学习不仅显著降低了带宽消耗，还提高了数据传输的效率。在大规模物联网部署中，带宽资源非常宝贵，联邦学习通过有效利用本地计算资源，减少了对带宽的依赖，使得系统在低带宽环境下也能稳定运行。这对于那些位于偏远地区或网络条件较差的物联网设备尤为重要。例如，在广阔的农田中分布的农业物联网设备，可以通过联邦学习在本地处理数据，仅需传输少量的模型更新数据，从而确保数据传输的高效性和稳定性。这种方法不仅节省了通信成本，还提升了整个物联网系统的响应速度和可靠性。

6.1.2.3　模型泛化能力提升

联邦学习的另一个重要优势是能够通过汇聚多个参与方的本地模型参数来实现全局模型的优化。由于不同参与方的数据集存在差异性和多样性，这种跨域数据融合有助于提升模型的泛化能力，使其更加适应复杂多变的应用场景。在物联网领域，这一优势尤为明显。因为物联网设备生成的数据类型多样、来源广泛，通过联邦学习可以将这些数据融合起来进行模型训练，从而训练出更加准确、鲁棒的模型。这些模型能够更好地识别和处理各种类型的数据，提高系统的智能化水平，为物联网应用的发展提供更加有力的支持。

6.1.3　联邦学习与物联网结合的系统模型

6.1.3.1　FL-IoT的网络框架

物联网中的联邦学习概念主要涉及两个主要实体之间的通信：数据客户端（如IoT设备）和位于基站（BS）或接入点（AP）处的聚合服务器，如图6-1所示。令 $\mathcal{K} = \{1, 2, \cdots, K\}$ 表示使用智能手机、笔记本电脑或平板电脑等IoT设备，协作实现执行IoT任务的联邦学习算法的参与者集合。例如，在基于物联网的车辆网络中，车辆可以加入共享的联邦学习过程，以感知道路交通环境并生成全面的交通路线图，从而减少交通拥堵。在下一代物联网网络中，联邦学习对于在网络边缘实现物联网系统的完全智能至关重要，因为基站无法从分布式物联网设备收集所有数据用于AI/ML训练。联邦学习允许IoT用户和基站训练共享的全局模型，而原始数据则保留在用户的设备上。在联邦学习过程中，每个IoT用户 k 通过使用他们自己的数据集 $D_k \in K$ 参与训练共享的AI/ML模型。在下文中，在IoT设备处训练的联邦学习模型，称为本地模型 w_k。在本地训练之后，物联网用户将他们的本地模型更新上传到基站，然后聚合以构建共享模型，称为全局模型 w_G。通过依赖于IoT设备处的分布式数据训练，基站处的聚合服务器可以在不显著损害用户数据隐私的情况下提高训练性能。

如图6-1所示，一般联邦学习过程包括以下关键步骤：

（1）系统配置和设备选择：聚合服务器选择物联网任务，如人类活动识别，并设置学习参数（学习率和沟通回合），还选择要参与联邦学习过程的IoT设备的子集，其中几个可能的选择因素可以是信道条件和每个IoT设备的本地更新的重要性。

（2）分布式本地训练和更新：在训练配置之后，服务器重新创建一个新的模型，即 w_G^0，并将其传输到IoT客户端以开始分布式训练。每个客户端 k 使用其自己的数据集 D_k 训练本地模型，并通过最小化损失函数 $F(w_k)$ 来计算更新 w_k：

$$w_k* = \arg \min F(w_{-k}) \qquad k \in \mathcal{K} \qquad (6-1)$$

这里，损失函数对于不同的联邦学习算法可以是不同的。例如，对于一组输入输出对 $\{x_i, y_j\}_{i=1}^{K}$，线性回归联邦学习模型的损失函数可以定义为：

$$F(w_k) = \frac{1}{2}(x_i^{\mathrm{T}} w_k - y_i)^2 \qquad (6-2)$$

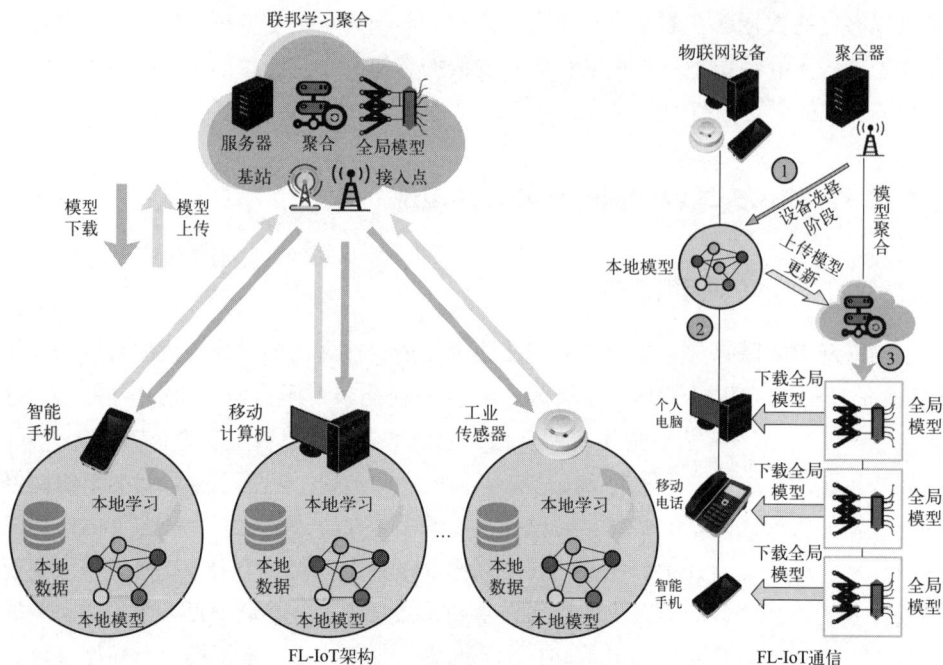

图6-1 一般联邦学习过程

然后每个客户端 k 将其计算的更新 w_k 上传到服务器以进行聚合。

（3）模型聚合和下载：在从本地客户端收集所有模型更新之后，服务器将其聚合并计算新版本的全局模型，如：

$$w_G = \frac{1}{\sum_{k\in\mathcal{K}}|D_k|}\sum_{k=1}^{K}|D_k|w_k \tag{6-3}$$

$$(\text{P1}): \ \min_{w_{k\in\mathcal{K}}}\frac{1}{K}\sum_{k=1}^{K}F(w_k) \tag{6-4}$$

$$(\text{C1}): \ w_1 = w_2 = \cdots = w_K = w_G \tag{6-5}$$

这里，损失函数 F 反映了联邦学习算法的准确性，如基于联邦学习的对象分类任务的准确性。此外，约束（C1）确保每个训练轮之后，所有客户端和服务器在联邦学习任务上共享相同的学习模型。在模型导出之后，服务器将全新的全局模型 w_G 广播给所有客户端，用于在下一轮学习中优化本地模型。迭代联邦学习过程，直到全局损失函数收敛或达到期望的精度。

6.1.3.2　FL-IoT的性能分析

性能分析是确保FL-IoT架构有效性和实际应用价值的关键步骤。以下介绍联邦学习框架性能的几个主要方面，以及每个方面的详细分析方法。

（1）准确性（Accuracy）：

·性能评估：使用标准数据集和任务来测试框架的准确性。比较框架的模型预测结果与实际标签，以评估其预测精度。

·指标：可以使用常见的指标，如精确度（Accuracy）、召回率（Recall）、F1分数（F1 Score）等，根据具体任务选择合适的评估标准。

·交叉验证：在不同的数据分割或训练/测试集上进行交叉验证，以确保准确度的稳定性和一致性。

（2）计算效率（Computational Efficiency）：

·训练时间：记录模型训练的时间开销，包括每轮训练所需的时间以及总的训练时间。

·推断时间：测量模型在实际推断过程中的响应时间，包括数据预处理、模型计算和结果输出时间。

·资源消耗：分析框架在训练和推断过程中的计算资源消耗，如CPU/GPU使用率和内存占用。

（3）通信开销（Communication Overhead）：

·数据传输量：计算每轮训练中需要传输的数据量，包括模型参数和梯度的大小。

·通信频率：分析训练过程中模型更新的频率和通信周期。

·延迟：测量网络延迟对整体训练时间的影响，尤其是在分布式节点之间的通信。

（4）隐私保护（Privacy Preservation）：

·隐私技术：评估框架中采用的隐私保护技术，如差分隐私（Differential Privacy）和同态加密（Homomorphic Encryption）的实现效果。

·攻击模型：分析框架对潜在隐私攻击的抵抗能力，包括模型反向工程和数据恢复攻击。

·隐私预算：测量和评估隐私预算（Privacy Budget）的消耗情况，以确保符合隐私保护的要求。

（5）可扩展性（Scalability）：

·节点数量：测试框架在不同数量的客户端节点下的性能，分析其在大规模系统中的表现。

·数据量：评估框架在处理不同规模的数据集时的效率和准确性。

·模型复杂性：分析框架在处理不同复杂度模型（如深度神经网络）时的表现。

（6）可靠性（Robustness）：

·异常处理：测试框架在面对数据异常、节点故障或网络中断时的表现。

· 鲁棒性评估：检查框架在面对不完整、噪声或攻击数据时的稳定性和鲁棒性。

6.1.3.3 FL-IoT的可行性研究

1）联邦学习中的安全和隐私问题

联邦学习作为一种分布式机器学习范式，其核心优势在于能够在保护数据隐私的前提下，通过协作训练全局模型。然而，联邦学习系统在客户端和服务器端仍面临着安全和隐私的挑战。例如，客户端可能会遭受后门攻击，攻击者通过修改数据特征或注入不正确的数据子集来影响模型训练。此外，中央服务器在聚合本地更新时可能会受到攻击，导致训练数据泄露，增加用户隐私泄露风险。

为了应对这些挑战，研究人员提出了多种解决方案，如微扰技术，包括差分隐私和虚拟参与者等，通过在梯度中加入噪声来保护训练数据。差分隐私特别适用于在保护数据隐私的同时，允许数据的统计分析，通过添加高斯噪声来隐藏个人信息。此外，还有研究者提出了匿名和隐私保护的联邦学习方案，通过减少服务器和参与方之间共享的参数量，并使用高斯机制对共享参数应用差分隐私，从而保护参与方的隐私。

在FL-IoT领域，物联网设备通常资源受限且分布广泛，因此安全和隐私问题尤为突出。部分研究关注于提高FL-IoT系统中的隐私保护，通过使用区块链技术来增强安全性；还有部分研究提出安全聚合方案，以在未经身份验证的网络条件下提供强安全性。

尽管联邦学习提供了数据隐私保护，但在实施过程中仍需考虑多种安全威胁和攻击手段，包括成员推理攻击、无意的数据泄露、基于GANs的推理攻击等。为了应对这些攻击手段，可以采用安全多方计算（SMC）、差分隐私、VerifyNet和对抗训练等技术来增强联邦学习的隐私保护特性。

未来的研究方向包括但不限于零日对抗性攻击、信赖的可溯源性、使用APIs定义好的过程、优化隐私保护增强和成本之间的权衡，以及在实践中建立联邦学习隐私保护增强框架等。这些研究将有助于进一步提升联邦学习系统的安全性和隐私保护能力，特别是在智能物联网系统的应用中。

2）FL-IoT通信与学习融合的可行性

在FL-IoT领域，通信与学习融合面临的问题主要集中在数据异质性、客户端数量增长、收敛性问题，以及受限的收敛速度等方面。由于物联网设备的多样性，每个客户端的训练数据在大小和分布上各不相同，因此联邦学习训练中的通信链路对不平衡和非独立同分布（Non-IID）数据高度敏感。随着客户端数量的指数级增长，网络通道上的通信负担加重，使得客户端与服务器之间的直接通信变得低效。此外，物联网设备的异构性和连接不稳定性，以及一阶梯度下降法的使用，限制了联邦学习算法的收敛速度和稳定性。

为应对这些挑战，研究人员提出了多种解决方案。一种新的高效通信协议通过稀疏化、三元化、错误积累和Golomb编码技术压缩通信，提高了对客户端数量和数据分布变化的鲁棒性。FetchSGD算法利用Count Sketch数据结构压缩梯度，减少了每轮通信所需的数据量，同时聚合器通过维护动量和错误积累，确保了训练质量。动量联邦学习设计通过集成动量梯度下降方法，优化了学习参数，减少了计算量，并加快了损失函数的最小化过程。这些解决方案旨在提高FL-IoT系统的通信效率和学习收敛速度，同时保持数据隐私和模型性能。未来的工作将聚焦于技术优化、系统集成、标准化工作，以及进一步增强安全性和隐私保护。

3）FL-IoT中的资源管理

在FL-IoT领域的发展过程中，研究者们遭遇了一系列技术挑战，这些挑战主要源于物联网设备的有限资源、同步更新过程中的潜在延迟、深度学习模型训练的难度，以及资源管理的复杂性。鉴于物联网设备的计算和存储能力通常较为有限，在承担大规模人工智能训练任务时往往显得力不从心，特别是在执行对资源要求较高的深度学习模型训练时。此外，计算能力不足的设备还可能在服务器端造成同步参数聚合的延迟，这不仅影响了联邦学习系统的总体效率，也制约了模型的实时更新能力。

为了克服这些难题，学术界和工业界提出了一系列创新性的解决方案。首先，提出了一种资源感知的联邦学习架构，该架构能够智能地根据设备的计算资源状况来调整神经网络的训练过程，从而优化资源的使用效率。其次，引入了软训练技术，这项技术允许计算能力较弱的设备在局部训练阶段通过临时屏蔽部分资源密集型神经元来减轻计算负担，同时确保在参数聚合阶段能够恢复模型的完整性，不影响整体的收敛性能。此外，为了进一步提升训练效率，研究者设计了优化的深度神经网络架构，如DeepRebirth，它通过精简模型结构和优化层的排列，显著加快了模型的训练速度，并减少了内存占用。同时，研究者提出了一种基于数据重要性和计算通信效率的资源管理算法，该算法能够智能地选择每轮参与训练的客户端，同时考虑到通信、计算和统计异质性，有效减少了模型收敛所需的时间。最后，基于重要性采样的客户端选择方法，通过评估客户端的资源状况并进行优先级排序，进一步提高了训练过程的效率和准确性。

通过这些综合性的解决策略，FL-IoT得以在资源受限的物联网设备上实现更加高效和精准的模型训练与更新。这些研究成果不仅提高了FL-IoT的实用性和可靠性，而且为物联网设备在人工智能和机器学习领域的广泛应用奠定了坚实的基础。

4）在物联网传感器上部署AI学习功能的可行性

在FL-IoT这一新兴技术领域中，实现物联网传感器上的人工智能功能面临着一系列挑战，这些挑战主要源于硬件资源、内存容量和能耗的限制。鉴于先进的机器学习算法在模型训练和参数存储方面对内存和能耗的巨大需求，物联网传感器在加入全尺寸AI模型训练时显得力不从心。例如，即便是训练相对简单的图像分类模型如ResNet-50，也需要消耗大量的CPU周期和内存资源。此外，AI训练过程中的高通信成本也是制约在设备上实现联邦学习的关键因素，因为物联网传感器与服务器之间的模型交换会产生随着模型增大而增长的通信开销。

在FL-IoT领域，Tiny-Transfer-Learning（Tiny TL，微小迁移学习）方案以其卓越的内存效率和模型适应性，为物联网设备上的AI学习提供了一种创新的解决方案。该方案仅更新偏置模块而非整个网络，显著降低了内存占用，使得在内存受限的设备上进行AI学习成为可能。此外，Tiny TL通过引入轻量级残差模块，以极小的内存开销增强了模型的适应能力，同时保持了与全网络微调相当的精度水平。然而，Tiny TL方案也存在一些局限性，包括对预训练权重初始化的依赖性、在特定网络结构下的最佳表现，以及在内存与精度之间可能需要做出的权衡。但随着研究的不断深入，已经可以通过优化初始化策略，减轻对预训练权重的依赖，使Tiny TL能够适应不同的预训练条件。其次，通过设计更灵活的网络结构和调整特征提取器，可以提高Tiny TL在不同数据集上的适用性和性能。此外，通过权衡分析，可以在内存使用和模型精度之间找到一个平衡点，以适应不同的应用场景。最后，对于数据分布与预训练数据差异较大的情况，可以采用特定的技术来增强模型的泛化能力。

综上所述，尽管Tiny TL方案在实际应用中仍面临着一些挑战，但通过不断的技术创新和优化，这些局限性是可以被克服的。随着研究的深入和技术的发展，Tiny TL方案有望在物联网设备上的AI学习中发挥更大的作用，推动智能边缘计算的进一步发展。

5）规范标准

在未来的智能网络中，垂直FL-IoT用例的引入预示着对现有移动网络架构的重大变革，以满足如自动驾驶、电子医疗等行业的严格要求。这些要求依赖于边缘/云分析服务器和边缘物联网通信协议等关键计算服务，强调了网络标准和元素在FL-IoT生态系统大规模部署中的重要性。这些标准和元素的发展，不仅填补了FL-IoT生态系统的空白，也为其提供了技术上的明确性和清晰度。

例如，欧洲电信标准协会（ETSI）的行业规范组（ISG）发布了名为ETSI多接入边缘计算（MEC）的倡议，旨在通过无缝和开放的边缘计算和通信框架，集成各类基于边缘计算的应用程序。这一举措为FL-IoT系统提供了重要的组成部分，使得联邦学习聚合可以在MEC提供的计算服务支持下完成，同时促进了物联网数据的边缘节点离线存储和处理，为视频分析、增强现实、数据缓存和内容交付等服务提供了强大动力。

此外，边缘物联网通信协议的标准对于实现FL-IoT服务和应用至关重要。OPC-UA作为开放平台通信标准，在边缘物联网场景中得到广泛应用，支持独立于平台的边缘物联网服务统一架构。MODBUS作为工业电子设备的通信标准，通过多种协议如RTU、TCP/IP、UDP等，依赖于网状网络架构，实现与监控和数据采集系统的通信。

在无线协议方面，Wi-Fi作为物联网通信的流行协议，允许物联网设备与计算服务器之间的连接。IEEE 802.11工作组正在讨论的IEEE 802.11be极高吞吐量标准，预计将满足5G/6G时代物联网应用的峰值吞吐量要求，支持服务提供商在网络边缘部署智能物联网服务。

随着这些网络标准和元素的不断发展与完善，预计它们将为FL-IoT组件和设备在网络边缘的智能物联网服务部署提供坚实的基础，推动FL-IoT生态系统的成熟和广泛应用。表6-1中总结了FL-IoT未来存在的挑战和可能的方向。

表6-1　FL-IoT未来存在的挑战和可能的方向

挑战	描述	可能的方向
FL中的隐私和安全问题	·在客户端，攻击者可以修改数据特征或将不正确的数据子集注入原始数据集中，以将后门嵌入模型 ·中央服务器可以污染聚合的本地更新，并部署攻击者在几次迭代中从梯度中窃取训练数据	差分隐私通过添加人工噪声（如高斯噪声）到学习梯度中，以保护训练数据和隐藏的个人信息免受外部威胁。研究者提出了一种安全的聚合方案，用于安全的FL系统，以便为数据聚合提供最强的安全性
FL-IoT中的通信和学习融合问题	·由于Non-IID数据分布和分布式环境中客户端数量的增加，FL训练中的通信高度敏感 ·由于分布式物联网设备的异构数据和资源问题，传统FL算法的收敛速度有限	研究者提出了一种新协议，用于快速上行链路和下行链路通信，其中客户端和Non-IID数据的数量不断增加。此外，有研究者提出了一种名为FetchSGD的算法，用于基于FL的物联网网络，可以训练高质量的通信效率模型。还有研究者设计了一种动量FL方案，以最小化损失函数并以较少的计算提高收敛速度
FL中的资源管理	·由于某些物联网设备的计算能力较弱，FL训练的资源需求并不总是得到满足 ·由于CPU频率和电池容量的限制，直接在物联网设备上训练深度学习模型可能无法实现	研究者提出了一种资源感知FL架构，用于训练具有计算资源感知的神经网络。另外，研究者设计了一种改进的DNN架构，用于优化移动的AI模型训练。此外，还有研究者提出了通信感知资源管理算法，以优化训练精度、公平性和收敛时间
在IoT传感器上部署AI功能	·由于硬件、内存和电力资源的限制，某些物联网传感器无法加入训练全尺寸AI模型。人工智能培训造成的高通信成本和能源消耗限制了设备上FL的实现	研究者引入了基于软件的深度学习加速器，以优化移动硬件上的AI/DL训练的硬件使用。研究者提出了一种在内存高效的设备上的传感器学习解决方案，以更低的内存开销实现更高的设备上训练精度。能量感知模型训练策略对于减轻显著的网络延迟和优化基于FL的移动设备中的能量成本非常重要

挑战	描述	可能的方向
FL-IoT 中的标准规范	·在未来智能网络中，引入垂直 FL-IoT 用例为当前移动网络带来了重大的架构变化，以同时支持各种严格要求 ·网络标准和元素在大规模部署 FL-IoT 生态系统中发挥着重要作用，因为它依赖于其他重要的计算服务，如边缘/云分析服务器和边缘物联网通信协议	ETSI 多访问边缘计算计划已经发布，该计划利用无缝和开放的边缘计算和通信框架集成来自供应商和服务提供商的各种基于 MEC 的应用程序 IEEE 802.11 工作组已开始讨论发布下一代 Wi-Fi 标准，即 IEEE 802.11be 极高吞吐量标准，可满足未来物联网应用设定的峰值吞吐量要求

6.1.4 联邦学习与物联网结合的应用场景

6.1.4.1 智慧城市

智慧城市是联邦学习与物联网技术结合的重要应用场景之一。在智慧城市的构建中，依赖于大量分布式传感器和设备，通过在城市中广泛部署各类物联网设备，如智能交通系统、环境监测站、智能照明系统等，可以实时收集城市运行中的各种数据。这些数据涵盖了城市交通流量、环境质量、能源消耗等多个方面，为城市管理和优化提供了丰富的信息基础。然而，集中处理这些数据可能面临数据隐私、传输成本和存储瓶颈等问题。通过在本地设备上训练模型，再将模型参数发送到中央服务器进行聚合，可以有效解决这些问题。

应用联邦学习技术对这些数据进行模型训练，可以实现对城市交通流量、环境质量、能源消耗等方面的精准预测和优化管理。例如，在智能交通系统中，利用联邦学习优化交通信号灯控制系统，可以根据实时交通流量数据动态调整信号灯配时，从而减少交通拥堵和排放污染。同时，通过环境监测站收集的空气质量数据，应用联邦学习技术进行数据分析，可以提前预警空气质量恶化，为城市居民提供更加健康的生活环境。

为解决智慧城市中隐私泄露及算力不足的问题，研究者提出了一种融合边缘计算的联邦学习框架，将复杂的计算任务卸载至拥有更强计算和通信能力的边缘服务器上，提高了模型训练的效率，同时也确保了数据隐私安全。在联邦学习过程中，研究者提出了一种节能且高效的贡献估计算法，旨在激励参与者持续参与。与现有的贡献估计算法相比，该算法能够有效减少计算和通信开销，并准确地估计各参与者的贡献。

6.1.4.2 智能交通

智能交通是智慧城市的重要组成部分，联邦学习已经成为车联网的关键技术之一。智能交通系统通常依赖于大量分布在城市中的传感器、摄像头和车载设备，这些设备实时采集交通数据，如车流量、速度、行驶路线、事故信息等。传统的集中式数据处理方式存在数据传输延迟、隐私泄露和计算资源瓶颈等问题，联邦学习通过分布式模型训练，为智能交通系统提供了一种更加高效、安全的解决方案。联邦学习在智能交通中的应用，聚焦于提升交通管理系统的效率、准确性和强化隐私保护等方面，包括但不限于流量预测、自动驾驶、导航路线优化、事故检测与响应等场景。此外，在公共交通及轨道交通中联邦学习也有广泛应用。

1）智能驾驶

智能驾驶应用中的核心技术是目标检测，目标检测是指对图像内所包含的内容进行识别、分类以及定位，使得目标物体信息表达更为直观。道路交通场景下的目标检测问题一般来说指的就是交通标志检测问题，是智能驾驶中最具挑战性的任务之一。

研究者设计了基于联邦学习的交通标志检测方法——FL-Faster R-CNN，该检测方法可在无人驾驶场景下进行交通标志检测，同时满足用户对大规模交通标志的检测需求。这种方法在多标签分类模型的基础上，通过数据预处理、集中式预训练、联邦训练三个阶段来完成联邦学习过程，从而使目标检测用户可以通过将数据采集以及模型训练的任务交由各个车载客户端，通过本地完成训练的方式来降低数据采集和存储的成本，同时还能确保客户端的隐私。该方法证明，在检测效果相近的情况下，基于联邦学习的交通标志检测方法，其训练速度相较于集中式训练的速度更快。

2）流量预测

交通流量预测是智能交通系统的关键组成部分，有助于管理者制定科学的交通干预策略。随着深度学习理论研究的不断发展和深入，越来越多的研究者开始采用深度学习技术构建交通流量预测模型，希望提高预测的准确性。然而，基于深度学习的交通流量预测方案通常需要集中存储数据集，但是由于数据隐私、数据不同步等问题，该技术仍面临巨大挑战，因此，基于联邦学习的交通流量预测系统的设计便应运而生。

针对联邦学习中模型精度和隐私保护平衡的问题，研究者提出了一种基于联邦学习的交通流量预测方案——LSTM-FL。该方案通过一种安全的参数聚合机制来更新全局模型，不需要参与联合建模的组织直接共享本地数据集，为各组织联合建模提供了可行性方案。为防止用户敏感信息被恶意推理，每个客户端采用差分隐私技术保护单个用户的敏感信息。在每一轮联合训练过程中，服务器通过随机抽样选择参与联合预测模型的组织。

针对联邦学习聚合服务器不可信和模型投毒的问题，结合区块链技术设计并实现了一种去中心化架构的基于联邦学习的交通流量预测方案——LSTM-FLchain。在所提出的方案中，引入联盟区块链替代聚合服务器进行本地模型数据的精度验证和全局模型的聚合。在委托拜占庭容错共识算法的基础上，提出基于信任关系的区块链奖励机制，基于训练模型的准确性对RSU（Road Side Unit，路侧单元）进行信任评估和信任管理，实现RSU动态信任度量与网络接入认证的协同联动。

针对联邦学习在处理非独立同分布数据时收敛过程不稳定的问题，研究者提出采用注意力机制对联邦学习全局聚合时客户端的权重进行分配的方法。通过相似性评分函数对客户端模型和全局模型进行相似性评分，再利用归一化处理的评分和客户端数据数量进行权重分配，降低非独立同分布数据对模型收敛的影响。研究者又提出一种对客户端进行实时分层并选取的方案，以解决联邦学习随机的客户端选择方案无法识别和选取有利于加快模型收敛速度的客户端问题。以每层客户端的平均准确率作为客户端模型的性能参考，将模型性能相似的客户端分到同一层，对于性能较差的客户端所在的层，分配更高的选取概率来识别并选取对当前训练有益的客户端，从而加快模型的收敛速度。

3）轨道交通

轨道交通在物联网迅猛发展下的趋势是在保证行车安全和高效的条件下实现自动化、无人化，因此联邦学习在轨道交通上的应用多集中于故障检测和运行图联控。

针对城市轨道交通智能驾驶策略优化问题提出联邦学习方法，学习代理采用基于支持向量机（SVM）的控制模型，通过构建一个多项式和径向基核函数组成的混合核函数，使用随列车速度变化的动态权重因子来提高模型精度。基于联邦学习的列车智能控制可为列车自动驾驶的优化与改进提供有力的实践依据。

采用中文双向编码器表示转换器（BERT）深度学习（DL）模型进行实时的智能故障检测。该模型能够在处理故障检测任务时获取双向上下文的理解，从而更准确地捕捉句子中的语义关系，使得其对故障描述的理解更为精准。BERT的训练需要大量的数据支持，而轨道交通领域中存在多个运营商，他们各自持有独立的故障检测数据，由于数据的隐私性，这些数据无法进行共享，从而限制了模型的训练，故采用了联邦边云计算方法，允许多个运营商在保证数据隐私的前提下共同训练BERT模型。联邦学习结合边云计算方法，使得轨道交通各运营商的数据可以在本地进行初步处理，然后将汇总后的梯度上传至云端进行模型训练，最终将训练得到的模型参数发送回各边缘设备，实现模型的更新。研究结果表明，采用联邦边云计算方法进行BERT模型训练，在轨道交通领域的故障检测任务中优于目前已有的先进方案。这一方法在解决数据隐私性问题的同时，有效提升了轨道交通故障检测的准确性与可靠性。

6.1.4.3 智能制造

在智能制造领域，联邦学习与物联网的结合同样具有广阔的应用前景。通过在生产线上部署传感器和智能设备，可以实时收集设备运行数据、产品质量信息等关键数据，这些数据对于提高生产效率和产品质量具有重要意义。

应用联邦学习技术对这些数据进行分析以实现故障预测和工艺优化，可以显著提升生产过程的稳定性和可靠性。由于不同生产线或生产批次的数据存在差异，传统的集中式数据处理方式往往难以充分利用这些数据。而联邦学习则能够充分利用这些差异数据，训练出更加泛化和准确的模型，从而实现对生产过程的精准控制和优化。

6.1.4.4 智能医疗

联邦学习在医疗场景下的应用潜力巨大。

在医学图像处理方面，联邦学习可以帮助医院和研究机构合作共享医学图像数据，从而提高模型的准确性和鲁棒性，促进医学诊断的进一步发展。研究者提出了一种基于联邦学习的处理方案，利用不同机构提供的MR数据，保护患者隐私。然而，由于域转移的影响，使用联邦学习进行训练的模型的普遍性仍然不是最佳的，这是由于多个机构收集的数据具有传感器不同、疾病类型不同和采集协议不同等特征。为了克服这个问题，该研究提出了一种用于MR图像重建的跨站点建模方法，通过局部重建网络在私有数据上进行训练，并将目标域数据的中间潜在特征转移到其他本地源实体中，以实现不同源站点之间学习的中间潜在特征与目标站点的潜在特征分布对齐。因此，最小化对抗域标识符的损失会导致重建网络权重自适应目标域，跨站点建模能够利用来自不同机构的数据集来获得改进的重建。该研究通过大量实验提供了关于联邦学习的多种研究结果，可以利用多机构数据实现改进的MR图像重建，同时不会损害患者隐私。

在预测模型方面，联邦学习可以帮助医疗机构整合多个医疗数据源，建立更加准确和可靠的预测模型，为医学决策提供支持。研究者提出了一种新颖的联邦学习模型——CBFL，旨在应对Non-IID的ICU患者数据的挑战。Non-IID的ICU患者数据使得分散学习变得复杂。CBFL的目标是按照疾病特征、治疗方式等具有临床意义的因素，将患者划分到不同的社区中，并优化预测死亡率和ICU停留时间的性能。尽管在相似患者的社区中学习比在不同患者中学习更容易，但找出相似患者并将他们分组需要共享个别患者的信息，这在分散医疗数据的联邦学习中是不可取的。因此，研究者设计了一种新方法，可以在不侵犯隐私的情况下对患者进行聚类，并训练多个社区模型以利用聚类数据的学习策略。该研究评估了CBFL模型在三个指标上的性能。ROC-AUC衡量了模型对正样本进行排名的可能性；PR-AUC衡量了模型在给定标签不平衡的数据集中的预测成功率；通信回合作为模型学习速度的指标。此外，还引入了净收益来衡量CBFL在约登指数方法定义的最佳阈值下的临床收益。

在数据注释方面，联邦学习可以帮助医学研究人员充分利用多个医学数据集，提高数据集的质量和数量，促进医学研究的进一步发展。通过联邦学习，医学数据可以在保护隐私的前提下进行共享和合作，从而推动医学领域的创新和进步。研究者提出了一种名为FedCy的新型半监督学习方法，该方法结合了联邦学习和自监督学习，以提高手术阶段识别任务的性能。该方法利用标记和未标记的分散数据集，假设存在一个完全标记的私有数据集和其他几个完全未标记的私有数据集。虽然该方法可以扩展到使用多个标记数据集，但是在没有共享数据和审查过程的情况下，对于复杂任务生成一致注释的实际限制导致标签不足的情况仍然存在。为了克服这一挑战，FedCy采用了时间循环一致性这一自我监督学习技术，用于学习时间模式，并通过同时优化标记数据的对比损失来引导学习更多与任务相关的特征，并有效地从标记数据中学习任务知识。通过利用标记数据中的时间模式，FedCy有助于指导对未标记数据的无监督训练，以学习特定于任务的特征，从而进行相位识别。该研究使用新收集的腹腔镜胆囊切除术视频的多机构数据集，在自动识别手术阶段的任务上展现了比先进的FSSL方法更显著的性能。

6.1.4.5　智能家居

智能家居是物联网技术普及最广泛的领域之一，也是联邦学习技术的重要应用场景。在智能家居系统中，通过智能音箱、智能门锁、智能照明设备等收集用户的行为习惯和偏好数据，可以为用户提供更加个性化的服务。

应用联邦学习技术对这些数据进行模型训练，可以实现个性化的语音交互、安全防护和场景控制等功能。例如，智能音箱可以根据用户的语音习惯和偏好进行个性化的语音交互；智能门锁可以根据用户的出入习惯进行智能化的安全防护；智能照明系统可以根据用户的生活场景进行自动化的照明控制。

同时，由于联邦学习保护了用户数据的隐私性，用户无须担心自己的生活习惯被泄露给第三方。这种隐私保护机制使得智能家居系统更加安全可靠，也进一步促进了智能家居技术的普及和发展。

6.1.4.6　智慧物流

联邦学习在智慧物流中的应用旨在提升物流网络的效率、优化资源分配、保护数据隐私，并在应对复杂的物流需求中发挥关键作用。

在物流数据分布式存储的环境下，研究者构建了一种基于联邦学习的物流服务商选择层次化架构，针对物流数据差异化问题提出了一种训练数据标准化处理方法，同时采用差分隐私算法改进模型，提高了模型的训练效率。

研究者设计了一个基于联邦学习的海铁联运箱流分类预测模型，实现交通运输领域内的数据共享和用户隐私保护，铁路方和港口方可以在不公开底层数据的情况下协同训练海铁联运箱流分类预测模型，每个企业的内部数据无须从本地迁移，但能通过模型预测结果达成共同受益的目标。

6.2
联邦学习与区块链

随着大数据和人工智能技术的迅猛发展，数据隐私和安全性问题日益凸显。尤其是在分布式计算场景中，如何在保护用户隐私的同时实现高效的数据处理和模型训练成为了研究热点。联邦学习作为一种新型的分布式机器学习技术，以其独特的数据不出本地、模型联合训练的方式，为解决数据孤岛问题提供了新思路。而区块链技术以其去中心化、不可篡改等特性，为多方协作的可信计算提供了强有力的保障。本节将探讨如何将联邦学习技术与区块链技术结合，共同打破数据孤岛，构建可信计算新生态。

6.2.1 区块链技术

自2008年中本聪首次提出将区块链作为比特币的底层技术以来，这一创新已经从最初单一的数字货币应用逐渐演变成为一场全球性的技术革新运动。区块链，这一术语如今已广为人知，它代表了一种去中心化的分布式数据库技术，其核心在于通过先进的密码学方法和共识机制来确保数据的安全性与不可篡改性。这种技术的出现，彻底颠覆了传统数据管理和存储的方式，为信息的透明、安全和高效流通提供了全新的解决方案。

区块链的核心特性尤为引人注目，主要包括去中心化、不可篡改性、透明性、安全性和可编程性。去中心化意味着区块链网络中的任何节点都可以参与数据的验证和存储，没有中央机构控制，从而降低了单点故障的风险；不可篡改性则通过复杂的加密算法和链式结构确保一旦数据被记录，就无法被修改或删除，为数据的真实性和完整性提供了强有力的保障；透明性使得所有交易和记录对参与者都是可见的，增强了系统的可信度；安全性则依靠密码学原理保护数据不被未授权访问；可编程性则允许开发者在区块链上构建智能合约和去中心化应用（DApps），进一步拓展了其应用范围。

根据参与节点的不同，区块链可以分为公有链、联盟链和私有链。公有链是完全开放的，任何人都可以参与节点的运行和交易，如比特币和以太坊；联盟链则是部分开放的，仅限于预先选定的节点参与，常用于企业间的合作；私有链则是完全封闭的，仅由一个组织或个体控制，适用于内部数据管理。

区块链的共识机制是确保整个网络安全性和数据一致性的基石。不同的共识机制适用于不同的场景和需求，其中最为人熟知的有工作量证明（PoW）、股权证明（PoS）和权益证明（PoA）。工作量证明要求节点通过解决复杂的数学问题来证明其工作，常见于比特币网络；股权证明则根据节点所持有的股份比例来分配记账权，提高了效率和节能性；权益证明则进一步简化了这一过程，节点根据其持有的代币数量和时间获得记账权，更加环保和高效。这些共识机制各有优缺点，选择何种机制取决于具体的应用场景和需求。

区块链技术的应用远不止于数字货币领域，其潜力在金融、供应链、医疗、不动产等多个行业得到了广泛认可。在金融领域，区块链技术能够提高交易透明度，降低欺诈风险，加速跨境支付；在供应链管理中，它可以实现产品从生产到消费全链条的可追溯性，提升效率；在医疗领域，则利用区块链保护患者隐私，同时促进医疗数据的共享与研究；在不动产行业，则通过区块链技术简化产权登记和转让流程，提高透明度。总之，区块链技术正以其独特的优势，逐步渗透到社会经济的各个层面，引领着一场深刻的技术变革。

6.2.2　联邦学习与区块链结合的技术优势

（1）数据隐私和安全性增强。区块链技术，凭借其强大的加密算法和分布式存储机制，为数据在传输和存储过程中的安全性提供了坚实的保障。在联邦学习的框架下，参与方能够在不暴露原始数据的前提下，将加密后的模型参数或梯度安全地上传到区块链网络，进行共享和更新。这一过程中，区块链的去中心化特性显著降低了对中心化机构的依赖，使得参与方之间的交互更加透明、可信，有效避免了数据泄露和滥用的风险。

以智慧医疗领域为例，多家医院可以基于联邦学习技术联合训练疾病预测模型，而无须共享患者的原始医疗数据。通过区块链技术，医院可以将加密的模型参数上传到区块链上，实现安全的数据共享和模型更新。这种方式不仅严格保护了患者的隐私权益，还显著提高了模型训练的效率和准确性，为医疗行业的智能化发展开辟了新路径。

（2）去中心化的信任机制。区块链的去中心化特性为多方协作构建了一个可信的计算环境。在传统的联邦学习架构中，中央服务器承担着模型聚合的关键角色，但这也带来了单点故障和隐私泄露等潜在风险。而区块链技术则能够作为一个去中心化的模型聚合平台，将参与方的模型参数或梯度进行安全、有效的聚合，并更新全局模型。由于区块链本身的安全性和可信度，参与方可以放心地上传和共享自己的模型更新，从而实现更优的全局模型效果，提升整体协作效率。

在自动驾驶汽车领域，这一结合的应用尤为显著。每辆车都保持着其最佳的机器学习模型，并需要与其他车辆进行数据交易和知识共享。通过区块链技术，车辆可以安全地交换加密的局部训练模型更新，而不是原始数据。这种方式不仅严格保护了车辆数据的隐私性，还有效提升了自动驾驶系统的整体性能和安全性，为智能交通系统的未来发展奠定了坚实基础。

（3）共享模型和权益证明。区块链作为一个共享的分布式账本，能够全面记录参与方之间的模型更新和交互过程。通过区块链上的智能合约技术，可以实现模型权益的有效证明和分配。这确保了参与方能够按照约定进行贡献，并获得相应的权益回报。这种方式不仅极大地激励了参与方的积极性和合作意愿，还有力地促进了数据要素的价值流通和实现。

6.2.3 联邦学习与区块链结合的应用场景

在数字化时代，数据已成为推动社会经济发展的核心要素。然而，数据的隐私保护、跨域共享和高效利用一直是制约行业发展的难题。联邦学习与区块链技术的结合，为解决这些问题提供了新的思路和方法。本小节将通过几个具体的应用案例，探讨联邦学习与区块链技术结合的实际应用。

（1）智慧医疗：疾病预测模型的联合训练。在智慧医疗领域，联邦学习与区块链技术的结合展现出了巨大的潜力。多家医院可以基于联邦学习技术联合训练疾病预测模型，而无须共享患者的原始医疗数据。通过区块链技术，医院可以将加密的模型参数上传到区块链网络，实现安全的数据共享和模型更新。

具体而言，各参与医院在本地数据集上进行模型训练，仅将加密后的模型参数或梯度上传至区块链。区块链作为去中心化的存储和验证平台，确保了数据在传输过程中的安全性和不可篡改性。同时，智能合约能够自动执行模型聚合和更新操作，提高了模型训练的效率和准确性。这种方式不仅严格保护了患者的隐私权益，还促进了医疗机构之间的协作，共同提升疾病预测模型的性能。

（2）自动驾驶：车辆间的数据交易与知识共享。自动驾驶技术的发展离不开大量的数据支持和持续的学习优化。然而，车辆间的数据共享面临着隐私泄露和信任缺失的问题。联邦学习与区块链技术的结合为这一问题提供了解决方案。

在自动驾驶系统中，每辆车都保持着其最佳的机器学习模型，并需要与其他车辆进行数据交易和知识共享。通过区块链技术，车辆可以安全地交换加密的局部训练模型更新，而不是原始数据。区块链的去中心化特性消除了对中心化机构的依赖，使得车辆间的交互更加透明和可信。同时，智能合约能够确保数据交易的公平性和可追溯性，激励车辆积极参与数据共享和模型更新。

（3）智慧零售：营销识别模型的联合训练与权益分配。在智慧零售领域，联邦学习与区块链技术的结合为精准营销提供了有力支持。多家企业可以基于联邦学习技术联合训练营销识别模型，通过区块链技术实现模型的共享和权益的分配。

具体而言，各参与企业在本地数据集上进行模型训练，将加密后的模型参数上传至区块链网络。区块链作为共享的分布式账本，记录了所有参与方的模型更新和交互过程。通过智能合约，企业可以按照约定进行权益分配，确保贡献与回报成正比。这种方式不仅打破了数据壁垒，实现了跨企业的数据共享和协作，还提高了营销识别的准确性和效率，为智慧零售行业的创新发展注入了新的活力。

（4）金融风控：跨机构风险预测模型的共享。在金融领域，联邦学习与区块链技术的结合也为风险管控提供了新的解决方案。多家银行或金融机构可以基于联邦学习技术联合训练风险预测模型，通过区块链技术实现模型的共享和更新。

由于金融数据的敏感性和隐私性，传统的数据共享方式存在诸多障碍。而联邦学习与区块链技术的结合则能够在保护数据隐私的前提下实现模型的联合训练。各参与机构在本地数据集上进行模型训练，将加密后的模型参数上传至区块链。区块链的去中心化特性和智能合约的执行机制确保了数据的安全性和交易的公平性。通过这种方式，金融机构能够共同提升风险预测模型的性能，降低金融风险，促进金融市场的稳定发展。

6.3
联邦学习与大模型

6.3.1　大模型与面临的挑战

大模型，如BERT、GPT系列等，作为自然语言处理（NLP）领域的璀璨明星，以其卓越的性能和广阔的应用场景，赢得了学术界和工业界的广泛关注与赞誉。然而，随着技术的深入研究和应用推广，大模型在实际部署和使用过程中也面临着诸多严峻的挑战，这些挑战不仅关乎技术本身，还涉及数据需求、计算资源、隐私保护以及模型效率等多个方面。

（1）数据需求：海量数据的获取与整合难题。大模型之所以能够在NLP任务中取得突破性进展，离不开海量的高质量训练数据支撑。这些数据需要覆盖广泛的文本类型、领域知识和语言习惯，以充分捕捉语言的复杂性和多样性。然而，在实际应用中，这些数据往往分散在不同的机构、企业和个人手中，呈现出碎片化、异构化和隐私敏感等特点。因此，如何有效获取、整合和清洗这些分散的数据资源，成为大模型训练面临的首要难题。

一方面，数据持有方可能出于隐私保护、商业竞争等考虑，不愿意公开或共享其拥有的数据资源。另一方面，即使数据能够共享，也面临着数据格式不一致、标注标准不统一等问题，增加了数据整合和清洗的难度。因此，如何在保证数据隐私和权益的前提下，实现数据的跨域共享和高效利用，成为大模型训练亟须解决的关键问题。

（2）计算资源：高性能计算资源的依赖与限制。大模型的训练过程极为复杂和耗时，需要依赖高性能的计算资源支持。这包括高性能的GPU集群、庞大的存储空间以及稳定的网络环境等。然而，对于许多机构和个人来说，拥有如此庞大的计算资源并不现实，高昂的成本和维护难度成为制约大模型训练和应用的重要因素。

此外，即使拥有足够的计算资源，大模型的训练过程也面临着诸多挑战。例如，模型参数的初始化、优化算法的选择、学习率的调整等都会直接影响模型的训练效果和收敛速度。同时，随着模型规模的增大，计算资源的利用率和可扩展性也会受到限制，进一步增加了大模型训练的难度和成本。

（3）隐私保护：用户隐私数据的保护与平衡。在训练和使用大模型时，如何保护用户的隐私数据成为一个亟待解决的问题。传统数据集的训练方式往往需要将所有数据上传到同一个地方进行集中处理，这容易增加数据泄露和隐私侵犯的风险。尤其是在处理敏感信息（如个人对话记录、医疗记录等）时，隐私保护问题更加突出。

因此，如何在保证模型训练效果的同时，实现用户隐私数据的有效保护成为大模型应用的重要挑战。这需要采用先进的隐私保护技术（如差分隐私、联邦学习等），以在确保数据安全和隐私的前提下，实现数据的分布式利用和协同训练。

（4）模型效率：推理效率低下与延迟高问题的解决。尽管大模型在性能上表现出色，但在实际应用中往往面临模型推理效率低下、延迟高等问题。这主要是由于大模型参数规模庞大、计算复杂度高。在实际场景中，如实时翻译、智能问答等需要快速响应的应用中，模型的推理速度和延迟性能成为关键指标。

因此，如何提高大模型的推理效率和降低延迟成为当前研究的重要方向之一。这可以通过优化模型结构、剪枝压缩、量化加速等技术手段来实现。同时，也可以结合分布式计算、边缘计算等先进技术，将模型推理任务分配到多个计算节点上并行处理，以进一步提高推理效率和降低延迟。

6.3.2 联邦学习与大模型训练

为了解决大模型在训练过程中面临的隐私保护、数据利用、计算资源及模型效率等诸多挑战，将联邦学习技术与大模型相结合成为一个极具创新性和实用性的方案。这种结合不仅弥补了各自领域的不足，还充分发挥了双方在隐私保护、数据利用、计算资源优化及模型效率提升等方面的优势。

（1）隐私保护：在大数据和人工智能时代，隐私保护成了不可忽视的重要议题。大模型在处理海量数据时，尤其是涉及个人对话记录、医疗记录等敏感信息时，如何保障用户隐私安全成了一大难题。联邦学习技术的引入，为解决这一问题提供了有效途径。通过允许数据在本地进行模型训练，并仅交换模型更新而非原始数据，联邦学习从根本上降低了数据泄露的风险，确保了用户隐私的安全。这对于大模型来说，意味着可以在不牺牲数据敏感性的前提下，充分利用这些数据资源来训练和优化模型，从而在保证隐私的同时提升模型的性能。

（2）数据利用：大模型的训练依赖于海量的、多样化的数据支持。然而，在实际应用中，这些数据往往分散在各个不同的数据持有方手中，难以集中利用。联邦学习技术通过允许分散的数据持有方共同参与模型训练，打破了数据孤岛现象，实现了数据的汇聚和共享。这不仅为大模型提供了丰富的训练数据资源，还促进了数据价值的最大化利用。在联邦学习的框架下，大模型能够更广泛地吸收来自不同领域、不同背景的数据信息，从而更加全面、准确地理解语言和知识，提升其在各种应用场景下的表现能力。

（3）计算资源优化：大模型的训练过程需要消耗大量的计算资源，这对服务器的处理能力和稳定性提出了极高的要求。而联邦学习通过将训练任务分散到各个客户端进行，有效缓解了服务器的计算压力。客户端可以利用自身的计算资源来承担部分训练任务，从而分担服务器的负担。此外，由于客户端的计算能力和网络环境各不相同，联邦学习还可以通过优化算法和协议来适应这些差异，提高训练过程的鲁棒性和稳定性。这种计算资源的优化利用不仅提高了训练效率，还降低了训练成本，使得大模型的训练更加可行和高效。

（4）模型效率提升：在联邦学习的框架下，大模型可以通过多次迭代训练来不断优化自身性能。由于模型更新是基于各客户端的本地数据进行的，因此大模型能够更好地适应不同地域、不同群体的语言习惯和表达方式。这种个性化的学习过程有助于提升模型的泛化能力和应用效果。同时，联邦学习还允许在训练过程中引入差分隐私等隐私保护机制，进一步增强了模型的鲁棒性和安全性。在保证隐私的前提下，大模型能够更加稳定地运行和发展，为用户提供更加优质、高效的服务体验。

综上所述，联邦学习技术与大模型的结合在隐私保护、数据利用、计算资源优化及模型效率提升等方面展现出了巨大的潜力和优势。随着技术不断发展和完善，相信这种结合将在人工智能领域发挥更加重要的作用。

第 7 章

联邦学习
在通信行业中的应用

7.1
行业背景

在通信建设行业，运营商在5G等领域对联邦学习等隐私计算技术有极高的需求；而在对外服务领域，运营商积累了大量优质的移动用户数据，并在《中华人民共和国数据安全法》等法律法规框架下，对外提供数据服务。通常来说，运营商大数据具有覆盖人群广、数据准确度高、标签类别多、产品种类丰富等特点。

金融、交通、城建、政务等行业是运营商大数据应用最早、合作最多的行业，也是现在及未来通信运营商重点关注的领域。这些重点行业因其自身特点，对潜在客户的挖掘需求与风控需求较高；而运营商大数据提供的用户画像分析能力，可以弥补相关机构该类数据空白的不足，为其业务的开展提供有力支撑。目前，运营商与相关行业客户保持紧密合作，已将运营商大数据应用于要素验真、产品推广、风险监控等多个领域，获得了客户的广泛好评。

7.2
联邦学习在通信行业中的应用场景

7.2.1 对内服务

7.2.1.1 网络性能优化

在快速发展的通信网络中，网络性能的优化一直是运营商和服务提供商关注的重点。随着大数据和人工智能技术的不断成熟，联邦学习作为一种创新的分布式机器学习框架，为网络性能优化提供了新的解决方案。通过联邦学习，可以在不泄露用户隐私的前提下，实现网络状态的实时监测和全局性能优化模型的共同训练，从而大幅提升用户体验和网络运营效率。

联邦学习的核心思想是在多个数据拥有者之间，通过协同训练机器学习模型来达到共同的目标，而无须共享各自的原始数据。在通信网络中，这意味着各基站、用户终端或其他网络设备可以作为联邦学习的参与方，各自收集本地的网络状态数据（如信号强度、延迟、丢包率等），并使用这些数据来训练本地的模型。随后，这些本地模型的更新（而非原始数据）被发送到一个中央服务器或聚合器，进行全局

联邦学习技术及应用

模型的更新。通过这种方式，可以在保护用户隐私的同时，利用分布在网络各处的数据来优化网络性能。

（1）实时网络状态监测：传统的网络性能监测方法往往依赖于集中的日志收集和数据分析，这不仅效率低下，而且可能带来数据隐私泄露风险。通过联邦学习，可以在各基站或用户终端上部署轻量级的监测模型，实时收集并处理网络状态数据。这些数据在本地进行预处理和特征提取后，用于训练本地的网络性能预测模型。这些模型能够实时预测网络状态的变化，为后续的动态调整提供依据。

（2）全局性能优化模型的训练：在联邦学习的框架下，各参与方（基站、用户终端等）将本地训练好的模型更新发送到中央服务器进行聚合。聚合器使用一种特定的聚合算法（如加权平均）来更新全局模型，并将更新后的全局模型发送回各参与方进行下一轮的本地训练。这个过程不断迭代，直到全局模型达到预定的性能标准或收敛。最终，这个全局模型能够根据不同地区的网络负载、用户行为、时间变化等多种因素，动态地调整网络参数，实现资源的合理分配和性能的最优化。

（3）动态资源分配和性能调优：利用联邦学习训练出的全局网络性能优化模型，可以实现更加精细和动态的资源分配。例如，在高峰时段，模型可以自动调整基站的发射功率、频率分配等参数，以减少拥塞和延迟；在低谷时段，则可以降低功耗，节约能源。同时，模型还可以根据用户的移动性、使用习惯等个性化因素，提供定制化的网络服务，进一步提升用户体验。

7.2.1.2　用户行为分析与预测

在通信服务领域，深入理解并预测用户行为是提升服务质量和用户体验的基石。传统的用户行为分析方法往往依赖于大量的用户数据，这些数据包括用户的通信记录、流量使用情况、应用使用习惯等。然而，随着隐私保护意识的增强和相关法律法规的完善，直接收集和分析用户的原始数据变得愈发困难。这不仅限制了服务提供商对用户行为的全面理解，也阻碍了服务质量和用户体验的进一步提升。

联邦学习的出现为这一难题提供了新的解决方案。作为一种创新的分布式机器学习框架，联邦学习允许各服务提供商在不共享用户原始数据的前提下，共同训练用户行为预测模型。这不仅保护了用户的隐私，还充分利用了分布在网络各处的本地数据，为服务提供商提供了更加全面和准确的用户行为分析和预测能力。

在用户行为分析与预测的场景中，各服务提供商在自己的设备或服务器上部署联邦学习框架，并使用本地收集的用户数据来训练本地的用户行为预测模型。随后，这些本地模型的更新（而非原始数据）被发送到一个中央服务器进行聚合，生成一个全局的用户行为预测模型。这个过程不断迭代，直到全局模型达到预定的性能标准或收敛。

（1）全面的用户画像构建：传统的用户画像构建方法往往依赖于有限的、集中的用户数据，这导致画像的准确性和全面性受到限制。通过联邦学习，各服务提供商可以共同训练一个全面的用户画像模型，该模型能够整合来自不同服务提供商的本地数据，生成更加准确和全面的用户画像。这不仅包括用户的通信行为和流量模式，还可以涵盖用户的应用使用习惯、兴趣偏好等多维度信息。

（2）精准的通信需求预测：利用联邦学习训练出的用户行为预测模型，服务提供商可以更加精准地预测用户的通信需求。例如，模型可以根据用户的历史通信记录和流量使用情况，预测用户在未来一段时间内的通信量、通信时段等，从而帮助服务提供商提前进行网络资源的调度和优化。这不仅可以提升网络的稳定性和可用性，还可以减少因网络拥塞导致的用户投诉和流失。

（3）个性化的服务推荐与优化：基于联邦学习构建的用户行为预测模型，服务提供商还可以实现更加个性化的服务推荐和优化。例如，模型可以根据用户的应用使用习惯和兴趣偏好，推荐适合用户的增值服务或应用；同时，还可以根据用户的通信行为和流量模式，为用户提供定制化的套餐方案和网络设置建议。这些个性化的服务不仅可以提升用户体验和满意度，还可以增加服务提供商的收入和扩大市场份额。

7.2.1.3 安全通信与隐私保护

在通信行业中，数据安全和隐私保护始终是首要考虑的问题。随着通信技术不断发展和普及，越来越多的敏感信息通过通信网络进行传输和处理，这使得数据安全和隐私保护的重要性愈发凸显。传统的通信安全机制往往依赖于加密技术和访问控制策略，然而，这些方法在面对日益复杂和多样化的攻击手段时显得力不从心。联邦学习的出现为通信行业的数据安全和隐私保护提供了新的解决方案。

在安全通信与隐私保护的场景中，联邦学习技术的应用意味着各通信参与方（如用户设备、基站、服务提供商等）可以在不泄露原始数据的前提下，共同训练一个用于安全通信或隐私保护的机器学习模型。具体而言，各参与方使用本地收集的数据训练本地的模型，并将训练好的模型参数（而非原始数据）进行加密后发送给其他参与方或中央服务器进行聚合。通过这种方式，即使攻击者截获了传输的模型参数，也无法直接还原出原始的敏感数据，从而有效降低了数据泄露的风险。

（1）加密通信：在传统的加密通信中，通信双方需要共享一个密钥来加密和解密传输的数据。然而，密钥的分配和管理是一个复杂且容易出错的过程，一旦密钥泄露，整个通信过程的安全性将受到严重威胁。联邦学习可以用于实现更加安全的加密通信机制。具体而言，各通信参与方可以使用联邦学习共同训练一个用于生成加密密钥的机器学习模型。这个模型能够根据双方的通信历史和上下文信息，动态地生成一个一次性的加密密钥，用于加密当前的通信内容。由于密钥是由双方共同训练得到的模型生成的，且每次通信都使用不同的密钥，因此即使攻击者截获了某次通信的密钥，也无法解密其他通信内容。

（2）身份认证：身份认证是通信过程中确保通信双方身份真实性的重要机制。传统的身份认证方法往往依赖于用户名和密码等静态认证信息，这些信息容易被猜测或泄露。联邦学习可以用于实现更加安全的身份认证机制。例如，在5G网络中，各服务提供商可以使用联邦学习共同训练一个用于身份认证的机器学习模型。这个模型能够根据用户的生物特征、行为模式等多维度信息，动态地生成一个身份认证令牌。由于令牌是由多方共同训练得到的模型生成的，且每次认证都使用不同的令牌，因此即使攻击者截获了某次认证的令牌，也无法冒充用户进行其他认证。

（3）访问控制：访问控制是确保只有授权用户才能访问敏感资源的重要机制。传统的访问控制方法往往依赖于固定的访问控制列表和策略，这些方法在面对动态变化的网络环境和用户行为时显得不够灵活。联邦学习可以用于实现更加智能和动态的访问控制机制。具体而言，各服务提供商可以使用联邦学习共同训练一个用于访问控制的机器学习模型。这个模型能够根据用户的身份、行为、位置等多维度信息，动态地判断用户是否有权访问某个资源。由于判断是由多方共同训练得到的模型做出的，且考虑了多种因素的综合影响，因此能够更加准确地控制用户的访问权限。

7.2.1.4 物联网设备协同

随着物联网技术的飞速发展和普及，越来越多的物联网设备被接入通信网络中，这使得我们的生活和工作方式发生了翻天覆地的变化。从智能家居到智慧城市，从智能医疗到工业物联网，物联网设备的应用场景日益丰富，为我们带来了前所未有的便利。然而，随着物联网设备的数量不断增加，如何有效地管理和协同这些设备成了一个亟待解决的问题。

在传统的物联网设备管理和协同方法中，通常需要将设备收集的数据上传到云端或中央服务器进行处理和分析。然而，这种方法存在诸多弊端。首先，物联网设备数量庞大，上传的数据量巨大，这会给网络带宽和服务器存储带来巨大压力。其次，数据需要在设备和云端之间进行传输，这增加了数据泄露和被攻击的风险。最后，不同设备可能由不同的厂商生产，使用不同的数据格式和通信协议，这使得数据的整合和分析变得更加困难。

联邦学习技术的出现为物联网设备的协同提供了新的解决方案。在物联网设备协同的场景中，各物联网设备可以在本地训练模型，并将训练好的模型参数（而非原始数据）发送给其他设备或中央服务器进行聚合。通过这种方式，即使设备之间不共享原始数据，也可以实现设备的协同学习和优化。

（1）智能家居场景：在智能家居场景中，各智能设备可以通过联邦学习共同训练一个家庭环境感知模型。这个模型能够根据家庭成员的行为习惯和喜好，自动调整家居环境参数，如温度、湿度、光照等，以提升居住舒适度。例如，智能空调可以根据家庭成员的体温和活动情况，自动调节室内温度；智能照明系统可以根据家庭成员的作息时间和喜好，自动调节光线强度和色温。由于这些设备都是在本地训练模型，并将模型参数进行聚合，因此无须将原始数据上传到云端，有效保护了家庭成员的隐私。

（2）智慧城市场景：在智慧城市场景中，各物联网设备可以通过联邦学习共同训练一个城市交通流量预测模型。这个模型能够根据历史交通流量数据和实时路况信息，预测未来一段时间内的交通流量和拥堵情况，为城市交通管理提供决策支持。例如，智能交通信号灯可以根据实时路况和交通流量预测结果，动态调整信号灯的配时方案，以缓解交通拥堵和提高道路通行能力。同样地，由于这些设备都是在本地训练模型，并将模型参数进行聚合，因此无须将原始数据上传到云端，有效保护了城市交通数据的隐私和安全。

（3）工业物联网场景：在工业物联网场景中，各物联网设备可以通过联邦学习共同训练一个工业生产过程优化模型。这个模型能够根据历史生产数据和实时生产状况，优化生产过程的参数和流程，提高生产效率和产品质量。例如，智能传感器可以实时监测生产设备的运行状态和参数，并将这些数据用于本地模型的训练。通过与其他设备的模型参数进行聚合，可以得到一个全局的优化模型，用于指导生产过程的调整和优化。由于这些数据都是在本地进行处理和分析，因此无须将原始数据上传到云端或中央服务器，有效保护了工业生产的隐私和安全。

7.2.2 对外服务

7.2.2.1 运营商大数据简介

运营商收集的海量数据，如同蕴含无限价值的矿藏，通过联邦学习技术的巧妙运用，得以在不暴露用户隐私的前提下，与其他行业进行高效的联合计算，这一创新模式打破了数据孤岛，促进了跨行业的数据共享与合作，能够为各行各业提供丰富多样的对外服务，助力企业精准决策，共创数字时代的新篇章。

运营商大数据平台通过自身多种模型，将原始用户数据进行分类整理与特征分析，提取用户个性化信息，形成大数据标签。目前，运营商大数据标签主要可以分为用户基础信息、话单消费、异常信息、短信通话信息、位置信息、流量访问信息六大类。

（1）用户基础信息：指号码用户的个人基础信息，包括手机号、姓名、性别、年龄、证件号码、户口类型、入网时长等，以及根据多样化大数据模型分析出的推定职业、生活偏好等内容。该部分标签能够提供基础用户画像，初步筛选目标人群，并可以与第三方数据建立对应关系。

（2）话单消费：指号码用户的套餐形式以及通话、短信、流量等使用情况。该部分标签能够部分反映用户经济状况。

（3）异常信息：指号码用户的欠费、停机、黑名单信息等通信合约异常状况。该部分标签能够在其他直接数据缺失时，间接地为用户的风险状况判断提供佐证。

（4）短信通话信息：指号码用户的通话、短信的使用情况，包括特定时间段的使用频率、与特定对象或特定类别用户的联系情况（如与金融机构、汽车商贸或黑名单用户的联系频率）、漫游通话行为等。该部分标签能够描绘用户的社交网络以及社会服务使用情况，丰富用户画像。

（5）位置信息：指号码用户的常驻或偶然前往的地点路径信息，包括用户日常居住地点、工作地点、常见路径、通勤方式等，以及旅游景点、购物商圈、特定机构的到访状况等。该部分标签能够分析用户的线下行为模式、资产状况，以及用户在给定时间范围内的非常规行为与偶发需求，同时，基于在某特定场所或面对人流数据的分析，能够反映到访人员的整体统计情况。

（6）流量访问信息：指用户使用移动流量在线上进行的行为，包括网站浏览情况、APP 大类访问情况、特定 APP 访问情况等。该部分标签能够准确反映用户线上操作次数、频率与流量使用，通过访问情况判断用户个人特征、近期需求偏好、资产状况，以及风险状况，为用户画像分析提供有力支撑。

目前，各大运营商已经全面梳理旗下大数据产品，确保所有产品符合数据安全要求，并建立相关规章制度，确保在个人隐私数据处理方面合法合规。同时，运营商也在积极引入内外部能力，与业界顶尖隐私计算平台合作，在技术上确保大数据业务的安全性。运营商能够调用自身大数据平台的隐私计算能力，并在本地部署多样化隐私计算平台终端。以联邦学习、多方安全计算、可信执行环境等为代表的隐私计算技术，能够实现数据不出本地、隐私信息脱敏、多方协同计算，无须暴露原始标签数据，即可与客户合作完成机器学习模型算法更新，在保护用户隐私的前提下为客户提供所需信息，挖掘移动大数据价值。

7.2.2.2　运营商常见隐私计算产品

根据市场调研与项目经验，通信运营商已形成并在逐渐完善多领域通用化移动大数据产品及服务。同时，根据客户的定制化需求，运营商可以在已有通用化产品平台的基础上加以修改，或者开发新的标签或产品，完成产品本地化、定制化，保证快速响应与交付。

通常而言，运营商在联邦学习与隐私计算领域拥有表7-1所示的标准化产品。

表7-1 运营商标准化产品

名称	简介
支付位士产品	支付位士是面向金融行业客户打造的全网统一的安全产品，依托运营商基站定位能力，提供交易用户的位置信息查验服务
博彩人士识别模型	博彩人士识别模型可以有效识别申请人在博彩等领域的风险
停机预警模型	停机预警模型可以持续关注申请人的风险状况
定制信用评估模型	定制信用评估模型可以形成全面的用户画像，进而对用户的信用风险进行预测，并采取有针对性的通过策略

同时，运营商在全国各地的分公司，均建设有自身的大数据业务平台，根据联邦学习等隐私计算技术，推出表7-2所示的本地化产品。

表7-2 运营商本地化产品

名称	简介
要素验真产品	基于用户身份特征和通信业务使用行为分析，实现用户的姓名、身份证、手机号码一致性验证，并可以在此基础上实现家庭地址、工作地址、消费等级、欠费情况等多业务场景的验证
失联修复产品	行业客户的用户由于号码变更、号码遗失等，无法及时联系用户，造成用户"失联"的情况。行业客户提供用户身份证号，运营商提供触达渠道，协助企业触达到其个人用户
商业选址模型	根据运营商智能选址指标，结合金融业客户需求，根据目标用户位置信息给出线下营业部选址建议
金融营销云	根据行业客户需求，在取得用户授权之后，通过对运营商用户身份特征和通信业务使用行为进行分析，选出目标客户，对其进行触达和业务推介
大数据分析报告	根据用户需求，利用运营商用户脱敏群体数据，建模计算出有关楼宇、商圈、区域等的群体分布等统计指标并进行可视化展示

同时，考虑到标准化的大数据产品往往难以满足所有行业客户的特定需求，运营商采取了更加灵活多变的开发策略，实现了轻量化、模块化、定制化的联邦学习数据产品开发，以更好地服务于各行各业的独特需求。

在轻量化开发方面，运营商在构建大数据产品时，注重产品的简洁性和易用性，避免过度复杂的功能堆砌。这种开发方式能够确保产品快速上线，降低客户的使用门槛，提高产品的普及率。例如，针对某些对大数据应用尚处于初探阶段的行业客户，运营商可以通过提供简洁明了的数据分析工具，帮助客户快速上手，逐步培养数据驱动的业务决策能力。

在模块化开发方面，运营商强调将大数据产品拆分成多个独立的功能模块，客户可以根据实际需求选择并组合这些模块，形成符合自身业务场景的数据解决方案。

这种开发方式不仅提高了产品的灵活性，还降低了客户的采购成本和使用成本。

在定制化开发方面，运营商可以根据行业客户的特殊需求，从零开始打造专属的大数据产品。这种开发方式需要运营商具备深厚的行业知识和技术实力，能够深入理解客户的业务流程和数据需求，开发出真正贴合客户实际的数据产品。目前，运营商往往可以提供全流程服务，从需求梳理到产品设计，全方位根据客户需求进行产品定制。

在开发数据标签和数据产品的过程中，运营商始终注重数据的质量和安全性。数据标签是大数据产品的核心组成部分，其准确性和可靠性直接影响到产品的应用价值。因此，运营商建立了完善的数据治理体系，确保数据标签的准确性和一致性。同时，在数据产品的开发过程中，运营商严格遵守数据安全法规和行业规范，采用先进的加密技术和访问控制机制，保障客户数据的安全性和隐私性。

7.3
未来展望

联邦学习在通信行业中的应用正逐步展现出其革命性的潜力和价值。面对5G等新一代通信技术的快速发展和海量用户数据的积累，联邦学习凭借其分布式学习框架和隐私保护特性，成为通信行业技术创新的重要方向。在对内服务方面，联邦学习优化了网络性能，通过实时监测和全局模型训练提升用户体验；同时，精准的用户行为分析与预测助力通信服务商提供更加个性化的服务推荐。此外，联邦学习还增强了通信行业的安全性能，通过加密通信、身份认证和访问控制等手段，有效地保护了用户数据隐私和安全。在对外服务方面，运营商通过联邦学习技术将大数据资源与各行业共享，打破了数据孤岛，推动了跨行业的数据合作与创新应用。展望未来，随着物联网、边缘计算等技术的兴起，联邦学习将在更多领域发挥更加关键的作用，为通信行业的智能化转型和可持续发展奠定坚实的基础。

第 8 章

联邦学习
在金融行业中的应用

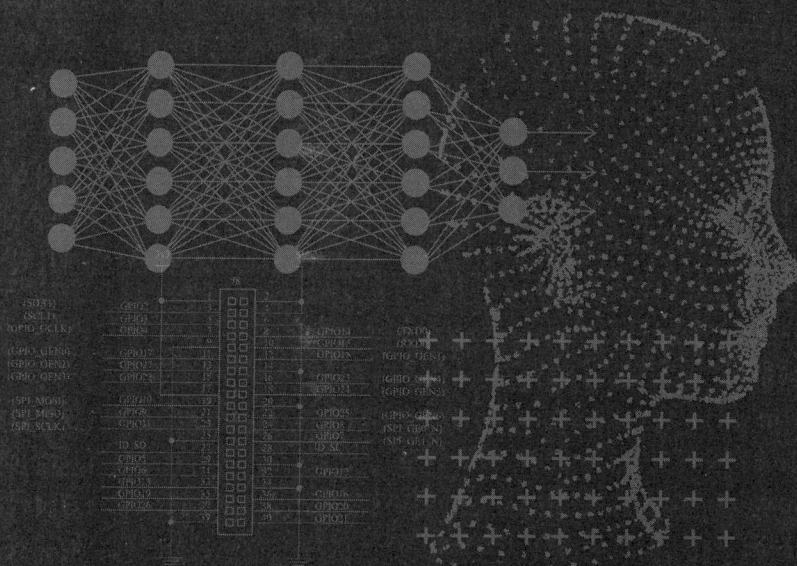

8.1
行业背景

金融行业是关系国家资源分配、人民生活保障的重要产业，是国家的命脉行业之一。由于自身的特殊性，金融行业同时具备政策指导强、技术引领强的特点。随着金融行业的快速发展，相关机构通常会面临如下难题：

（1）金融监管难：在传统监管模式下，金融监管当局很难从体量巨大、类型庞杂且彼此关联的微观金融数据中有效提取风险信息，面对未来诸多的不确定性，难以实现对金融风险的审慎监管。

（2）风险控制难：金融机构获得的数据信息呈几何级数增长，金融业务的个性化、定制化、智能化特点更加突出，导致金融风控难度增加。"呆账""坏账"问题依旧是金融机构面临的主要风险，金融欺诈更造成了中国约半数的金融坏账，带来的危害极大。金融机构难以根据自身数据对客户风险程度形成准确判断，尤其是对于缺乏往期数据的新客户，风控难度更为突出。

（3）营销获客难：随着金融行业竞争不断加剧，营销获客难成为了金融机构面临的一大痛点。传统业务模式下，金融机构主要依靠客户主动提供和上门访谈获取信息。数字化时代，虽然各类金融业务模式已逐步转向围绕数据来展开，金融机构也掌握了用户资金往来的数据深度，但对客户个人画像所需的其他信息掌握有限，难以及时把握潜在客户的偏好变化与投资倾向，具体到细分业务场景，营销和客服精准度有待提升。

以5G、大数据、人工智能、区块链、云计算等为代表的技术构成了当今金融科技的几个主要要素，而大数据技术是其中"牵一发而动全身"的重中之重。目前，国家正在加快培育发展数据要素市场，推动社会数据资源价值的发挥。在国家大数据战略基础政策背景之下，金融行业得到了快速的发展，从传统的经验决策升级到了数据决策的阶段。大数据使得金融机构的风险控制更为有效，服务更加高效，成本更加节约，运行更加有序。

8.2
联邦学习在金融行业中的应用场景

运营商大数据具有覆盖人群广、数据精度高、标签维度多、跨度时间长、时空全连续等优势。运营商拥有的独特大数据资源，结合金融行业自身数据，能够有效解决上述痛点，助力金融服务与金融监管不断升级。目前，运营商大数据在金融领域已得到广泛应用，双方共同探索自身能力在金融行业新业务、新场景、新挑战中的有效应用模式。

本节将深入探讨在金融机构中，联邦学习如何赋能主要业务场景，进一步挖掘移动大数据在金融领域的潜力。金融行业对运营商大数据的应用已有一段时日，已经形成了多元化的业务模式，并在实务操作中取得了显著的成效。联邦学习的引入，使得对这些数据的利用更为高效与安全。通过联邦学习，金融机构能够在不直接共享原始数据的情况下，进行模型训练和数据分析，从而助力精准推广、强化风险控制、优化客户筛选及提升人员监管能力。这种分布式学习的方法直击金融行业痛点，显著提高了金融服务的运营效率。本节将以银行、证券公司、保险公司和金融监管与执法机构为例，详细解析联邦学习如何在各个场景下发挥关键作用。

8.2.1　银行业务场景

银行，作为国家金融体系的核心组成部分，其运营效率和风险控制能力直接关系到国家经济的发展。然而，银行在实际运营中常面临获客效率低和风险判断难的问题。联邦学习技术的引入，为银行提供了一种全新的解决方案，不仅提高了客户定位的精准度，还优化了运营效率，并显著提升了用户满意度。

（1）零售获客与联邦学习。在零售获客场景中，银行提供的借记卡、信用卡及理财产品等服务，常常面临目标客户定位不清、营销效率低等问题。联邦学习技术的运用，使得银行能够在保护用户隐私的前提下，更精准地识别潜在客户。

通过联邦学习，银行可以与运营商合作，利用其大数据资源，在保障数据隐私安全的前提下进行模型训练，这样银行能够更准确地判断潜在客户的属性，实现借记卡新用户的精准营销；同时，在信用卡业务的全流程中，从获客到审批再到风控，联邦学习都能提供有力的支撑，降低银行成本并减少潜在损失。

（2）贷款风控与联邦学习。贷款风控是银行业务中的关键环节。联邦学习技术在这一场景中的应用，使得银行能够在不直接获取用户原始数据的情况下，进行风险模型的训练和评估。

通过联邦学习，银行可以与运营商合作，利用其大数据资源对贷款申请人的信息进行核验，确保信息的真实性。同时，对于失联的借贷人，联邦学习技术也能帮助银行进行失联修复，减少损失。在个人贷款和企业贷款的风险控制方面，联邦学习能够根据用户的日常行为轨迹和经济水平等相关标签，为银行提供用户还款能力的参考，从而更全面地评估贷款风险。

（3）APP推广与联邦学习。随着智能手机的普及，银行APP已成为用户获取服务的重要窗口。联邦学习技术在APP推广场景中的应用，使得银行能够更精准地识别有潜在下载和使用意愿的用户。

通过与中国移动等运营商的合作，银行可以利用联邦学习技术对用户的网页访问等信息进行分析，判断用户是否有下载和使用APP的意愿。同时，对于已经下载但不活跃的用户，联邦学习也能帮助银行分析用户不活跃的原因，并提出具有针对性的激活措施，推动APP业务更好地开展。

总的来说，联邦学习技术在银行业务中的应用，不仅提高了银行的运营效率，还增强了其风险控制能力，为银行带来了更多的商业机会和更高的价值。

8.2.2　证券业务场景

证券行业在我国金融领域中极为活跃，面对激烈的市场竞争，证券公司急需找到更高效、更精准的客户获取和服务方式。联邦学习技术的引入，为证券公司在客户筛选、营销推广、风险控制等多个方面提供了强大的支持。

（1）证券经纪人业务与联邦学习。在证券经纪人业务中，联邦学习技术助力证券公司更精准地定位潜在客户群。通过与其他数据源进行联邦学习，证券公司在不泄露客户隐私的前提下，能够更准确地识别出有实力和兴趣的潜在客户，从而设计出更为精准的营销方案。

（2）APP营销推广与联邦学习。随着证券服务的线上化，APP成为证券公司与客户之间的重要桥梁。联邦学习技术在此场景中，能够帮助证券公司更精准地推广APP，提高服务质量和降低运营压力。通过对客户手机APP使用数据的联邦学习分析，证券公司能够更精确地识别出未下载或不活跃的客户，并制定出相应的引导策略。

（3）证券投资顾问业务与联邦学习。在为客户提供专业的理财投资分析服务时，联邦学习技术使得证券公司能够更深入地了解客户的投资偏好和风险承受能力。通过与其他金融数据源进行联邦学习，证券公司能够更准确地判断客户的投资需求和风险承受能力，从而提供更个性化的投资咨询建议。

（4）证券资产管理业务与联邦学习。在资产管理业务中，联邦学习技术帮助证券公司更高效地筛选出高净值且持有优质资产的高端客户。通过与其他相关数据源进行联邦学习，证券公司能够在保护客户隐私的同时，更全面地评估客户的资产状况和增值潜力。

（5）融资融券服务与联邦学习。在融资融券服务中，联邦学习技术为证券公司提供了更强大的风险控制能力。通过与其他企业数据源进行联邦学习，证券公司能够更全面地了解企业的经营状况和风险情况，从而更准确地判断其融资融券的需求和风险。

（6）证券投资基金的承销、保荐、代销服务与联邦学习。在证券投资基金的承销、保荐与代销服务中，联邦学习技术使得证券公司能够更精准地定位潜在客户和推广产品。通过与其他金融数据源进行联邦学习，证券公司能够更全面地了解潜在客户的投资需求和理财偏好，从而制定出更具针对性的产品推广策略。

（7）网点选址及客户服务辅助与联邦学习。在网点选址和客户服务辅助方面，联邦学习技术为证券公司提供了更科学的决策依据。通过与其他相关数据源进行联邦学习，证券公司能够更准确地分析现有和潜在客户的流量以及行为轨迹，从而进行更有效的网点选址和服务安排。

总的来说，联邦学习技术在证券公司业务中的应用，不仅提高了其客户筛选和营销的精准度，还提高了其风险控制能力和服务质量，为证券公司带来了更多的商业机会和更高的价值。

8.2.3　保险业务场景

保险公司在业务运营中面临着精准营销、人员招募、风险监控和网点选址等多重挑战，这些都对数据的精准性提出了极高要求。联邦学习作为一种新兴的机器学习方法，为保险公司提供了在保护数据隐私的同时实现精准决策的可能。

（1）联邦学习助力精准推广。在保险产品的售前阶段，联邦学习技术能够帮助保险公司更精准地定位目标客户。通过与其他数据源进行联邦学习，保险公司可以在不泄露用户隐私的情况下，深入分析潜在用户的消费行为和理财习惯，从而更准确地筛选出高净值人群，并制定个性化的推广策略。

（2）联邦学习在人员招募中的应用。保险业务员的招募对于保险公司而言至关重要。联邦学习技术能够综合利用各种信息，形成更全面的用户个人画像，帮助保险公司精准筛选出对保险行业有兴趣且具备优秀业务员潜质的人才。同时，通过联邦学习分析招募对象的社交数据，还可以更准确地评估其沟通能力和社交圈层，提高招募效率和质量。

（3）联邦学习强化风险监控。风险监控是保险业务的核心环节。联邦学习技术能够整合多方数据，为保险公司提供更全面的风险画像。通过与其他相关数据源进行联邦学习，保险公司可以更有效地识别出潜在的瞒报、骗保等风险，提高风险预警的准确性。此外，联邦学习还可以帮助保险公司构建出险欺诈预警模型，自动发出预警并触发审核流程，从而降低公司损失。

（4）联邦学习优化网点选址。在设置线下服务网点时，联邦学习技术同样能发挥重要作用。通过与其他位置数据源进行联邦学习，保险公司可以更精确地分析现有和潜在客户的流量以及行为轨迹，从而进行更有效的网点选址规划。同时，对于已有网点，联邦学习也可以帮助保险公司更科学地调整服务安排，提高办事效率。

综上所述，联邦学习技术在保险公司的多个业务场景中展现出了巨大的应用价值。它不仅提高了保险公司在精准营销、人员招募、风险监控和网点选址等方面的决策精准性，还为保险公司带来了更多的商业机会和更大的竞争优势。

8.2.4 金融监管与执法机构业务场景

金融监管与执法机构在维护金融秩序和防范金融风险方面扮演着至关重要的角色。联邦学习作为一种保护隐私的机器学习方法，为这些机构提供了全新的工具和视角，从而使其更加高效和准确地执行任务。

（1）联邦学习助力失联修复。在失联修复场景中，联邦学习技术能够发挥巨大作用。通过与其他数据源进行联邦学习，执法机关可以在不侵犯个人隐私的前提下，更准确地追踪和定位被执行人的当前联系方式和常驻位置。这种方法不仅提高了执行通知的触达率，还大幅提升了执法效率。

（2）联邦学习强化风险预警。在风险预警场景中，联邦学习为金融监管部门提供了更为精准和高效的风险研判手段。通过与其他相关数据源进行联邦学习，监管部门可以间接分析监管对象的金融服务使用情况和消费水平，从而更准确地判断其是否存在高风险或异常行为。这种预警机制有助于及时发现并遏制金融违法行为，维护金融市场的稳定和公平。

（3）联邦学习提升执法督察效率。在执法督察场景中，联邦学习技术同样展现出了其独特的优势。通过与其他数据源进行联邦学习，监管部门可以更全面地了解执法人员的工作和生活状态，包括其位置信息、消费水平和金融服务使用情况等。这些信息有助于精准研判执法人员是否遵纪守法，是否存在违法违规行为。这种基于联邦学习的执法督察机制不仅提高了执法队伍的纪律性，还进一步提升了金融监管部门的公信力和执法督察效率。

综上所述，联邦学习技术在金融监管与执法机构的多个场景中发挥着至关重要的作用。它不仅提高了失联修复、风险预警和执法督察等工作的准确性和效率，还为维护金融市场的稳定和公平提供了有力的技术支持。

8.3

未来展望

随着数字化时代的到来,金融行业正面临着前所未有的数据挑战与机遇。在这个背景下,联邦学习作为一种保护隐私的机器学习方法,正逐渐成为金融行业技术创新的重要方向。特别是当联邦学习与运营商大数据相结合时,这种融合有望为金融行业带来革命性的变革。

联邦学习在金融行业的应用前景广阔。传统的金融数据分析往往受限于数据孤岛和隐私保护的问题,而联邦学习能够在不共享原始数据的情况下,实现多方数据的联合建模和训练,从而打破了这些限制。这意味着金融机构可以在保护客户隐私的同时,充分利用各方数据进行风险评估、信贷审批、个性化推荐等金融服务,提高决策的准确性和效率。而运营商大数据的加入,为联邦学习在金融行业的应用提供了更为丰富的数据源。运营商拥有海量的用户行为数据、通信数据等,这些数据在分析用户信用、消费习惯、社交网络等方面具有极高的价值。通过联邦学习技术,金融机构可以与运营商进行数据合作,共同构建一个更加全面、精准的用户画像,为金融服务提供更加科学的决策依据。

未来,随着技术的不断进步和数据的不断积累,联邦学习与运营商大数据的结合将在金融行业发挥更加重要的作用。可以预见以下几个方面的发展趋势。

一是个性化金融服务的深化。通过联邦学习对运营商大数据的挖掘,金融机构将能够为用户提供更加个性化的金融产品和服务,满足用户多样化的金融需求。

二是风险防控能力的提升。联邦学习可以帮助金融机构更准确地识别潜在的风险点,及时采取有效的风险控制措施,保障金融系统的稳定运行。

三是金融创新的加速。联邦学习与运营商大数据的结合将为金融行业带来更多的创新机会,推动金融产品和服务的不断升级和完善。

综上所述,联邦学习与运营商大数据的结合将为金融行业带来前所未有的发展机遇。这种融合能够推动金融行业的持续创新和发展,为用户提供更加安全、便捷、个性化的金融服务。

第 9 章

联邦学习
在智慧医疗中的应用

9.1
智慧医疗与大数据应用

随着科技的飞速发展，大数据技术在各个领域的应用日益广泛，智慧医疗是其中的重要领域。通过集成物联网、云计算、人工智能等技术，大数据技术为医疗服务的智能化、精准化和高效化提供了强有力的支持。

在智慧医疗中，大数据技术的应用体现在多个方面。

首先，大数据技术能够对通过可穿戴设备等物联网技术收集的患者生理数据，进行实时监测和深度挖掘，帮助医生远程监控患者的健康状况，及时发现异常并进行干预。这降低了患者突发疾病的风险，并有助于制定个性化的健康管理方案。

其次，大数据技术结合机器学习算法，可以对患者的历史健康数据进行深度分析，识别潜在的疾病风险，实现预测性诊断与早期干预。这为医生提供了重要的决策依据，能够提前采取干预措施，防止疾病恶化。

此外，大数据技术在临床决策支持系统中也发挥着重要作用。通过对海量医疗文献、临床指南和病例数据的分析，大数据技术为医生提供了基于证据的诊疗建议，使治疗方案更加科学合理。同时，结合患者的个体信息，大数据技术还能支持个性化治疗，提高治疗效果和患者满意度。

除了上述应用，大数据技术还有助于医疗机构合理配置和优化医疗资源。通过数据分析，医疗机构可以预测未来的医疗需求，合理安排医护人员和医疗设备的配置，实现医疗资源的最大化利用。

在公共卫生管理和疫情防控方面，大数据技术也展现出了巨大的潜力。通过对疫情相关数据的实时监测和分析，大数据技术能够迅速评估疫情态势，为政府决策提供科学依据，支持疫情预警系统的建设。

数据隐私保护在智慧医疗中扮演着至关重要的角色。随着智慧医疗的快速发展，个人健康数据的收集与分析变得日益频繁，这凸显了数据隐私保护的重要性。首先，数据隐私保护能够确保患者的个人隐私不受侵犯，防止敏感信息被未经授权的第三方获取。其次，它有助于增强患者对医疗机构的信任，这是医疗服务机构声誉和持续发展的关键。再者，严格遵守数据隐私保护措施也是符合法律法规要求的体现，如GDPR（《通用数据保护条例》）和HIPAA（《健康保险流通与责任法案》）等都对医疗数据隐私有着严格规定。

然而，数据隐私保护在智慧医疗中也面临着诸多挑战，如技术安全漏洞、数据异质性以及多方协作中的数据安全问题等。为了应对这些挑战，需要采取一系列有效的策略，包括应用先进的加密技术来保护传输和存储的数据安全，实施严格的数据访问控制来防止未授权访问，推广联邦学习技术以实现数据隐私和安全共享，加强相关法律法规的建设以提高违法成本，以及通过宣传教育提升公众对数据隐私的保护意识。

综上所述，数据隐私保护是智慧医疗发展中不可或缺的一环，它涉及患者的隐私权、信任建立、法律合规性等多个方面。通过综合应用技术手段和政策措施，可以构建一个更加安全、可信的智慧医疗环境。

联邦学习作为一种新兴的机器学习范式，在保护数据隐私的同时实现了跨机构的数据共享和模型训练，在智慧医疗中具有广阔的应用前景。它不仅能够促进多中心临床研究的开展，还能有效保护患者隐私和数据安全，为应对突发公共卫生事件提供有力支持。

9.2
联邦学习与智慧医疗结合的应用场景

9.2.1 医学影像分析

9.2.1.1 肿瘤检测与分割

在医学影像学领域，肿瘤检测与分割的重要性不言而喻，它对患者的治疗方案制定及预后评估起着至关重要的作用。传统的手动标注方法，依赖于医生的丰富经验和专业知识，不仅耗时耗力，而且主观性强，可能因医生的疲劳或经验差异而导致诊断结果的不稳定。联邦学习的引入，恰恰为解决这一问题提供了新的途径。

通过联邦学习，多个医疗机构可以在保护患者隐私的基础上进行模型的合作训练。这意味着，各个机构无须共享原始数据，只需上传模型参数至中央服务器进行聚合，从而得到一个全局优化的模型。这种方法不仅有效打破了数据孤岛，还大大提高了数据的安全性，加强了隐私保护。

在肿瘤检测与分割任务中，医疗机构可以利用各自的医学影像数据，如CT（计算机断层扫描）、MRI（磁共振成像）等，结合联邦学习框架，训练出具有更强泛化能力的深度学习模型。这些经过训练的模型能够自动识别并精确分割肿瘤区域，无论是脑肿瘤、肺癌还是其他类型的肿瘤，模型都能提供直观、准确的诊断依据，极大地提升了诊断的精确性和效率。

以脑肿瘤分割为例，不同医院收集的MRI数据在扫描参数、分辨率等方面可能存在差异，这给单一模型的训练带来了挑战。然而，在联邦学习的助力下，各医院可以保持数据的本地化，同时共享模型的训练成果，共同完善和优化全局模型。这一过程不仅增强了模型的适应能力，也使得各参与医院能够从中受益，提升自身的诊断水平。

此外，联邦学习在肿瘤检测与分割方面的应用，还有助于医疗资源的均衡分配，特别是在偏远地区或资源有限的医疗机构，通过参与联邦学习，它们能够获得与大城市一流医院相当的诊断能力，这无疑将惠及更多的患者。这种跨地域、跨机构的合作模式，为肿瘤的早期发现和治疗提供了强有力的技术支持。

9.2.1.2 病变识别与分类

病变识别与分类是医学影像分析中的核心任务之一。它要求模型能够迅速准确地识别出影像中的异常区域，并根据其特征进行分类。这对于医生判断病情严重程度、确定病变类型具有重要的意义。联邦学习在这一领域的应用同样显示出了其独特的优势。

利用联邦学习技术，医疗机构可以训练出高效的病变识别和分类模型。这些模型在保护患者隐私的同时，能够利用多个医疗机构的数据资源进行训练，从而提升模型的泛化能力和准确性。在实际应用中，医生只需将患者的影像数据输入模型，模型便能自动识别病变区域并进行分类。这一自动化过程不仅迅速准确，而且极大地减轻了医生的工作负担，提高了诊断效率。

更为重要的是，联邦学习使得病变识别和分类模型能够持续迭代优化。随着新数据的不断加入和模型的不断训练，模型的性能将得到持续提升，从而为患者提供更加精准的诊断服务。这种持续优化的机制也促进了医学影像分析领域的技术进步和创新发展。

9.2.1.3 疾病预测与风险评估

除了上述两个方面，基于联邦学习的医学影像分析还在疾病的早期预测和风险评估方面发挥着重要作用。通过深度学习模型对医学影像中的微小变化进行捕捉和分析，可以在疾病发生前或早期阶段就发现潜在的风险因素。

在疾病预测与风险评估任务中，联邦学习的价值得到了充分体现。多个医疗机构可以在保护患者隐私的前提下共同训练模型以捕捉疾病的早期表现。这些模型利用大规模、多样化的医学影像数据进行训练以提高预测的准确性和可靠性。一旦模型训练成熟，医生便可以将患者的影像数据输入模型，模型将自动输出预测结果和风险评估报告，这为医生制定个性化的治疗方案提供了有力的数据支持。

值得注意的是，疾病预测与风险评估是一个需要综合考虑多种因素的复杂过程，因此在实际应用中，联邦学习模型需要与其他临床信息和患者特征相结合进行综合评估。通过整合多源数据和多模态信息，我们可以进一步提高预测的准确性和个性化程度，为患者提供更加全面、精准的健康管理服务。

9.2.2　电子健康记录管理

随着信息技术的迅猛发展，电子健康记录（EHR）系统已成为现代医疗不可或缺的一部分。然而，如何在数据共享与隐私保护之间找到平衡，一直是医疗行业面临的挑战。联邦学习，作为一种创新的机器学习范式，为这一难题提供了有效的解决方案。

联邦学习允许各医疗机构在本地训练模型，并通过中央服务器聚合模型更新，从而生成全局模型。这种方式不仅确保了数据隐私安全，还促进了信息的共享。在EHR管理场景中，联邦学习的应用带来了显著的优势：它强化了数据安全与隐私保护，打破了信息壁垒，支持精准医疗，并提升了模型的泛化能力。

具体来说，联邦学习避免了原始数据的直接共享，从而大大降低了数据泄露的风险。同时，它使得不同医疗机构能够在不泄露原始数据的情况下共享医疗知识和经验，提高了医疗服务的连续性和协调性。此外，通过聚合多个医疗机构的EHR数据，联邦学习生成了更全面、准确的医疗模型，为精准医疗提供了有力支持。这些模型能够帮助医生作出更精准的诊断和治疗决策，提升医疗服务的个性化和精准度水平。

近年来，联邦学习在EHR管理中的应用案例不断涌现。有研究团队已成功利用联邦学习方案分析医学病例数据，为医生的诊断提供了准确的数据支持。此外，一些医疗机构也开始尝试引入联邦学习技术，以期提升医疗服务的质量和效率。

例如，可穿戴心率监测设备的数据分析。可穿戴心率监测设备能够实时收集患者的心率数据，但这些数据通常分散在不同的设备中，难以进行集中分析。而我们可以采用联邦学习技术，将不同患者的可穿戴心率监测设备连接到一个联邦学习网络中。每个设备在其本地数据集上训练一个心率异常监测模型，并定期将模型更新发送给中央服务器。中央服务器聚合这些更新，生成一个全局的心率异常监测模型。这个模型可以识别各种心率异常模式，并向相应的医疗机构发送警报，以便及时进行干预。

例如，远程糖尿病管理。糖尿病患者需要定期监测血糖水平，并根据监测结果调整治疗方案。然而，不同患者的监测数据往往分散在不同的设备和应用中，难以进行综合分析和提供个性化治疗建议。而我们可以利用联邦学习技术，建立一个远程糖尿病管理平台。患者使用个人设备（如血糖仪、智能手表等）收集血糖数据，并在本地设备上训练一个血糖预测模型。这些模型更新被定期发送给中央服务器，中央服务器聚合这些更新，生成一个全局的血糖预测模型。医生可以根据这个全局模型提供的预测结果，为患者制定个性化的治疗方案。

9.2.3 疾病预测与监控

随着信息技术的飞速发展，机器学习（ML）和人工智能（AI）在医疗领域的应用日益广泛。医疗数据的敏感性和隐私保护需求对传统集中式机器学习提出了巨大挑战。联邦学习，作为一种新兴的分布式机器学习范式，在解决这些问题方面展现出巨大的潜力。

在疾病预测方面，联邦学习通过整合多个数据源的信息，可以有效预测疾病风险。例如，医疗机构可以利用联邦学习算法分析患者的多种数据源，结合基因组学、临床信息和生理指标，预测患者患慢性疾病的风险，不仅提高了预测的准确率，还保护了患者的隐私。

在疾病监控方面，联邦学习同样发挥着重要作用。例如，在慢性病管理中，通过整合多个医疗机构的慢性病数据，联邦学习可以训练出一个全局模型，用于监控患者的病情变化和治疗效果。此外，联邦学习还可应用于药物疗效监测，通过整合多个临床试验的数据来预测药物的疗效和副作用，提高药物疗效监测的准确性和可靠性。

9.3
联邦学习在智慧医疗中面临的挑战

在实际应用于智慧医疗的过程中，联邦学习也面临着诸多挑战。以下是对这些挑战及其应对方案的详细探讨。

9.3.1 数据异质性

挑战描述：智慧医疗中，不同医疗机构的数据集在特征分布、样本质量及数量上往往存在显著差异。这种数据异质性会导致联邦学习模型的性能下降或产生偏差。

应对方案：首先，采用数据标准化和预处理技术，对数据进行归一化或标准化，以减小数据集间的差异。其次，引入领域适应方法，如迁移学习或对抗性训练，增强模型的泛化能力。此外，优化客户端选择和权重分配，以平衡不同数据集对全局模型的影响。

9.3.2 隐私泄露和安全性

挑战描述：尽管联邦学习避免了直接共享原始数据，但仍存在隐私泄露的风险。恶意用户可能会攻击全局模型，导致隐私泄露或模型性能下降。

应对方案：结合差分隐私技术，对本地模型更新添加噪声，减少敏感信息的泄露风险。同时，利用安全多方计算技术确保数据在加密状态下进行计算。此外，使用区块链技术记录关键信息，实现训练过程的透明性和可追溯性，提高系统的安全性。

9.3.3 通信成本和效率

挑战描述：联邦学习涉及多个客户端与服务器之间的频繁通信，导致了较高的通信成本和较长的训练时间。

应对方案：引入分层联邦学习架构，先在小组内进行局部模型聚合，再进行全局聚合，减少通信次数和成本。同时，允许客户端异步上传模型更新，提高系统灵活性。此外，使用模型压缩技术减小模型大小，降低通信负载。

9.3.4 法规政策要求

挑战描述：智慧医疗领域涉及严格的隐私保护法规。如何在遵守法规的同时有效实施联邦学习是一个挑战。

应对方案：在系统设计前进行严格的合规性审查。对敏感数据进行匿名化和脱敏处理，保护患者隐私。同时，提高模型的透明度和可解释性，便于监管。

9.3.5 技术标准化与互操作性

挑战描述：联邦学习领域缺乏统一的技术标准和协议。

应对方案：推动建立技术标准和协议，并鼓励行业内的合作与交流。

第 **10** 章

联邦学习
在智慧交通中的应用

10.1
行业背景

在当今信息化、智能化的时代背景下，大数据技术正逐渐成为推动智慧交通行业发展的关键力量。智慧交通，作为一个融合了信息技术、通信技术以及人工智能技术的综合性领域，旨在提高交通管理效率、优化出行体验并确保交通安全。而大数据技术，以其强大的数据处理和分析能力，为智慧交通的实现提供了有力支撑。

首先，大数据技术在交通流量监测与管理方面发挥着重要作用。通过实时收集并分析道路交通数据，包括车流量、车速、道路拥堵情况等，大数据技术能够帮助交通管理部门准确掌握道路交通状况。这使得交通管理部门能够根据数据反馈及时调整信号灯配时、优化道路布局，从而有效缓解交通拥堵，提高交通管理效率。

其次，大数据技术在智能导航与路径规划方面具有显著优势。利用大数据技术，导航系统可以实时分析道路交通信息，为用户规划出最优的出行路线。这种个性化的导航服务不仅提升了用户的出行效率，还降低了因盲目行驶而导致的能源浪费和环境污染。

此外，大数据技术在交通安全预警与应急响应方面也表现出强大的功能。通过对历史交通数据和实时数据的综合分析，大数据技术可以预测潜在的安全隐患，并及时向交通管理部门和用户发出预警。在发生交通事故时，大数据技术还能协助快速定位事故地点，优化救援路径，从而提高救援效率，减少人员伤亡和财产损失。

最后，大数据技术在公共交通优化方面同样发挥着重要作用。通过对乘客出行数据的深入挖掘和分析，大数据技术可以帮助公共交通系统实现更加精准的调度和管理。例如，根据乘客的出行时间和目的地，优化公交线路和班次安排，从而提高公共交通的服务质量和运营效率。

综上所述，大数据技术在智慧交通行业中发挥着举足轻重的作用。它不仅提高了交通管理的智能化水平，还优化了出行体验，确保了交通安全。随着技术的不断进步和应用场景的不断拓展，大数据技术将在智慧交通行业中扮演更加重要的角色，为人们的出行带来更加便捷、高效和安全的体验。

然而，在享受智慧交通带来的便捷与高效的同时，我们也必须正视其中潜在的数据隐私泄露风险。

在智慧交通系统中，大量的个人数据被收集和处理，包括但不限于车辆行驶轨迹、驾驶员信息、交通违章记录等。这些数据极具价值，但同时也极为敏感，一旦泄露或被滥用，将对个人隐私造成严重威胁。因此，数据隐私保护在智慧交通领域显得尤为重要。

为了保护数据隐私，需要从多个层面采取措施。

首先是技术层面，应利用最新的加密技术对数据进行保护，确保数据在传输和存储过程中的安全性。同时，使用匿名化处理和差分隐私技术，可以在保证数据可用性的同时，降低个人隐私泄露的风险。

除了技术手段，法律和政策的支持也必不可少。政府应制定严格的数据保护法规，明确数据的收集、使用、存储和销毁等各个环节的责任和规范。对于违反数据保护规定的行为，应给予严厉的处罚，以确保相关法规得到有效执行。

此外，增强公众对数据隐私保护的意识也非常关键。通过教育和宣传，让人们了解个人隐私的重要性，知道如何保护自己的个人信息，以及在遇到隐私泄露时应该如何应对。

在企业和机构层面，应建立完善的数据管理制度和内部监督机制。对于涉及个人隐私的数据，应严格控制访问权限，避免数据被非法获取或滥用。同时，应定期进行数据安全和隐私保护的培训，提升员工的安全意识和操作技能。

智慧交通的发展是大势所趋，它为我们的生活带来了前所未有的便利。然而，在享受这些便利的同时，不能忽视对数据隐私的保护。通过技术手段、法律支持和公众教育等多方面的努力，我们可以构建一个既高效又安全的智慧交通系统，为未来的城市交通发展奠定坚实的基础。

联邦学习应用于智慧交通行业，可以显著提高数据隐私保护水平。通过联邦学习技术，多个参与方可以在不共享原始数据的情况下共同训练模型，从而确保了个人数据的私密性和安全性。这种方式不仅保护了用户的隐私，同时也促进了数据的有效利用，使得智慧交通系统能够在保护个人隐私的同时，实现更精准的交通流量预测、路况分析以及智能决策，为现代城市交通管理带来革命性的进步。

10.2
联邦学习在智慧交通中的应用场景

10.2.1 智慧公交

由于国内燃油、保险、维修等价格上涨，公交企业承担社会公益性服务的成本增加，再加上长期低票价管制，以及受地铁、共享单车等多元化出行方式的冲击等，相当一部分公交企业入不敷出，亏损严重。为此，许多公交企业开始寻求数智化转型，构建数智时代下的新型竞争力。

国内大部分公交企业仍停留在信息化建设初级阶段，通过物联网、移动互联网技术，初步实现信息化运营管理，比如简单的系统排班、调度、数据报表等功能，但这些功能都不够智能，不能根据客流数据、乘客需求提供相应服务，这也导致公交企业供需不匹配，运营成本越来越高，而服务水平却在持续下降。纵观目前国内公交企业，普遍存在以下几个突出的痛点。

（1）线网亟须优化。地铁、共享单车等新型出行工具的涌现，对公交运营造成极大冲击，尤其是打乱了原有的公交线网规划，使得公交客流量大量流失。因此，如何应对新时期的公共交通现状，进行全域级的线网优化，与地铁、共享单车形成良性互补，是目前公交企业普遍存在的一大痛点。

（2）统一管理难。公交企业各部门不仅数据不互通，而且运营方式、管理模式也不统一，存在各部门各自为政的现象，这导致企业难以统一管理，增加了企业的运营成本。

（3）资源严重浪费。由于大部分公交企业缺乏大数据分析、人工智能等新型技术的支持，普遍无法掌握客流数据和分布，最终导致供需不匹配，造成人力、车辆资源的严重浪费，因此急需根据客流数据，建立科学的排班、调度体系。

（4）缺少科学监管体系。目前公交企业在安全监管方面仅能实现预防，无法杜绝运营过程中突发事故，这导致公交安全事故频频发生，影响公交运营服务质量。

（5）广告投放针对性差。依靠人工经验进行的长达数月的线路考察和统计分析，不仅费时费力，而且优化效果差，很难匹配真实客群需求，不利于精准营销。

在公交行业中，基于联邦学习的智慧交通解决方案展现了其独特的优势。这一方案运用了先进的大数据分析技术，深入挖掘乘客出行数据和实时交通拥堵信息，从而精准地对公交线路进行优化调整。具体来说，它可以根据乘客的出行模式和交通流量的实时变化，智能地规划出更为高效、便捷的公交线路，以应对城市复杂的交通状况。

值得一提的是，联邦学习在此过程中发挥了关键作用。由于数据隐私和安全性的考量，公交企业往往不愿意或不能直接将原始的乘客数据共享给第三方。而联邦学习的特性允许各公交企业在不泄露原始数据的情况下，共同训练和优化模型。这种方式不仅保护了数据隐私，还使得多个公交企业能够协同工作，共同提升整个公交系统的效率和服务质量。

同时，联邦学习智慧交通解决方案还通过实时监测车辆位置和乘客需求，实现了公交车辆的动态调度。这意味着，当某个区域的乘客需求突然增加时，系统可以迅速调整公交车辆的分布，确保乘客能够及时、便捷地乘坐公交车辆。

除了优化线路和智能调度的优势之外，这一解决方案还为公交企业提供了全方位的乘客服务。借助移动支付、智能导乘等现代科技手段，乘客可以轻松了解公交信息、快速购买车票和合理规划出行路线。这些贴心的服务举措不仅显著提高了乘客的出行效率，更在很大程度上提升了公交企业的服务品质，从而提升了乘客的整体满意度。总的来说，联邦学习在公交行业的应用，不仅加强了数据的隐私保护，还推动了公交服务向更加智能化、高效化的方向发展。

10.2.2　智慧地铁

城市轨道交通需求不断增加，相应的地铁项目、城域铁路项目需求也随之增加。人、车、路、环境四要素之间每时每刻互联互通，为城市轨道交通行业带来了新的发展机会。城市轨道交通运营过程中产生的数据是复杂多样的，数据收集的重要性不言而喻，数据收集之后更为关键的是数据分析。必须做好这些信息的优化，才能用数据分析的结果辅助运营部门完成更加智慧的管理调度，方便市民群众的交通出行。以下是轨道交通管理者在运营管理地铁时遇到的几个痛点。

（1）运营数据收集困难。随着地铁的迅猛建设，地铁会全面覆盖城市，带动新兴区域及综合地铁物业快速发展。多数据源商业地铁物业及 TOD（Transit Oriented Development，公交导向型发展）商业大数据分析需求愈发凸显。

（2）精准营销缺乏分析工具。地铁广告致力于实现精准营销。地铁内部商业和商贸形态具体适合哪些类型的商户，面向客群有哪些，这些问题亟待解答。然而地铁部门在这一方面缺乏有效的数据支撑和客流分析工具，难以实现精准营销。

（3）换乘拥堵。在同一站台换乘多线路的情况下，不同线路之间的乘客由于车辆频次不同而滞留在站点内，造成拥堵，需要及时疏导。

在地铁行业中，基于联邦学习的智慧交通解决方案的应用显得尤为关键。首先，该方案巧妙地运用了大数据分析技术，对海量数据进行深度挖掘，从而能够精准地预测各个地铁站点的客流情况。这种预测为地铁企业提供了有力的调度决策支持，使得企业能够根据客流变化科学调整列车运行频次和间隔。这样不仅确保了列车运行的高效性和准时性，更在一定程度上避免了因客流高峰而导致的拥堵现象，提升了乘客的出行体验。

此外，基于联邦学习的智慧交通解决方案还为乘客提供了贴心的智能换乘指引服务。乘客只需通过移动应用等便捷渠道，即可随时随地获取详尽的换乘建议以及实时的地铁运行信息。这种动态的信息更新机制不仅显著提高了乘客的出行效率，更在某种程度上提高了地铁企业在公众心目中的服务品质。

值得一提的是，在应对紧急情况方面，基于联邦学习的智慧交通解决方案同样表现出色。它构建了一套完备的应急响应体系，能够在紧急情况发生时迅速做出反应，最大程度地保障乘客的生命安全。这种高效且负责任的应急处理方式，不仅让乘客在乘坐地铁时倍感安心，也极大地提升了地铁企业的社会信誉和公共形象。总的来说，联邦学习在地铁行业的应用，为地铁运营带来了前所未有的智能化和高效化，同时也为乘客提供了更加安全、便捷的出行环境。

10.2.3 智慧铁路

目前铁路企业正处在改革的关键阶段，不仅存在许多难点、痛点问题，也受到自身固有的客观条件限制，因此发展大数据这一被实践证明过的信息化转型的实践工具，是深化改革、打破常规、实现创新发展的不二之选。对于铁路企业而言，大数据是一种新思想、新技术、新方法，应用发展必将面临一定的新挑战，但同时也会获得新机遇。以下是智慧铁路管理中遇到的几个痛点。

（1）管理决策缺乏数据支撑。任何管理决定，都要来源于数据，但是目前数据联网还存在一些问题，数据可靠性有待验证，不能很好地给决策者提供帮助。例如：实时的人流动态信息无法及时展示，导致信息传输不及时，影响决策；传统统计方式耗时长，成本高。

（2）店铺招商需要进行客流数据分析。随着我国高速铁路网建设的推进，如今许多环境一流、人流量巨大的新兴城市高铁动车车站，成了新兴的商业开发地。许多公司正瞄准这一新兴商业市场展开激烈的竞争。但是由于店铺租金以及店面经营成本较高，地铁内的实体店承受着较大的运营压力。地铁管理部门需要铁路大数据产品协助分析铁路客流的组成特点和消费习惯，选择合适的商家进驻，保证商户留存和稳定。

在铁路行业中，基于联邦学习的智慧交通解决方案的应用同样起到了巨大的作用。首先，在智能调度与管理层面，该方案深度融合了大数据与人工智能技术，实现了对列车运行的精细化、智能化调度与管理。这种先进的调度模式不仅确保了列车准时、高效运行，更从全局角度提升了铁路部门的整体运营效率。通过智能分析列车的运行数据、乘客流量以及线路状况，联邦学习能够协助铁路部门制订出更为合理的列车运行计划，从而满足日益增长的客运需求。

其次，在客流管理与优化方面，基于联邦学习的智慧交通解决方案通过实时监测各车站的客流数据，并运用大数据分析技术进行深度挖掘，为铁路部门提供了科学、动态的客流管理方案。这种管理方式不仅能够根据客流的实时变化来调整车站的服务资源和列车班次，优化乘客的候车与乘车体验，更能有效地预防和解决因客流高峰而引发的拥堵问题，确保了车站与列车的顺畅运行。

最后，在服务质量提升层面，基于联邦学习的智慧交通解决方案通过构建完善的服务流程和全面的员工培训体系，显著提高了铁路员工的服务质量与专业素养。

同时，该方案还积极引入了智能化的服务设备和技术手段，如自助售票机、智能导乘系统等，这些创新性的服务方式极大地提升了服务效率，也显著提高了乘客的满意度。通过这些综合性的举措，联邦学习不仅助力铁路部门实现了服务质量的飞跃，更在一定程度上增强了其在激烈市场竞争中的优势。总的来说，联邦学习在铁路行业的应用正推动着铁路交通向更加智能化、高效化的方向发展。

10.2.4 智慧高速

高速公路是我国重要的交通基础设施，对社会经济的发展具有重要作用。随着人工智能技术逐步成熟以及在多项政策的推动下，高速公路智能化、智慧化成为当下公路运输的主要发展方向。通过基础设施的建设，公路网络建设将持续扩大，公路货运能力也将不断提升。数据显示，2016—2024年中国高速公路智能化市场规模快速发展，从361亿元增长至1382亿元，九年间增长了1021亿元。随着中国智能交通建设的进一步发展，高速公路智能化市场规模将逐渐攀升，中商产业研究院预测，2025年我国高速公路智能化市场规模将超过1500亿元。

高速公路大数据技术的应用，可以为高速公路管理部门的决策制定、市场监督、出行服务以及交通安全应急等方面提供数据支持，不断提升高速公路的管理水平以及运营效率。在高速公路不断发展的今天，有以下问题亟待解决。

（1）数据监控不及时，数据采集缺乏有效手段。传统的交通数据调查存在实施周期长、数据质量低的问题。地图服务商所提供的数据断片严重，数据结果不足以支持交通规划。高速规划、管理决策的基础数据采集与分析工作繁杂，且难以支持动态模式的交通规划工作。高速管理部门缺少支撑交通规划、管理决策精细化的分析数据。

（2）高速服务区不完善，运营成本高。某些服务区利用率低，高速公路建设成本高，盈利率低，回收成本速度慢；服务区物价与旅客消费能力不匹配，服务不到位。服务区运营需要了解过往旅客的消费能力。

（3）交通拥堵频繁发生，人、车及时疏导难。发生交通事故以及节假日车流量猛增导致交通堵塞问题，特别是清明、五一、国庆等重大节假日期间，拥堵现象更加明显，导致出行成本增加、交通供需矛盾日益加剧。

（4）应对天气、事故等意外情况时，需要及时有效的信息触达。在遭遇道路养护或发生重大交通事故时，交通预警信息发送难，如无锡高架桥坍塌导致市区交通瘫痪；同样，在大雾天气、霜冻天气下，交通事故频繁发生，路上旅客需要及时了解前方路况信息，以便做出安全的出行决策。

在高速公路智能化场景中，联邦学习技术能够发挥重要作用。

首先，针对数据监控不及时和数据采集手段缺乏的问题，联邦学习可以整合多个数据源的信息，如交通流量数据、路况数据等，进行分布式学习。这种方式不仅提高了数据的实时性和准确性，还保护了原始数据的隐私安全。通过联邦学习训练出的模型，可以更准确地预测交通流量和路况，从而为高速公路管理部门的决策提供有力的支持。

其次，在服务区运营方面，联邦学习可以帮助分析过往旅客的消费能力和消费习惯，从而优化服务区的商品定价和服务内容，提高服务区的利用率和盈利能力。同时，通过联邦学习对旅客行为的分析，还可以为服务区提供更加个性化的服务，提升旅客的满意度。

此外，在解决交通拥堵问题上，联邦学习也有其独特优势。通过分析历史交通数据和实时交通数据，联邦学习模型可以预测交通拥堵的发生时间和地点，从而提前进行交通疏导，减少拥堵现象的发生。同时，通过与其他智能交通系统的协同工作，联邦学习还可以实现更加高效的交通管理。

最后，在应对天气、事故等意外情况时，联邦学习技术可以快速分析并预测这些因素对交通的影响，及时向路上旅客发送预警信息，提高交通安全性。例如，在大雾天气或霜冻天气下，联邦学习模型可以根据历史数据和实时数据预测发生交通事故的风险区域，并通过智能交通系统向驾驶员发送预警信息，提醒他们注意安全驾驶。

综上所述，联邦学习技术在高速公路智能化中具有广阔的应用前景。通过整合多个数据源的信息进行分布式学习，联邦学习不仅可以提高数据的实时性和准确性，还可以保护数据隐私，为高速公路管理部门的决策提供有力支持。同时，在服务区运营、交通拥堵疏导以及应对意外情况等方面，联邦学习也展现出了其独特的优势。随着技术的不断发展和完善，联邦学习将在高速公路智能化中发挥更加重要的作用。

10.3
未来展望

随着科技日新月异的发展以及创新应用层出不穷的涌现，智慧交通系统正逐渐成为现代城市交通管理的核心组成部分，并在未来扮演着愈加重要的角色。基于联邦学习的智慧交通解决方案，作为一种前沿的技术应用，也将持续地进行升级与完善，以便更好地适应市场需求的快速变化和技术环境的不断演进。然而，这一进程并非坦途，仍面临着多方面的挑战，其中包括数据的安全性与隐私保护问题，以及技术更新换代的迅速性等。

从宏观来看，基于联邦学习的智慧交通解决方案已经在公交、地铁和铁路等多个交通领域展现出了其强大的应用潜力。该方案通过整合先进的信息技术与管理理念，为城市交通管理注入了新的活力，带来了翻天覆地的变革。它不仅优化了交通流，提高了运营效率，更在无形中提升了人们的出行体验，使生活变得更加便捷与舒适。展望未来，我们将继续深耕智慧交通领域，不断探索新的应用模式，推动技术创新，以期为社会和广大人民群众提供更加优质的服务，共同迎接一个更加智能、高效、安全的交通未来。

运营商大数据5G车路协同、智能网联、云计算等技术的不断演进，能极大地提升智慧交通领域的信息感知与数据分析能力，并推进智慧交通各系统间的数据融合共享，建立起一种大范围、全方位发挥作用的实时、准确、高效的综合运输和管理系统，从而推动智慧交通不断发展。

第 11 章

联邦学习
在智慧城市中的应用

11.1

智慧城市

随着城市化进程的加速，智慧城市的概念逐渐崭露头角，成为现代城市管理的重要方向。智慧城市借助先进的信息技术，如物联网、云计算等，实现对城市各项运行数据的实时感知、整合和分析，进而优化城市资源配置，提升城市运行效率和居民生活质量。在这一宏伟蓝图中，大数据技术扮演着举足轻重的角色。

智慧城市的建设，首先依赖于海量的数据收集。无论是交通流量、环境监测、能源消耗，还是公共安全、医疗卫生等各个领域，都需要实时、准确地采集大量数据。这些数据不仅种类繁多，而且增长速度极快，传统的数据处理方式已难以满足需求。因此，大数据技术中的数据采集、存储和传输能力成为智慧城市建设的基础。

其次，智慧城市需要对这些海量数据进行深度分析和挖掘。大数据技术能够通过高效的算法和强大的计算能力，揭示出数据背后的关联、趋势和规律，从而为城市管理者提供科学的决策支持。例如，通过分析交通流量数据，可以预测拥堵时段和地点，优化交通布局；通过分析环境监测数据，可以及时发现污染源头，采取有效措施保护生态环境。

再者，大数据技术还能助力智慧城市实现个性化服务。在智慧城市中，每个居民、每个企业都是独特的个体，他们的需求各不相同。大数据技术能够根据个体的历史数据和实时行为，进行精准的用户画像，从而提供更加贴心、便捷的服务。例如，智能公交系统可以根据乘客的出行习惯和实时位置，推荐最佳的乘车方案；智能电网可以根据用户的用电习惯和峰谷时段，制定个性化的电费套餐。

最后，大数据技术还能提高智慧城市的安全性和应急响应能力。通过实时监测和分析城市各个角落的数据，可以及时发现异常情况，如火灾、交通事故等，并迅速做出响应。同时，大数据技术还能帮助城市管理者制定更加科学、合理的应急预案，减少灾害损失。

综上所述，大数据技术在智慧城市建设中发挥着不可或缺的作用。从数据采集、存储和传输，到深度分析和挖掘，再到个性化服务和安全保障，大数据技术为智慧城市的建设和发展提供了强有力的支撑。随着技术的不断进步和应用场景的不断拓展，大数据技术将在未来的智慧城市中扮演更加重要的角色。

11.2

联邦学习与智慧城市建设

在智慧城市建设中，设计者通常面临以下痛点与问题。

首先，城市规划设计缺乏全域的基础数据。随着城镇化进程的不断深化，城市建设越来越需要精细化、品质化的规划。然而，现有的城市设计往往缺乏全面的城市信息，这造成城市三维空间形态混乱。

其次，对城市本体的分析不够深入。由于数据量和分析技术的限制，目前的城市规划往往难以准确把握城市的发展速度和痛点，从而频繁进行规划的制订和修改，这不仅耗费了大量资源，也影响了城市发展的连贯性和稳定性。

再者，城市规划设计的评估方式落后。目前，规划评估多采用静态蓝图式评估，这种方式全面性和系统性不强，缺乏对多元主体需求的评价，无法真实反映城市规划的实际效果和影响。

此外，城市规划设计工具也显得落后。现代城市规划需要考虑的维度更加多元和复杂，包括时间维度、不同专业领域的协同等。然而，传统的设计工具在数据体量、交互设计、视觉体验等方面已经无法满足现代城市设计的需求。

同时，在城市管理中，人口统计也面临着新的挑战。随着人口流动性的不断加剧，传统的人口统计方式已经难以适应这一变化。这不仅加大了人口统计的难度，也影响了人口数据的准确性和时效性。

最后，在应急管理方面，现有的应急管理体系仍待完善，能力仍有待提高，尤其是在信息采集、区域人口构成掌握、人员聚集趋势预测以及预警信息发布等方面，现有的应急管理体系存在明显的不足。

而联邦学习恰恰可以用于智慧城市建设，这主要有以下几个方面的原因。

11.2.1 数据隐私保护

在智慧城市建设中，大量的数据被收集和处理，包括个人信息、交通流量、能源消耗等。这些数据往往涉及个人隐私和商业机密。联邦学习允许数据在本地进行训练，只有模型参数会进行共享，原始数据不需要离开本地设备或服务器。这种机制有效保护了用户数据的隐私性，降低了数据泄露的风险。

11.2.2　分布式学习能力

　　智慧城市中的数据往往分散在不同的设备和系统中。传统的集中式学习方法需要将所有数据集中到一个中心服务器进行处理，这不仅增加了数据传输的成本，还增加了隐私泄露风险。联邦学习具有分布式学习的能力，它能够在多个设备上并行训练模型，然后将模型参数进行聚合，从而得到一个全局模型。这种分布式学习方式提高了学习效率，降低了对中心服务器的依赖。

11.2.3　模型个性化和泛化能力

　　智慧城市中的服务往往需要针对个体的差异进行个性化调整。联邦学习可以在每个设备上训练出个性化的本地模型，这些模型能够更好地适应不同设备和场景的特点。同时，通过聚合多个设备的模型参数，联邦学习还可以得到一个具有更强泛化能力的全局模型，这个模型能够适用于更广泛的场景和用户群体。

11.2.4　灵活性和可扩展性

　　联邦学习框架具有很高的灵活性和可扩展性。在智慧城市中，可能不断有新的设备和系统加入，而联邦学习可以很容易地扩展到这些新设备上，实现模型的持续更新和优化。此外，联邦学习还可以与其他机器学习技术相结合，如深度学习、强化学习等，以应对更复杂的任务和挑战。

11.2.5　应对数据不平衡和异构性

　　在智慧城市中，不同设备和系统收集的数据可能存在不平衡和异构性的问题。联邦学习能够处理这种数据多样性问题，通过在不同设备上训练本地模型并聚合模型参数，得到一个能够适应多种数据分布的全局模型。这种能力使得联邦学习在处理智慧城市中的复杂数据时具有显著优势。

　　综上所述，联邦学习凭借其数据隐私保护、分布式学习能力、模型个性化和泛化能力、灵活性和可扩展性以及应对数据不平衡和异构性的能力，成为智慧城市建设中的一种重要技术选择。

11.3
联邦学习在智慧城市中的应用场景

11.3.1 用水量监测与预测

在家庭或建筑环境中，用水需求与居民的日常行为习惯紧密相关，而这种行为的随机性和多样性，给用水量的准确预测带来了巨大挑战。比如说，一个家庭可能因为临时聚会、节假日或其他特殊活动而突然增加用水量，这种不可预测的变化使得传统的预测模型在应对时显得力不从心。

传统的预测方法，如线性回归、时间序列分析等，虽然在某些场景下表现出色，但在面对大规模、多变且复杂的现实世界数据库时，其预测效果往往大打折扣。这些方法的局限性在于它们难以捕捉到每个家庭或建筑独特的用水模式，同时也难以适应快速变化的数据环境。

然而，联邦学习技术的出现，为用水量预测领域带来了革命性的变革。联邦学习以其独特的分布式学习和隐私保护特性，为用水量预测开辟了一条崭新的道路。在这种学习框架下，数据无须离开本地环境，即可进行模型训练，从而大大提高了数据的安全性和隐私性。

为了更精确地预测家庭未来用水的消费情况，可以引入长短期记忆（LSTM）深度神经网络作为核心预测模型。LSTM模型在处理序列数据方面具有显著优势，它能够有效地捕捉到用水量数据中的时间依赖性和周期性模式。通过结合家庭水网边缘技术，能够成功实现联邦学习环境下的LSTM模型训练，进而为每个用户量身定制个性化的预测模型。

在具体实施上，可以充分利用家庭水表实时产生的丰富数据资源。这些数据不仅反映了用户当前的用水状态，还蕴含着用户长期的用水习惯。在每个用户终端上，独立地训练LSTM模型，确保每个终端的数据仅用于本地模型的训练，从而严格保护了用户的隐私安全。

随后，通过高效的通信协议定期将各个用户终端训练得到的模型参数进行汇总和聚合，形成了一个全面反映整个用户群体用水模式的全局模型。这个全局模型不仅提升了预测的广度，还为更广泛的用水场景提供了有力的预测支持。

最终，将全局模型与本地模型相融合，为用户提供了更加精准、个性化的用水预测服务。本地模型会根据用户的实际用水情况和历史数据，对全局模型的预测结果进行微调，以确保预测的准确性和实用性。

在隐私保护层面，联邦学习技术展现了其卓越的安全性。联邦学习利用数据不动性原则和先进的加密技术，确保了用户数据的绝对安全。在模型训练过程中，所有的权重变化都仅在内存中处理，一旦聚合完成，这些临时数据就会被立即删除，从而大大降低了数据泄露的风险。同时，每个客户端接收到的模型更新都是临时的，并且绝不会在服务器上留下任何痕迹。这种多层次的安全防护机制，为用户数据的安全提供了坚实保障。

11.3.2 用电量监测与预测

在智能电网的领域中，电力负荷预测和能源需求预测对于优化能源分配和提高系统效率具有至关重要的意义。然而，电力数据的复杂性和高维性使得传统的预测方法往往难以满足实际需求。在这一背景下，联邦学习技术凭借其分布式学习和隐私保护的特点，为智能电网中的电量预测提供了全新的解决方案。

通过整合智能电表产生的实时数据，并利用联邦学习技术训练出强大的机器学习模型，能够更好地适应电力负荷的高不确定性和市场成本信号的波动。这些模型具备自动调整预测策略的能力，以最小化能源消耗和成本。

在解决方案层面，首先通过智能电表收集各个用户的实时电量数据，为预测模型提供丰富的数据源。接着，利用联邦学习技术，在每个用户终端上独立训练电量预测模型。与用水量预测类似，每个终端上的数据仅用于训练本地模型，从而确保了用户隐私的安全。随后，通过定期聚合各个用户终端上的模型参数，形成了一个全局模型。这个全局模型不仅反映了整个用户群体的用电模式，还为电力分配和调度提供了宝贵的支持。最后，根据用户的实时数据和历史数据对预测结果进行调整，为用户提供个性化的电量预测服务。这项服务有助于用户更好地管理自己的电力消耗，并提高能源利用效率。

在隐私保护与数据安全方面，采取了严格的数据保护措施。通过数据不动性原则和加密技术，有效防止了用户数据的泄露和滥用。同时，权限管理和访问控制机制也确保了只有授权人员才能访问和使用相关数据。

11.3.3 自动驾驶出租车服务

在智慧城市的建设中，自动驾驶出租车（ATs）作为智能交通系统的重要组成部分，对于解决快速人口增长和城市化的紧迫问题具有关键作用。然而，驾驶员的盈利能力是一个需要解决的问题，因为他们的收入直接与驾驶效率相关。在这一背景下，准确预测乘客需求和接客概率显得尤为重要。

为了提升自动驾驶出租车的盈利能力，我们评估了联邦学习技术在乘客需求预测中的应用效果。通过整合出租车产生的实时数据（如 GPS 轨迹、乘客上下车时间等），并利用联邦学习技术训练出强大的机器学习模型，能够更准确地预测城市地区 ATs 的乘客需求。这种预测能力有助于 ATs 更高效地分配车辆和司机资源，从而提高盈利能力并优化乘客的出行体验。

11.3.4 城市环境监测

在实际应用中，联邦学习技术展现了与环境监测传感器和设备的高度兼容性。例如，空气质量监测站、噪声监测仪等多种设备，都能够与联邦学习系统无缝对接。这些监测设备不仅具备实时数据采集的能力，还可以在本地进行初步的模型训练。

具体来说，每一个环境监测设备都相当于一个联邦学习的节点。它们持续不断地收集环境数据，同时，利用这些数据在本地进行模型的初步训练。这一过程无须将原始数据上传至中心服务器，从而确保了数据的私密性和安全性。

随后，这些设备会通过联邦学习的方式，将各自训练得到的模型参数进行聚合。这一过程是通过安全的通信协议完成的，保证了参数在传输过程中的安全性。聚合后的模型参数形成了一个全局的环境监测模型，这个模型综合了各个监测点的数据特征，因此具有更强的泛化能力和更高的预测精度。

这个全局模型不仅可以用于实时监测城市环境的各项指标，如空气质量、噪声水平等，还能进行趋势预测，为城市管理者提供有力的决策支持。同时，普通居民也可以通过相关应用获取到及时、准确的环境数据，从而调整自己的日常生活习惯，更好地保护自身健康。

此外，联邦学习技术允许数据在本地进行处理，这大大降低了数据传输的成本，不仅减轻了网络负担，还提高了数据处理的效率。同时，由于数据无须离开本地环境，用户的隐私得到了更好的保护。

综上所述，联邦学习技术在城市环境监测中的应用价值不言而喻。它不仅有效保护了数据隐私，降低了数据传输和处理成本，还显著提高了环境监测的效率和准确性。展望未来，随着技术的不断进步和完善，联邦学习将在城市环境监测领域扮演更加重要的角色，为城市的绿色、可持续发展和居民的高品质生活提供坚实的技术支撑。

11.3.5 公共安全监测

联邦学习技术展现了与城市公共安全领域中各种监控系统和传感器的高度兼容性。这些系统包括但不限于视频监控系统、智能交通系统以及各类环境与安全监测传感器。每一项技术都在其特定的领域内发挥着不可或缺的作用，而联邦学习则为它们提供了一个协同工作的平台。

具体来说，每一个安全监控系统或传感器都相当于联邦学习网络中的一个节点。它们不仅具备在本地环境中实时采集数据的能力，还能利用这些数据进行初步的模型训练。例如，视频监控系统可以捕捉并分析异常行为模式，而智能交通系统则能够监测交通流量和预测事故风险。

在数据采集和初步模型训练完成后，这些系统会通过联邦学习的方式，将各自训练得到的模型参数进行聚合。这一过程是在保护数据隐私的前提下进行的，因为原始数据无须离开本地环境，只有模型参数会被共享。通过聚合多个系统的模型参数，我们可以得到一个全局的安全监控模型。

这个全局模型的优势在于其综合性和泛化能力。它集成了来自不同监控系统和传感器的数据特征，因此能够更全面、更准确地监测和识别各种安全威胁。无论是恐怖袭击的预警、交通事故的预防，还是环境污染的监测，这个全局模型都能提供及时且精确的预警信息。

基于这些预警信息，城市管理者和公共安全机构可以迅速做出响应，采取必要的应对措施。这不仅有助于减少潜在的安全风险，还能在紧急情况下最大限度地保护人民的生命财产安全。

综上所述，联邦学习技术在城市公共安全管理中的应用价值不言而喻。它不仅能有效保护数据隐私，还能实现安全威胁的实时监测和预警，大大提高了公共安全管理的效率和准确性。随着技术的不断进步和完善，联邦学习将在未来的城市公共安全管理中发挥更加核心的作用。

11.4
未来展望

未来，通过充分利用联邦学习的优势，可以构建一个更加智能、高效的城市公共安全管理体系。这个体系将能够更好地应对各种复杂多变的安全挑战，为城市的安全稳定和居民的生活安宁提供坚不可摧的保障。同时，它也将成为推动城市可持续发展和提升居民生活质量的重要力量。

第 12 章

总结与展望

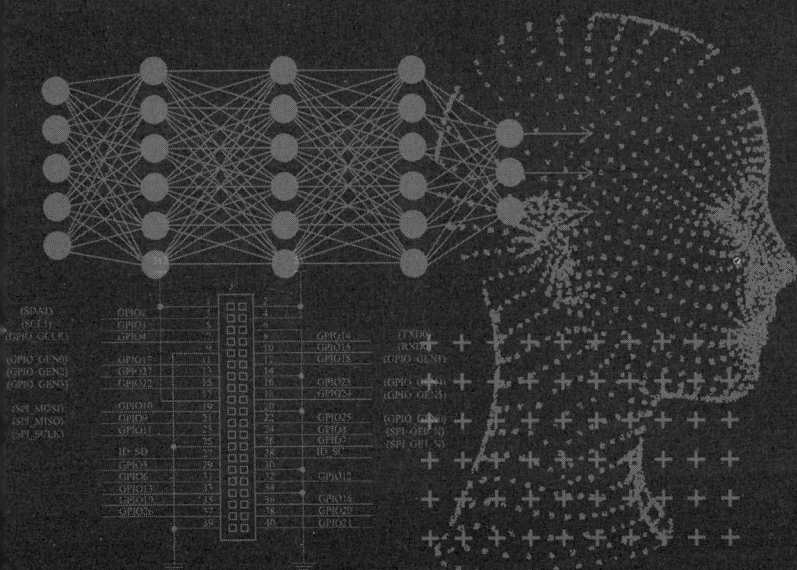

联邦学习，这一新兴的分布式机器学习技术，正在逐步改变我们对数据处理和模型训练的传统认知。其核心理念在于，允许数据在本地进行计算和训练，仅共享模型的更新，而非原始数据，从而有效保护数据隐私。这一优势在当下数据驱动的时代显得尤为重要，它不仅能确保数据的安全性，还能最大化地利用分布式的数据资源。

随着大数据技术的深入发展和人工智能的广泛应用，我们可以清晰地看到，联邦学习正逐步在各个领域展现出其强大的潜力。无论是金融、医疗还是其他行业，对于数据隐私的关注和需求都在持续增长，这为联邦学习提供了广阔的应用空间。

展望未来，联邦学习技术的发展将聚焦于几个关键方向。

12.1
技术的灵活性和通用性

在数字化、信息化的时代背景下，数据呈现出爆炸性的增长态势，而这些数据往往分散在不同的领域、行业和地区，具有多样性和复杂性的特点。因此，联邦学习技术必须具备足够的灵活性和通用性，以适应不同类型的数据集和应用场景。

为了实现这一目标，未来的研究将深入挖掘算法的自适应性。自适应算法能够根据不同环境、不同数据进行自我调整和优化，从而在各种场景下都能保持高效和准确。在联邦学习中，这意味着算法需要能够智能地识别和处理各种类型的数据，无论是结构化数据还是非结构化数据，无论是大规模数据集还是小样本数据，都能找到最合适的训练策略。此外，自适应算法还需要能够动态调整模型参数，以适应数据分布的变化和训练过程中的不确定性，确保模型的稳定性和泛化能力。

除了自适应性，可扩展性也是联邦学习技术灵活性和通用性的重要体现。随着数据量的不断增加和计算资源的日益丰富，联邦学习系统需要能够轻松扩展到更大规模的数据集和更多的计算节点上。这就要求系统在设计时充分考虑模块化、并行化和容错性等因素，以便在需要时能够快速、稳定地扩展。具体而言，可以通过设计高效的通信协议、优化数据存储和处理流程、采用分布式计算框架等方式来提升系统的可扩展性。

为了进一步提高联邦学习技术的灵活性和通用性，未来的研究还需要关注以下几个方面：一是开发更加智能化的数据预处理和特征提取方法，以减轻模型训练的负担并提高性能；二是探索更加高效的模型融合和更新策略，以确保全局模型能够快速收敛并保持优化；三是研究更加灵活的隐私保护机制，以在保护数据隐私的同时充分挖掘数据价值。

联邦学习技术的灵活性和通用性是确保其广泛应用和持续发展的关键所在。通过增强算法的自适应性和可扩展性，联邦学习将能够更好地应对复杂多变的数据环境和业务需求，为推动人工智能领域的发展注入新的动力。未来的研究将围绕这些方面展开深入探索，以期实现联邦学习技术的全面优化和升级。

12.2
隐私保护和安全性

隐私保护和安全性始终是联邦学习不可或缺的核心要素。在信息技术迅猛发展的今天，数据隐私和安全已经成为公众和企业越来越关注的问题。联邦学习作为一种分布式机器学习技术，其初衷就是为了解决数据隐私泄露的问题，它允许数据在本地进行模型训练，只有模型的更新信息才会被共享，从而避免了原始数据的直接暴露。

然而，尽管联邦学习在保护隐私方面已经取得了显著的成效，但是我们仍然不能忽视技术进步带来的新挑战。随着计算能力的提升和网络技术的发展，潜在的安全威胁也在不断演变和升级。黑客可能会利用系统漏洞，恶意参与者可能会试图通过提交伪造的模型更新来破坏全局模型的准确性。因此，对隐私保护的需求必然会随着技术的演进而持续提高。

为了满足这一需求，未来的研究将致力于采用更先进的加密技术和安全机制。数据加密是保护数据隐私的重要手段之一，通过采用高强度的加密算法，可以确保数据在传输和存储过程中即使被截获也难以被解密。除了传统的对称加密和非对称加密算法外，研究者们还将探索更先进的同态加密、零知识证明等密码学技术，以实现更高效、更安全的数据加密。

同时，安全机制的设计也是至关重要的。在联邦学习中，需要确保各个参与方之间的通信是安全的，防止中间人攻击和篡改数据。因此，未来的研究将注重提升通信协议的安全性，例如采用安全的传输层协议（如TLS/SSL）来加密通信内容，确保数据在传输过程中的机密性和完整性。

此外，联邦学习系统还需要具备强大的身份验证和访问控制机制。通过严格的身份验证，可以确保只有合法的参与方才能加入联邦学习过程中，从而防止恶意参与者的入侵。而访问控制则可以限制不同参与方对数据的访问权限，从而避免数据被滥用或泄露。

除了技术手段外，未来的研究还将关注法律法规和伦理道德层面对隐私保护的支撑。通过制定和完善相关法律法规，明确数据隐私的权利和保护措施，可以为联邦学习技术的发展提供有力的法律保障。同时，加强伦理道德教育，提高人们对数据隐私的重视程度，也是确保联邦学习技术安全应用的重要举措。

综上所述，隐私保护和安全性是联邦学习的核心问题，未来的研究将致力于采用更先进的加密技术和安全机制来应对不断演进的技术挑战。通过综合运用各种技术手段和法律法规的支撑，可以确保数据在传输、存储和计算过程中的绝对安全，为联邦学习技术的广泛应用和持续发展奠定坚实的基础。

12.3
模型性能优化与个性化

优化模型性能和实现个性化无疑是联邦学习领域的另一大重要研究方向。在联邦学习的实际应用中，数据的分布往往呈现出不均衡的状态，不同设备间的性能也存在显著差异。这些因素都可能对模型的训练效果和性能产生直接影响，因此，在这一复杂环境中提高模型的准确性和运算效率就显得尤为重要。

为了提高模型的准确性，研究者们首先需要关注的是模型融合算法的优化。模型融合是联邦学习中的关键环节，它涉及将多个本地模型更新整合成一个全局模型。如果这一过程处理不当，可能会导致全局模型性能的下降。因此，研究者们需要深入探索不同的模型融合策略，比如加权平均、基于模型性能的加权融合等，以找到最适合当前数据分布和设备性能的融合方法。

与此同时，设计更高效的通信协议也是提升联邦学习效率的重要途径。在联邦学习中，各个设备之间需要频繁地进行数据交换和模型更新，如果这一过程受到网络延迟、数据传输错误等问题的影响，会大大降低学习效率。因此，研究者们需要致力于开发更高效、更稳定的通信协议，以减少通信开销，提高数据传输的准确性和效率。

除了优化模型融合算法和通信协议外，实现个性化模型也是联邦学习未来的重要研究方向。由于不同设备的数据分布和性能差异，一个通用的全局模型可能并不适用于所有设备，因此，研究者们需要根据设备的具体环境和需求，为其量身定制个性化的模型。这可以通过引入个性化学习算法、利用用户反馈进行模型调整等方式实现。个性化的模型不仅能更好地适应不同设备的数据环境，还能提升用户体验，进一步推动联邦学习在实际应用中的落地。

在追求模型性能和个性化的同时，也不能忽视联邦学习的公平性和可解释性。确保不同设备在联邦学习过程中获得公平的待遇，以及提高模型的可解释性，将有助于增强联邦学习的可信度和可接受度。

总的来说，优化模型性能和实现个性化是联邦学习未来的重要研究方向。通过深入探索模型融合算法的优化、设计更高效的通信协议以及实现个性化模型，可以进一步提升联邦学习的性能和用户体验，推动其在各个领域的广泛应用和发展。这将是一个充满挑战和机遇的研究领域，值得持续关注和投入。

12.4
推动跨领域和跨任务合作

在当今社会，数据已经成为一种宝贵的资源，但出于隐私和安全考虑，很多时候数据并不能被自由共享。而联邦学习技术的出现，恰恰打破了这一束缚，使得不同领域、不同行业的数据能够在不直接共享的情况下，共同为模型训练贡献力量。

想象一下，当医疗机构与金融机构能够通过联邦学习技术携手合作，那将是怎样一幅景象。这两个领域看似风马牛不相及，但实际上，它们都拥有关于用户的大量宝贵数据。医疗机构拥有用户的健康数据、病史记录等，而金融机构则掌握着用户的财务状况、信用记录等信息。在传统模式下，这些数据很难得到有效的整合和利用，因为它们分属于不同的机构，且直接共享数据会带来隐私泄露的风险。然而，通过联邦学习，医疗机构和金融机构可以在不直接共享用户敏感数据的前提下，共同训练出一个强大的模型。这个模型能够综合考量用户的健康状况和财务状况，从而更准确地预测用户的信用风险。

这对于金融机构来说，无疑是一个巨大的利好。它们可以根据这个模型，更精准地评估贷款申请人的信用风险，从而做出更明智的信贷决策。

而对于医疗机构来说，这样的合作也同样具有深远意义。通过联邦学习，它们可以接触到更多维度的数据，从而提升模型的预测精度和泛化能力。这对于疾病预测、药物研发等领域来说，都是至关重要的。

更重要的是，这种跨领域和跨任务的合作模式，将为整个社会带来前所未有的创新机遇。不仅仅是医疗机构和金融机构，其他行业如教育、零售、交通等，都可以通过联邦学习技术实现数据的跨领域融合与利用。这将极大地推动各个行业的发展，并催生出一系列全新的商业模式和服务形态。

当然，推动跨领域和跨任务的合作并非易事。它需要各方建立起深厚的信任基础，共同制定出合理的数据使用规则和模型训练标准。同时，还需要克服一系列技术难题，如数据对齐、模型融合等。但正是这些挑战，使得联邦学习领域的研究充满魅力和价值。

推动跨领域和跨任务的合作是联邦学习未来的重要发展趋势。它将打破数据孤岛，实现数据的跨领域融合与利用，为整个社会带来前所未有的创新机遇。相信联邦学习将成为推动社会进步的重要力量。

12.5
标准化进程

为了实现不同系统之间的互操作性，制定一系列的标准和协议也显得尤为重要。在科技日新月异的今天，联邦学习作为一种新兴的机器学习技术，其应用前景广阔，但也面临着系统间互操作性的挑战。为了解决这一问题，必须着手建立一套完善的标准和协议体系，以确保不同系统能够无缝对接，共同推动联邦学习技术的蓬勃发展。

首先，制定统一的数据格式和交换标准是实现互操作性的基础。在联邦学习中，数据是核心要素，而不同的系统可能采用不同的数据格式和存储方式。因此，需要建立一套通用的数据格式标准，确保数据在不同系统之间能够顺畅流通。同时，还需制定数据交换标准，规定数据的传输方式、加密方法等，以保障数据的安全性和完整性。

其次，建立模型训练和推理的标准也是关键所在。联邦学习涉及多个参与方共同训练模型，因此，必须明确模型训练的规范，包括训练算法的选择、模型参数的更新方式等。此外，推理阶段的标准也需统一，以确保模型在不同系统上的推理结果具有一致性。通过制定这些标准，可以提高联邦学习系统的可靠性和稳定性，进一步推动其广泛应用。

除了数据格式和模型训练推理标准外，还需要关注系统间的通信协议。在联邦学习中，各个参与方需要频繁地进行数据交换和模型更新，因此，一个高效、稳定的通信协议至关重要。我们应该致力于开发一种专门为联邦学习设计的通信协议，以满足其在数据传输速度、安全性和可靠性方面的特殊要求。这样的通信协议将能够确保各个系统之间的顺畅沟通，提高联邦学习的整体效率。

此外，在制定标准和协议的过程中，还应充分考虑到技术的可扩展性和灵活性。随着联邦学习技术的不断发展，未来可能会有更多的参与方加入到联邦学习系统中，因此，设计的标准和协议必须能够适应这种变化，确保系统的可扩展性。同时，由于在不同场景和需求下，联邦学习的具体实现方式可能有所不同，因此，我们的标准和协议也需要具备一定的灵活性，以适应各种实际应用场景。

为了实现不同系统之间的互操作性，制定一系列的标准和协议对于推动联邦学习技术的广泛应用和快速发展具有重要意义。这将有助于打破系统间的壁垒，促进联邦学习技术在各个领域的深入应用。相信联邦学习将成为机器学习领域的一大主流技术，为人类社会带来更多的便利与进步。

综上所述，联邦学习技术，这一创新的机器学习范式，正在以其独特的魅力和巨大的潜力，引领着人工智能领域的新潮流。作为一种分布式机器学习框架，联邦学习不仅有效地解决了数据隐私泄露的问题，还在保障数据安全的前提下，实现了多方数据的协同利用，从而极大地提高了模型训练的效果和准确性。

联邦学习技术的发展前景是广阔的，其影响力将是深远的。随着科技的不断进步和创新，联邦学习将会在更多领域得到广泛应用，其优势也将得到更充分的体现。特别是在大数据和云计算技术的支持下，联邦学习将能够更加高效地处理和利用海量的分布式数据资源，进一步提升模型的训练速度和精度。

同时，随着应用场景的不断拓展和深化，联邦学习将在保护个人隐私的同时，更加精准地满足用户需求，提供更加个性化的服务。无论是在金融、医疗、教育还是智能制造等领域，联邦学习都将发挥重要作用，推动各行业的数字化转型和智能化升级。

此外，联邦学习还将为人工智能领域注入新的活力，推动机器学习技术的创新和发展。通过联邦学习，可以实现不同机构、不同地区甚至不同国家之间的数据共享和模型训练，促进全球范围内的知识共享和技术进步。

随着技术的不断突破和应用场景的不断拓展，联邦学习将成为人工智能领域的重要支柱之一。我们热切期待未来看到更多关于联邦学习的研究和应用成果，共同迎接这一创新技术为我们带来的美好未来。同时，也期待更多的专业人士和科研机构加入到联邦学习的研究和实践中来，共同推动这一技术的快速发展和广泛应用，为人类社会创造更多的价值。

[1] Almanifi O R A, Chow C O, Tham M L, et al. Communication and computation efficiency in federated learning: A survey[J]. Internet of Things, 2023, 22: 100742.

[2] Baucas M J, Spachos P, Plataniotis K N. Federated learning and blockchain-enabled fog-IoT platform for wearables in predictive healthcare[J]. IEEE Transactions on Computational Social Systems, 2023, 10(4): 1732-1741.

[3] Beltrán E T M, Pérez M Q, Sánchez P M S, et al. Decentralized federated learning: Fundamentals, state of the art, frameworks, trends, and challenges[J]. IEEE Communications Surveys & Tutorials, 2023, 25(4): 2983-3013.

[4] Chen H, Zhu T, Zhang T, et al. Privacy and fairness in federated learning: On the perspective of tradeoff[J]. ACM Computing Surveys, 2023, 56(2): 1-37.

[5] El Hanjri M, Kabbaj H, Kobbane A, et al. Federated learning for water consumption forecasting in smart cities[C]//ICC 2023-IEEE International Conference On Communications. IEEE, 2023: 1798-1803.

[6] Fan T, Kang Y, Ma G, et al. Fate-llm: A industrial grade federated learning framework for large language models[J]. arxiv preprint arxiv:2310.10049, 2023.

[7] Feng S, Niyato D, Wang P, et al. Joint service pricing and cooperative relay communication for federated learning[C]//2019 International Conference on Internet of Things (iThings) and IEEE Green Computing and Communications (GreenCom) and IEEE Cyber, Physical and Social Computing (CPSCom) and IEEE Smart Data (SmartData). IEEE, 2019: 815-820.

[8] Fu L, Zhang H, Gao G, et al. Client selection in federated learning: Principles, challenges, and opportunities[J]. IEEE Internet of Things Journal, 2023, 10(24): 21811-21819.

[9] Ghadi Y Y, Mazhar T, Shah S F A, et al. Integration of federated learning with IoT for smart cities applications, challenges, and solutions[J]. PeerJ Computer Science, 2023, 9: e1657.

[10] 公茂果, 高原, 王炯乾, 等. 基于进化策略的自适应联邦学习算法[J]. 中国科学: 信息科学, 2023, 53(3): 437-453.

[11] Guan H, Yap P T, Bozoki A, et al. Federated learning for medical image analysis: A survey[J]. Pattern Recognition, 2024, 151: 110424.

[12] Guendouzi B S, Ouchani S, Assaad H E L, et al. A systematic review of federated learning: Challenges, aggregation methods, and development tools[J]. Journal of Network and Computer Applications, 2023, 220: 103714.

[13] Gugueoth V, Safavat S, Shetty S. Security of Internet of Things (IoT) using federated learning and deep learning—Recent advancements, issues and prospects[J]. ICT Express, 2023, 9(5): 941-960.

[14] Hiwale M, Walambe R, Potdar V, et al. A systematic review of privacy-preserving methods deployed with blockchain and federated learning for the telemedicine[J]. Healthcare Analytics, 2023, 3: 100192.

[15] 胡海峰,张熙,赵海涛,等.移动边缘计算中通信高效的联邦学习模型剪枝算法[J].物联网学报,2024,8(3):112-126.

[16] Hu Z, Shaloudegi K, Zhang G, et al. Federated learning meets multi-objective optimization[J]. IEEE Transactions on Network Science and Engineering, 2022, 9(4): 2039-2051.

[17] Issa W, Moustafa N, Turnbull B, et al. Blockchain-based federated learning for securing internet of things: A comprehensive survey[J]. ACM Computing Surveys, 2023, 55(9): 1-43.

[18] Ji S, Tan Y, Saravirta T, et al. Emerging trends in federated learning: From model fusion to federated x learning[J]. International Journal of Machine Learning and Cybernetics, 2024, 15(9): 3769-3790.

[19] Jiang J, Jiang H, Ma Y, et al. Low-parameter federated learning with large language models[C]//International Conference on Web Information Systems and Applications. Singapore: Springer Nature Singapore, 2024: 319-330.

[20] Kairouz P, McMahan H B, Avent B, et al. Advances and open problems in federated learning[J]. Foundations and trends® in machine learning, 2021, 14(1/2): 1-210.

[21] Kuang W, Qian B, Li Z, et al. Federatedscope-llm: A comprehensive package for fine-tuning large language models in federated learning[C]//Proceedings of the 30th ACM SIGKDD Conference on Knowledge Discovery and Data Mining. 2024: 5260-5271.

[22] Kuang Z, Chen C. Research on smart city data encryption and communication efficiency improvement under federated learning framework[J]. Egyptian Informatics Journal, 2023, 24(2): 217-227.

[23] Li L, Fan Y, Tse M, et al.A review of applications in federated learning[J].Computers & Industrial Engineering, 2020, 149(5):106854.DOI:10.1016/j.cie.2020.106854.

[24] Li T, Sanjabi M, Beirami A, et al. Fair resource allocation in federated learning[J]. arxiv preprint arxiv:1905.10497, 2019.

[25] Lim W Y B, Luong N C, Hoang D T, et al. Federated learning in mobile edge networks: A comprehensive survey[J]. IEEE communications surveys & tutorials, 2020, 22(3): 2031-2063.

[26] Luzón M V, Rodríguez-Barroso N, Argente-Garrido A, et al. A tutorial on federated learning from theory to practice: Foundations, software frameworks, exemplary use cases, and selected trends[J]. IEEE/CAA Journal of Automatica Sinica, 2024, 11(4): 824-850.

[27] Munawar A, Piantanakulchai M. A collaborative privacy-preserving approach for passenger demand forecasting of autonomous taxis empowered by federated learning in smart cities[J]. Scientific Reports, 2024, 14(1): 2046.

[28] Nagy B, Hegedűs I, Sándor N, et al. Privacy-preserving Federated Learning and its application to natural language processing[J]. Knowledge-Based Systems, 2023, 268: 110475.

[29] Nguyen D C, Ding M, Pathirana P N, et al. Federated learning for internet of things: A comprehensive survey[J]. IEEE Communications Surveys & Tutorials, 2021, 23(3): 1622-1658.

[30] Ni W, Zheng J, Tian H. Semi-federated learning for collaborative intelligence in massive IoT networks[J]. IEEE Internet of Things Journal, 2023, 10(13): 11942-11943.

[31] Oldenhof M, Ács G, Pejó B, et al. Industry-scale orchestrated federated learning for drug discovery[C]//Proceedings of the aaai conference on artificial intelligence. 2023, 37(13): 15576-15584.

[32] Pandya S, Srivastava G, Jhaveri R, et al. Federated learning for smart cities: A comprehensive survey[J]. Sustainable Energy Technologies and Assessments, 2023, 55: 102987.

[33] Qammar A, Karim A, Ning H, et al. Securing federated learning with blockchain: a systematic literature review[J]. Artificial Intelligence Review, 2023, 56(5): 3951-3985.

[34] Dasaradharami Reddy K, Gadekallu T R. A comprehensive survey on federated learning techniques for healthcare informatics[J]. Computational Intelligence and Neuroscience, 2023, 2023(1): 8393990.

[35] Rieke N, Hancox J, Li W, et al. The future of digital health with federated learning[J]. NPJ digital medicine, 2020, 3(1): 119.

[36] Singh B. Federated learning for envision future trajectory smart transport system for climate preservation and smart green planet: Insights into global governance and SDG-9 (Industry, Innovation and Infrastructure) [J]. National Journal of Environmental Law, 2023, 6(2): 6-17.

[37] 孙兵,刘艳,王田,等.移动边缘网络中联邦学习效率优化综述[J].计算机研究与发展,2022,59(7):1439-1469. DOI:10.7544/issn1000-1239.20210119.

[38] 田家会,吕锡香,邹仁朋,等.一种联邦学习中的公平资源分配方案[J].计算机研究与发展,2022,59(6):1240-1254. DOI:10.7544/issn1000-1239.20201081.

[39] Wang S, Tuor T, Salonidis T, et al. Adaptive federated learning in resource constrained edge computing systems[J]. IEEE journal on selected areas in communications, 2019, 37(6): 1205-1221.

[40] Wang Z, Hu Q, Li R, et al. Incentive mechanism design for joint resource allocation in blockchain-based federated learning[J]. IEEE Transactions on Parallel and Distributed Systems, 2023, 34(5): 1536-1547.

[41] Xu M, Song C, Tian Y, et al. Training large-vocabulary neural language models by private federated learning for resource-constrained devices[C]//ICASSP 2023-2023 IEEE International Conference on Acoustics, Speech and Signal Processing (ICASSP). IEEE, 2023: 1-5.

[42] Yang F, Abedin M Z, Hajek P. An explainable federated learning and blockchain-based secure credit modeling method[J]. European Journal of Operational Research, 2024, 317(2): 449-467.

[43] 杨强,刘洋,程勇,等.联邦学习[M].北京:电子工业出版社,2020.

[44] Yang Z, Chen M, Wong K K, et al. Federated learning for 6G: Applications, challenges, and opportunities[J]. Engineering, 2022, 8: 33-41.

[45] Ye M, Fang X, Du B, et al. Heterogeneous federated learning: State-of-the-art and research challenges[J]. ACM Computing Surveys, 2023, 56(3): 1-44.

[46] 张鹏程,魏芯淼,金惠颖.移动边缘计算下基于联邦学习的动态QoS优化[J].计算机学报,2021,44(12):2431-2446.

[47] Zhang T, Gao L, Avestimehr Z B K S.Federated Learning for the Internet of Things: Applications, Challenges, and Opportunities[J].IEEE Internet of Things Magazine, 2022, 5(1):24-29.

[48] 张雪晴,刘延伟,刘金霞,等.面向边缘智能的联邦学习综述[J].计算机研究与发展,2023,60(6):1276-1295.

[49] 郑剑文,刘波,林伟伟,等.联邦学习通信效率研究综述[J].计算机科学,2025,52(2):1-7.

[50] 郑赛,李天瑞,黄维.面向通信成本优化的联邦学习算法[J].计算机应用,2023,43(1):1-7.

[51] Zheng Z, Zhou Y, Sun Y, et al. Applications of federated learning in smart cities: recent advances, taxonomy, and open challenges[J]. Connection Science, 2022, 34(1): 1-28.

[52] 钟佳淋,吴亚辉,邓苏,等.基于改进NSGA-Ⅲ的多目标联邦学习进化算法[J].计算机科学,2023,50(4):333-342.

[53] 周治威,刘为凯,钟小颖.自适应量化权重用于通信高效联邦学习[J].控制理论与应用,2022,39(10):1961-1968.

[54] Zhu H, Jin Y. Multi-objective evolutionary federated learning[J]. IEEE transactions on neural networks and learning systems, 2019, 31(4): 1310-1322.